·地学文库丛书

矢志培养复合人才 开拓进取新时代
——数学与物理学院学术成果汇编

SHIZHI PEIYANG FUHE RENCAI KAITUO JINQU XINSHIDAI
—— SHUXUE YU WULI XUEYUAN XUESHU CHENGGUO HUIBIAN

主　编：郭上江　吴太山
副主编：魏周超　吴雅玲　万珍珠

图书在版编目(CIP)数据

矢志培养复合人才　开拓进取新时代——数学与物理学院学术成果汇编/郭上江,吴太山主编. —武汉:中国地质大学出版社,2022.10
ISBN 978-7-5625-4681-8

Ⅰ.①矢…　Ⅱ.①郭…②吴…　Ⅲ.①中国地质大学(武汉)数学与物理学院-校史　Ⅳ.①P5-40

中国版本图书馆CIP数据核字(2022)第176300号

矢志培养复合人才　开拓进取新时代 ——数学与物理学院学术成果汇编	郭上江　吴太山　主　编 魏周超　吴雅玲　万珍珠　副主编

责任编辑:郑济飞　谢媛华	选题策划:毕克成　江广长　张旭　段勇	责任校对:徐蕾蕾

出版发行:中国地质大学出版社(武汉市洪山区鲁磨路388号)	邮编:430074
电　　话:(027)67883511　　传　　真:(027)67883580	E-mail:cbb@cug.edu.cn
经　　销:全国新华书店	http://cugp.cug.edu.cn

开本:787毫米×1092毫米　1/16	字数:512千字	印张:20
版次:2022年10月第1版	印次:2022年10月第1次印刷	
印刷:武汉精一佳印刷有限公司		
ISBN 978-7-5625-4681-8		定价:238.00元

如有印装质量问题请与印刷厂联系调换

矢志培养复合人才　开拓进取新时代
——数学与物理学院学术成果汇编

编委会

主 编 单 位：中国地质大学（武汉）数学与物理学院

主　　　编：郭上江　吴太山

副　主　编：魏周超　吴雅玲　万珍珠

编委会委员（排名不分先后）：

边家文　陈荣三　陈兴荣　陈　刚　陈　欢　陈琦丽
陈　玲　代　巍　丁思静　杜秋姣　杜桃园　付丽华
郭上江　郭艳凤　郭万里　郭　龙　韩艳玲　何开华
胡　鹏　黄昌盛　黄　刚　黄精华　黄　娟　景锐平
康晓琳　李慧娟　李尚芝　李志明　李宏伟　李超群
李　星　廖勇凯　刘安平　刘汉兵　刘鲁文　刘剑锋
刘智慧　刘丰铭　龙光芝　卢　成　罗文强　罗中杰
马晴霞　马　科　马　冲　毛明志　彭　湃　乔梅红
汤　庆　汤型正　万　灵　汪　垒　汪　海　王　明
王　毅　王佳兵　王一拙　王军霞　王元媛　王清波
魏周超　魏有峰　吴明智　吴　娟　吴　妍　奚　先
向东进　肖海军　肖　莉　谢宜龙　熊中龙　徐　伟
杨　飞　杨瑞琰　杨迪威　杨　勇　易　鸣　余绍权
张腾飞　张　玲　张玉洁　张保成　张自强　张光勇
郑　亮　郑安寿　周俐娜　邹　敏　左小敏

序 FOREWORD

七十年斗转星移，地大人筚路蓝缕、薪火相传，把论文写在祖国的大地上，科技报国、教育报国之心，山河可鉴。

早在建校之初的20世纪50年代，学校一大批专家学者就以地质科教之力投身国家重大项目建设当中。袁复礼教授担任了中苏联合长江三峡工程地质考察和鉴定组中方组长，还首次组织了服务国家重要工程——三门峡水库建设项目的多学科第四纪野外地质考察；马杏垣教授带领师生完成了我国第一幅较为正规的1∶20万"五台山区区域地质图"、出版了我国第一部区域地质构造专著——《五台山区地质构造基本特征》；冯景兰教授被聘为黄河规划委员会地质组组长，参与编写《黄河综合利用规划技术调查报告》；袁见齐教授主持完成了全国盐类矿床分布规律和矿床远景预测研究，编制完成了全国盐类矿床图；潘钟祥教授发表《中国西北部的陆相生油问题》，系统提出了"陆相生油"的观点……地大人科技报国、教育报国的情怀不仅与生俱来，更像矿物结晶体一般熔铸于一代代地大人的学脉传承之中。

新时代浪激潮涌，地大人踔厉奋斗、勇毅前行，追求卓越的脚步从未停歇，科技报国之路踏石留印。

十八大以来，地大围绕高水平科技自立自强的国家目标，针对自然资源和生态环境两大行业领域的"卡脖子"问题，以《美丽中国·宜居地球：迈向2030》战略规划为牵引，先后实施了"学术卓越计划""地学长江计划"等一系列重大专项，产出了一大批原创性、突破性科技成果。十年来，我们坚持突出学院的办学主体地位，高水平人才引进和培育使高水平科研"基本盘"更加巩固，成为地学文库丛书的源头活水。十年来，我们坚持"绿水青山就是金山银山"，以地球系统科学学术创新服务美丽中国建设，形成以《中国战略性矿产资源安全的经济学分析》和《应急救援队伍优化调配与合作救援仿真》等为代表的"地大智库"系列成果。十年来，我们坚持"人与自然生命共同体"理念，让地球科学的研究发现走出"象牙塔"，让"道法自然"的生态文明思想飞入寻常百姓家，从而形成"地学科普"系列作品。

七秩荣光,闪耀环宇。地大人重整行装、砥砺前行,正在建设地球科学领域国际知名研究型大学的新征程上昂首阔步。

逐梦未来,高歌猛进。地大人不忘初心、牢记使命,实现"建成地球科学领域世界一流大学"地大梦的号角声已然吹响。

值此建校 70 周年之际,"地学文库""地大智库""地学科普"系列作品正式出版。丛书积淀的是地大学者智慧,展现的是地大学科特色,揭示的则是扎根中国大地、创建世界一流大学的基本路径——只有与国同行才能自立图强,唯有与时俱进方可历久弥新。

是为序。

中国地质大学(武汉)校长
中国科学院院士

目录

第一章　数学与物理学院

一、学院概况 ……………………………………………（2）
二、学院框架 ……………………………………………（3）
三、师资队伍 ……………………………………………（3）
四、科学研究与学术交流 ………………………………（5）
五、近期获奖 ……………………………………………（10）

第二章　重点教师个人简介

丁思静 ……………………………………………………（14）
万　灵 ……………………………………………………（14）
马　冲 ……………………………………………………（15）
毛明志 ……………………………………………………（15）
王　明 ……………………………………………………（16）
王佳兵 ……………………………………………………（16）
王清波 ……………………………………………………（17）
王　毅 ……………………………………………………（17）
左小敏 ……………………………………………………（18）
边家文 ……………………………………………………（18）
卢　成 ……………………………………………………（19）
付丽华 ……………………………………………………（19）
代　巍 ……………………………………………………（20）
乔梅红 ……………………………………………………（20）
向东进 ……………………………………………………（21）
刘丰铭 ……………………………………………………（21）

刘汉兵	(22)
刘安平	(22)
刘鲁文	(23)
刘智慧	(23)
杜桃园	(24)
杜秋姣	(24)
李志明	(25)
李宏伟	(25)
李尚芝	(26)
李　星	(26)
李慧娟	(27)
杨　勇	(27)
杨瑞琰	(28)
吴　娟	(28)
吴　妍	(29)
肖　莉	(29)
肖海军	(30)
何开华	(31)
汪　垒	(31)
汪　海	(32)
张玉洁	(32)
张光勇	(33)
张自强	(33)
张保成	(34)
张腾飞	(34)
陈　刚	(35)
陈　欢	(35)
陈琦丽	(36)
陈兴荣	(37)
周俐娜	(37)
易　鸣	(38)
罗文强	(39)
罗中杰	(39)
郑　亮	(40)
郑安寿	(40)
胡　鹏	(41)
徐　伟	(41)
郭上江	(42)
郭万里	(43)

郭　龙 ……………………………………………………………… (43)
廖勇凯 …………………………………………………………… (44)
黄　刚 ……………………………………………………………… (44)
黄　娟 ……………………………………………………………… (45)
康晓琳 …………………………………………………………… (45)
彭　湃 ……………………………………………………………… (46)
谢宜龙 …………………………………………………………… (46)
韩艳玲 …………………………………………………………… (47)
魏周超 …………………………………………………………… (48)

第三章　科研成果简介

一、微分方程与动力系统研究方向 …………………………………… (50)
HIV感染进化及艾滋疾病进展的数学建模及动力学分析 ………… (50)
高维复杂非线性系统的隐藏混沌与超混沌吸引子的理论研究及应用 … (54)
偏泛函微分方程动力学研究 ……………………………………… (58)
时滞传染病动力学中的Lyapunov函数构造及稳定性分析 ……… (68)
基于自适应-脉冲协议的不确定性多智能体系统的一致性研究 … (71)
非Shilnikov意义下两类混沌系统的复杂动力学研究 …………… (73)
具有状态约束的Navier-Stokes方程的最优控制问题 …………… (75)
随机乙肝传染病系统的动力学分析与控制研究 ………………… (77)
Finite-time Lyapunov函数和耦合系统的稳定性分析 …………… (78)
几类二维格微分方程动力学行为 ………………………………… (80)
耦合网络上基于连边的谣言传播机理建模与分析 ……………… (82)
媒体信息影响下的网络传染病动力学研究 ……………………… (84)
移动环境下非局部扩散模型的时空传播 ………………………… (87)
随机时滞微分方程定性理论研究-2021 …………………………… (92)
随机时滞微分方程定性理论研究 ………………………………… (93)
具自由边界趋化反应扩散方程模型定性理论研究 ……………… (94)

二、智能计算与数据科学研究方向 …………………………………… (97)
复杂噪声中二维谐波信号参数估计方法及其统计性能分析研究 … (97)
胚胎干细胞中基因表达噪声的表观遗传调控及其细胞命运抉择动力学
……………………………………………………………………… (99)
多核快速学习方法在地震信号分析中的应用 …………………… (106)
联合稀疏表示的自适应核模型及其在地震信号谱分解中的应用 … (107)
二维可压缩流的数值模拟 ………………………………………… (108)

基于概率的名词性属性距离度量研究 ………………………………………… (110)
多项式相位信号参数估计的迭代算法研究 ……………………………………… (112)
几类随机微分方程数值方法的稳定性分析 ……………………………………… (114)
高维稀疏盲源分离算法及其在地震信号处理中的应用研究 …………………… (116)
基于浸入边界-格子 Boltzmann 方法的复杂弹性血管内红细胞迁移与变形机
理研究 ……………………………………………………………………………… (119)
随机赋范模中若干对偶性变换的表示 …………………………………………… (120)
孔隙尺度下开孔泡沫金属内流动沸腾换热机理的高效格子 Boltzmann 方法
研究 ………………………………………………………………………………… (122)
大型水库运行条件下滑坡演化与致灾机理 ……………………………………… (125)
延迟动力系统的延迟依赖散逸性 ………………………………………………… (126)
重尾分布噪声中二维谐波参数估计的子空间迭代算法研究 …………………… (127)
基于压缩感知的相关源盲分离算法研究 ………………………………………… (128)
OBC(Ocean Bottom Cable)辅助放缆软件研制 ………………………………… (130)
荆州市矿产资源规划数据库建设 ………………………………………………… (132)
湖北省第三轮矿产资源规划"多规合一"与矿产资源政策管理研究 …………… (134)
二维盆地模拟 FORTRAN 源代码资料包采购合同 …………………………… (136)
汉江蔡甸汉阳闸至南岸嘴段航道整治工程新型结构生态影响监测分析 ………
……………………………………………………………………………………… (137)
随钻条件下勘探目标评价结果动态调整软件模块测试 ………………………… (138)
面向浅层学习、深层应用的系列深度学习软件模块评估测试 ………………… (140)
基于"两圈一带"战略的湖北省县域经济差异及协调发展模式研究 …………… (143)

三、几何与非线性分析研究方向 ………………………………………………… (146)
部分耗散 KdV 方程的动力学行为与定量唯一延拓性 ………………………… (146)
分子动理学中两类可压缩模型的奇异极限问题研究 …………………………… (148)
高维黏性辐射反应流体力学方程组的大初值整体强解 ………………………… (151)
可压缩无黏辐射流体力学方程组的奇异极限问题 ……………………………… (152)

四、理论物理研究方向 …………………………………………………………… (154)
突破标准量子极限的双数态的制备与研究 ……………………………………… (154)
高能核碰撞中轻反原子核和奇特原子核产生及其特性研究 …………………… (157)
类引力模型中量子性质对等效原理的影响 ……………………………………… (161)
引力波探测新方法研究 …………………………………………………………… (165)
结合 DAMPE 数据进行暗物质间接探测的本底研究 ………………………… (168)
用 Dyson-Schwinger 方程方法研究高密度夸克物质状态方程并应用于计算致
密星性质 …………………………………………………………………………… (171)
基于最新的宇宙线观测数据对暗物质性质进行研究 …………………………… (172)
用 AdS/CFT 研究重夸克偶素熔解 ……………………………………………… (175)
高能重离子碰撞中重味夸克喷注的产生 ………………………………………… (177)
小尺度碰撞系统中的奇异性增强现象研究 ……………………………………… (180)

  北京谱仪Ⅲ实验上轻介子形状因子的测量 …………………………(182)
  利用流体力学模型研究Λ超子极化的实验与理论的分歧 …………(185)
  基于强耦合N＝4SYM等离子体中夸克物质能量损失的研究 ……(186)

五、凝聚态与材料物理研究方向 ……………………………………………(189)
  基于趋肤效应电阻及电阻过剩噪声分析的无损检测 ………………(189)
  固体中弹性波零折射率超常材料的特性研究 ………………………(192)
  对由不同共振单元或含人工结构固体板构建的声学超表面(acousticmetasurface)
  的研究 ……………………………………………………………………(194)
  高温相 $LiCoO_2$ 纳米片阵列的低温熔盐制备及其倍率和循环性能研究 ……
  ………………………………………………………………………………(199)

六、光学与光电子技术研究方向 ……………………………………………(205)
  可探测地震前兆次声波的光纤声传感装置的研究 …………………(205)
  磁共振与超宽谱异质纳米光学天线的制备及其非线性增强效应 …(208)
  量子轨道调控固体高次谐波辐射的理论研究 ………………………(210)
  金属-半导体异质纳米结构的超快能量转移及其在光催化中的应用研究……
  ………………………………………………………………………………(212)
  光纤次声传感器的研制 …………………………………………………(213)

七、固体地球和矿物物理研究方向 …………………………………………(217)
  含铁后钙钛矿的热传导特征研究:对D″层热结构的启示 …………(217)
  基于多源信号监测的华南地区不规则体漂移和闪烁特性研究 ……(222)
  超材料调控地震波传播行为研究及模型设计 ………………………(229)
  高压下镁基 Mg-Nb-H 富氢化合物结构演化与物性理论研究 ……(232)
  铁的价态和自旋对D″层后钙钛矿中地震波速的影响机制 …………(234)
  超材料对地震波传播的控制理论研究及地震波隐身衣模型设计 …(237)
  铁对D″层铁方镁石矿中弹性波影响机理的模拟研究及对该矿组分的约束意义
  ………………………………………………………………………………(240)
  二维地震波隐身衣在重要建筑物防震中应用的机理研究 …………(243)
  氧化锌矿物高压相变及性质的第一性原理及部分实验研究 ………(246)
  弹性波超材料在建筑物防震应用中的模型设计及模型试验 ………(248)
  Mn对B4、BN相ZnO矿物相变、热力学及光学性质影响研究 ……(250)
  砂泥岩异性结构面流变力学特性研究 …………………………………(252)

第四章 教育教学成果

一、教学项目 …………………………………………………………………(256)
  (一)省级及以上教学项目 ………………………………………………(256)

　　　　大学数学教学规范的研究与实践……………………………………(256)
　　　　随机数学教学团队建设…………………………………………………(258)
　　　　基于地球科学应用为特色的地矿类概率统计课程教学改革研究与实践
　　　　　……………………………………………………………………………(259)
　　　　"问题解决"教学模式在高等数学课堂教学中的运用研究……………(260)
　　　　大数据背景下信息与计算科学专业"三融合"人才培养模式研究……(261)
　　　　基于学习共同体的我校高等"数学教学"模式研究与实践——以地球物理与
　　　　　空间信息学院为例……………………………………………………(262)
　　　　地质类院校工科物理分层次教学的探索与实践………………………(264)
　　　(二)校级教学项目……………………………………………………………(265)
　　　　高等数学MOOC课程建设………………………………………………(265)
　　　　《大学物理》MOOC建设…………………………………………………(267)
二、教　材…………………………………………………………………………(270)
　　(一)教材一览表………………………………………………………………(270)
　　(二)重点教材介绍……………………………………………………………(271)
三、省级及以上奖励………………………………………………………………(277)
　　(一)教学成果奖………………………………………………………………(277)
　　　"数学实验"课程的教学研究与实践……………………………………(277)
　　　大学数学教学内容研究与创新性教学实践……………………………(279)
　　(二)教学竞赛奖………………………………………………………………(282)
四、教学和竞赛团队………………………………………………………………(283)
　　(一)全国大学生数学竞赛(数学类)…………………………………………(283)
　　(二)全国大学生数学竞赛非数学类…………………………………………(285)
　　(三)全国大学生数学建模竞赛………………………………………………(286)
　　(四)全国研究生数学建模竞赛………………………………………………(290)
　　(五)大学物理创新教学团队…………………………………………………(291)
　　(六)大学物理云教学团队……………………………………………………(294)

第五章　工作展望

一、指导思想与发展思路…………………………………………………………(298)
二、任务与建设重点………………………………………………………………(302)
三、支撑与保障体系………………………………………………………………(308)

第一章　数学与物理学院

数学与物理学是自然科学的基础学科和带头学科,科学技术原始创新和突破都有赖于数学基础和物理学知识。数理为基,威力无比,实际应用,广阔天地!中国地质大学(武汉)(简称地大)数学与物理学院(简称学院)秉承和发扬学校基础课教学近70年的优良传统和办学特色,形成了"严谨、求实、创新、进取"的良好院风和"厚基础、宽口径、重创新"的人才培养模式,致力于高水平基础研究和应用基础研究,致力于培养高水平数学人才、物理人才和应用统计学人才。

一、学院概况

中国地质大学(武汉)数学与物理学院成立于2005年。其历史可追溯到北京地质学院时期,1952年成立的"数学教研室"和"物理教研室";1964年数学、物理、化学、外语等教研室组建成"基础课委员会";1975年迁汉后,1977年开始招收数学专业本科生;1982年成立基础课部;1993年成立数学与物理系;1987年开始招收物理专业本科生,2001年开始招收硕士研究生,2021年开始招收博士研究生。

学院物理实验中心

数学与物理学院历史沿革

自 2005 年成立以来,现已发展成为培养数理学科高级复合型人才、从事数理基础理论与应用的教学研究型学院。学院现有数学与物理学 2 个一级学科,国家一流专业数学与应用数学、省级一流专业物理学专业和信息与计算科学专业。现有数学、物理学 2 个学术硕士学位点和应用统计学、材料与化工 2 个专业硕士学位点,自设现代数学与控制理论二级博士点。

二、学院框架

学院现有数学与应用数学系、物理系、信息与计算科学系、大学数学教学部、大学物理教学部和物理实验中心(物理实验省示范中心)6 个系部,还有数学实验室、大学物理实验室、近代物理实验室、综合物理实验室、物理光学与应用光学实验室、激光应用技术实验室、光电子技术实验室、材料模拟与计算物理研究所等实验室和研究所。《数学学科特区建设实施方案(2020—2023)》已正式实施,成立了数学科学中心。

2020 年数学科学中心授牌仪式

三、师资队伍

学院有一支学术气氛浓厚、师德师风高尚的教师队伍,既有治学严谨、学术造

2020年数学科学中心成立

诣深厚的老教授,也有富于创新精神、勇攀学科前沿的中青年学术带头人。

学院现有教职工125人,其中专任教师102人,教授25人,副教授58人,博士生导师18人,硕士生导师71人,多人入选省部级以上人才计划。"湖北省有突出贡献中青年专家"1人,教育部"新世纪优秀人才支持计划"2人,湖北省"新世纪高层次人才工程"(第二层次)1人,"湖北名师"1人,湖北省"楚天学者计划"3人,"地大百人计划"2人,"地大学者"学科骨干人才3人,"地大学者"青年拔尖人才10人以及青年优秀人才15人。湖北省优秀基层教学组织——信息与计算科学课程组。学院重视青年教师培养,涌现出一批优秀青年教师,包括湖北省青年教师教学竞赛二等奖1人、三等奖1人,湖北省高等学校大学物理实验课程青年教师讲课比赛一等奖1人,校"十大杰出青年"获得者4人,校"朱训青年教师教育奖励基金"获得者4人。作为教学大院,我院先后共有30多人次荣获学校"最受学生欢迎的老师"称号。学院近五年获湖北省教学成果奖二等奖1项、三等奖2项。学院党委被授予2019—2020年度校"先进基层组织"荣誉称号。

学院组织了第六届和第七届国际青年学者地大论坛分论坛,进一步加大人才引进力度。"地大百人计划"教授郭刚和特任教授刘志苏正式入职,同时还引进了特任副教授3人。一大批优秀青年人才茁壮成长,1位教授入选2021年科睿唯安全球"高被引科学家"(全校共5人),2位教授入选爱思唯尔"中国高被引学者",1位教师入选湖北省"青年拔尖人才培养计划"。

四、科学研究与学术交流

2017—2021年,我院新增国家自然科学基金37项,新增横向项目39项,新增科研经费2 005.4万元;我院教师以第一作者/通讯作者发表国际SCI期刊论文415篇,其中T1论文83篇,T2论文175篇,高被引论文18篇;举办学院"数理论坛"学术交流专题系列讲座241期,含数学科学中心系列专题讲座57场,举办"名家论坛"15期。举办了"2017年Workshop on Nuclear and Particle Physics-Strong Interacting System in Extreme Environments学术研讨会""2017年微分方程及其应用学术研讨会""2019年武汉系统生物学与生物动力学论坛""2021年北京谱仪Ⅲ国际合作组冬季会议""2021年非线性偏微分方程理论学术会议""2022年微分方程定性理论学术研讨会""2022年微分方程国际会议(2022 International Symposium on Differential Equations)"等。我院郭上江教授的《非线性系统的稳定性、分岔与变分方法》荣获2018年湖南省自然科学奖一等奖,胡鹏副教授作为第二完成人(地大第二完成单位)参与申报的科技成果《中立型随机时滞系统稳定性理论研究及其应用》,荣获2020年度江西省自然科学奖二等奖。

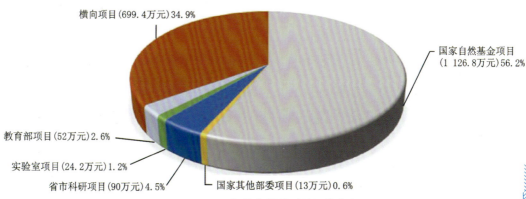

2017—2021年学院科研项目经费分布

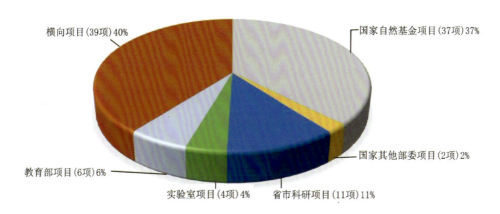

2017—2021年科研项目数量分布

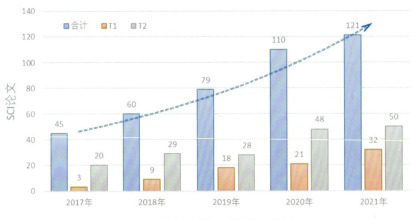

2017—2021年发表SCI论文数量

郭上江荣获2018年湖南省自然科学奖一等奖

胡鹏荣获2020年江西省自然科学奖二等奖

2017年 Workshop on Nuclear and Particle Physics-Strong Interacting System in Extreme Environments 学术研讨会参会人员合影

2017年微分方程及其应用学术研讨会参会人员合影

2019年武汉系统生物学与生物动力学论坛参会人员合影

2021年北京谱仪Ⅲ国际合作组冬季会议
(2021 BESIII Collaboration Meeting in Winter)

2022年微分方程定性理论学术研讨会

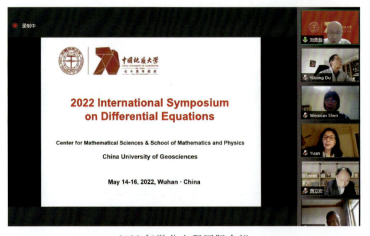

2022年微分方程国际会议
(2022 International Symposium on Differential Equations)

名家论坛——张伟年教授学术报告会

名家论坛——蔡庆宇研究员学术报告会

赵鹏大院士莅临数理学院

国外专家与我院师生进行学术交流

国外专家与我院师生进行学术交流

五、近期获奖

2019年,121171班团支部荣获湖北省"百生讲坛"活力团支部评选中获评"金牌团支部"

2020年,121171班团支部获评湖北省"五四红旗团支部"

2020年,"高等数学"线上课程获湖北省线上一流课程建设

2020年,数学与应用数学专业获国家一流专业建设项目

2021年,"大学物理"课程思政案例获教育部大学物理课程教学指导委员会立项并获评"A"级

2021年,信息与计算科学课程组获评湖北高校省级"优秀基层教学组织"

2021年,"大学物理"(力学、电磁学)课程获湖北省线上一流课程建设

2021年,"线性代数"课程获湖北省线下一流课程建设

2021年,物理学、信息与计算科学专业获得省级一流本科专业建设

2022年,"大我"社会实践团队开展社区科普公益行活动获得《人民日报》《长江日报》等多家媒体报道

2022年,物理实验中心入选"武汉市科普教育基地"

2019年,121171班团支部在湖北省"百生讲坛"活力团支部评选中获评"金牌团支部"

《人民日报》报道中国地质大学（武汉）"大我"社会实践团队
开展社区科普公益行活动

《长江日报》报道大学教授带小学生体验物理"魔法"

中国地质大学（武汉）物理演示与探索实验室举办青少年物理科普日活动

第二章　重点教师个人简介

丁思静

丁思静，女，1989年8月生，安徽安庆人。中国地质大学（武汉）数学与物理学院教授，博士生导师。2016年毕业于武汉大学，获光学博士学位，2016—2018年在武汉大学物理科学与技术学院博士后工作站工作，2017—2018年在香港中文大学物理系任访问学者。主要从事等离激元纳光子学及非线性光学等相关课题研究，以通讯作者或第一作者在 *Physical Review Letters*、*Nano Letters*、*ACS Nano*、*Nano Research* 等国内外高水平期刊上发表SCI论文30余篇，目前主持国家自然科学基金项目1项、省级基金项目2项，参与国家重大计划项目1项，完成中国博士后科学基金项目2项。

万 灵

万灵，女，1990年11月生，重庆人。理学博士，现任数学与物理学院副教授，硕士生导师。分别于2012年、2017年获武汉大学（信息与计算）学士及武汉大学（基础数学）博士学位。从事非线性偏微分方程的理论研究，主要方向为流体力学中的偏微分方程。发表SCI学术论文10余篇，主持国家自然科学基金青年科学基金项目1项。

马 冲

马冲,男,1984年9月生,山东滨州人。博士,硕士生导师,2017年毕业于中国地质大学(武汉),获博士学位,2018年底赴德州农工大学(美)访学1年。主要从事实验仪器开发、工程地质、渗流力学方面的研究。主持湖北省自然科学基金项目1项,参与国家自然科学基金项目3项。在国内外学术期刊共发表论文10余篇,其中以第一作者身份发表SCI论文5篇,其中T1分区2篇,T2分区1篇;以第一作者身份发表EI论文4篇;作为第一发明人身份获得国家授权发明专利2项。

毛明志

毛明志,1977年4月出生,湖北黄石人。博士,副教授,硕士生导师,2003年7月武汉大学概率统计专业毕业,获硕士学位,2005—2009年上海交通大学概率统计专业毕业,获理学博士学位,博士论文被评为上海交通大学优秀博士论文。2010—2012年,在武汉大学数学统计学院博士后流动站从事博士后交流工作。从事随机过程及其应用、变点理论、大数据处理统计方法、随机微分方程尤其Levy驱动的随机微分方程等相关理论的研究工作。所教授的课程有本科数学专业的"概率论""数理统计"等核心课程,和全校本科生"高等数学""线性代数"等基础数学课,同时还承担研究生专业课"现代概率论基础"和公共基础面上课"应用数理统计"等。在国内外期刊发表论文20余篇,10余篇论文被三大检索收录,其中有国际统计核心刊物 *Journal of Multivariate Analysis* 发表的高被引子文章;主持中国博士后基金和湖北省自然科学基金项目各1项,主持省部级横向项目2项和校级项目(包括教学项目)4项,参与国家自然科学基金多项,其中2项面上项目基金(排名第二)和省一流课程建设1项,编写教材2部。指导学生参加全国大学生数学建模竞赛并获二等奖。

王　明

王明，男，1986年12月生，湖北监利人。现任中国地质大学(武汉)数学与物理学院副教授，硕士生导师。分别于2008年、2013年毕业于华中科技大学数学与统计学院，获得理学学士、理学博士学位。主要从事色散方程的适定性与唯一延拓性、无穷维动力系统方面的研究。先后主持国家自然科学基金项目、湖北省自然科学基金项目共4项。在国际重要期刊发表论文30余篇。

王佳兵

王佳兵，男，1989年6月生，土家族，湖北巴东人。2018年6月在兰州大学获理学博士学位(攻读博士期间受国家留学基金委资助，于2016年9月至2018年3月在加拿大纽芬兰纪念大学进行联合培养)。2018年7月入选中国地质大学(武汉)"地大学者"青年优秀人才，现任数学与物理学院数学与应用数学系副主任，副教授，硕士生导师。主要研究领域为微分方程与动力系统，已在 *Journal of Nonlinear Science*、*Journal of Differential Equations*、*SCIENCE CHINA Mathematics* 等重要学术期刊发表论文20余篇，其中ESI高被引论文3篇，热点论文1篇，并担任 *Mathematical Reviews* 与 *Zentralblatt MATH* 评论员、教育部学位与研究生教育发展中心学位论文评审专家以及多个SCI期刊的审稿人，现主持国家自然科学基金青年科学基金项目1项。2020年荣获中国地质大学(武汉)"优秀班主任"、数学与物理学院"优秀共产党员"称号。

王清波

王清波,男,1981年3月生,河南新乡人。先后分别于郑州大学(应用物理)、郑州大学(光学)、浙江大学(凝聚态物理)获得学士、硕士和博士学位。现任中国地质大学(武汉)数学与物理学院物理系副教授,博士生导师。研究领域除凝聚态物理及其应用外,还有材料与化工及其应用等。在材料科学与工程等国内外学术期刊上发表论文SCI、EI论文20余篇,在 *Physica B*、物理学报等国内外期刊担任审稿人。主持国家自然科学基金青年科学基金项目1项。

王 毅

王毅,男,1986年12月生,湖北十堰人。中国地质大学(武汉)数学与物理学院副教授,博士生导师,现任数学与应用数学系主任。2009年6月毕业于中北大学,获数学与应用数学专业理学学士学位,同年保送至中北大学攻读硕士学位;2012年6月毕业于中北大学,获应用数学专业理学硕士学位;2016年6月毕业于东南大学,获数学专业理学博士学位;2014年9月至2015年9月在加拿大维多利亚大学数学与统计学系进行博士联合培养。2016年1月入选中国地质大学(武汉)"地大学者"青年优秀人才,2016年7月入职被聘为校特任副教授,2019年12月入选中国地质大学(武汉)"地大学者"青年拔尖人才。长期从事传染病动力学建模与分析、复杂网络理论及其应用等研究工作。先后主持湖北省自然科学基金青年科学基金项目、中国博士后科学基金面上项目、中国博士后科学基金特别项目、国家自然科学基金应急管理项目、国家自然科学基金青年科学基金项目和国家自然科学基金面上项目共6项。在国内外学术期刊上发表论文30余篇,Google学术引用800余次,2篇论文入选ESI高被引论文,现指导在读博士生和硕士生共9人。先后荣获中国地质大学(武汉)"优秀班主任"和本科毕业论文"优秀指导教师"等称号。

左小敏

左小敏，女，1978年11月生，湖北应城人。2000年毕业于华中师范大学物理系，2008年毕业于中国科学院物理与数学研究所并获博士学位，现任中国地质大学（武汉）数学与物理学院副教授，硕士生导师。从事空间物理电离层物理方面的研究，主持完成国家自然科学基金青年科学基金和面上基金项目各1项，主编或参编教材2部。

边家文

边家文，男，1979年5月生，湖北天门人，副教授，硕士研究生导师，2010年6月毕业于中国地质大学（武汉）地球物理与空间信息学院，获工学博士学位，2012—2013年在美国康奈尔大学Weill医学院从事博士后研究1年，长期从事统计信号处理和智能计算方面的研究工作。先后主持国家自然科学基金项目2项，教育部留学回国人员基金项目1项，中央高校基本科研业务费人才类基金——中国地质大学（武汉）"摇篮计划"项目1项，湖北省自然科学基金项目1项，参加国家自然科学基金、湖北省自然科学基金多项，在 Journal of Statistical Planning and Inference、Journal of Statistical Computation and Simulation、Communications in Statistics-Simulation and Computation、Digital Signal Processing、International Journal of Applied Mathematics and Computer Science、BMC Bioinformatics，Advances in Space Research 等国际期刊发表论文20多篇，完成著作2部（其中国际专著1部）。主持完成中国地质大学（武汉）本科质量教学工程项目2项，编写出版教材1部，获得湖北省教学成果奖二等奖2项。现为国家自然科学基金委信息学部通讯评审专家，教育部学位与研究生教育评估专家。

卢　成

卢成，男，1981年11月生，湖北洪湖人。教授、博士生导师、中国地质大学（武汉）第四批"地大百人计划"人才。四川大学原子与分子物理专业博士、吉林大学超硬材料国家重点实验室和美国内华达大学拉斯维加斯分校（University of Nevada, Las Vegas）博士后。先后主持国家自然科学基金项目4项、国防专项项目2项、中国博士后特别资助项目1项。主要从事凝聚态物质的微观结构与物性研究，以第一作者或通讯作者在 Physical Review Letters、Journal of the American Chemical Society、Physical Review B、Physical Review Materials、Applied Physics Letters 等期刊发表SCI论文92篇，其中封面论文4篇，ESI高被引论文8篇，总被引2670余次，H指数32（详细论文列表：http://www.researcherid.com/rid/N-7952-2015）。在相关研究领域得到同行学者的好评。目前，指导博士研究生2名、硕士研究生6名。

付丽华

付丽华，女，1979年2月生，湖北枝江人。教授，2009年毕业于中国地质大学（武汉），获工学博士学位。2013年入选教育部"新世纪优秀人才支持计划"。2011年入选湖北省"新世纪高层次人才工程"人选（第三层次）。主持国家自然科学基金项目2项，湖北省自然科学基金项目1项，并参与多项国家自然科学基金项目、省基金项目。在 Geophysics、IEEE Transaction on Geoscience and Remote Sensing、IEEE Geoscience and Remote Sensing Letters、Circuits Systems and Signal Processing、Journal of Geophysics and Engineering、IEEE Signal Processing Letters、Neural Processing Letters、Digital Signal Processing、《地球物理学报》、《电子学报》、《石油地球物理勘探》等期刊上发表论文50余篇，出版专著1部，授权发明专利2项。教学方面，先后主持2项湖北省教学项目，2项校级教学项目，发表教学论文8篇，编写3部教材。2011年和2017年两次被全国大学生数学建模竞赛组织委员会评为"全国大学生数学建模竞赛优秀指导教师"，此外，先后获得中国地质大学（武汉）"朱训青年教师教育奖励基金""十大杰出青年"称号，并获得"金石奖教金""卓越教师优秀奖"等荣誉。

代 巍

代巍，男，1984年1月生，湖北武汉人。2013年毕业于华中师范大学，获得理论物理专业博士学位，2013年10月—2016年10月进入清华大学物理系博士后工作站工作，2018年1月任中国地质大学（武汉）数学与物理学院副教授，硕士生导师，入选中国地质大学（武汉）"地大学者"青年优秀人才。主要研究领域是中高能核物理，主要从事高能部分子与热密介质的相互作用、高能重离子碰撞中的完全喷注研究、高横动量强子的产生等方面的研究。在 Physical Review Letters，Physical Letters B 等国际期刊发表SCI论文20余篇，其中4个理论预言结果被CMS、ALICE等欧洲大型强子对撞机国际实验合作组的报告引用。曾主持博士后科学基金项目1项，在研国家自然科学基金项目1项。2014年，学位论文被评为湖北省优秀博士学位论文。

乔梅红

乔梅红，女，1982年4月生，山西临汾人。理学博士，现任中国地质大学（武汉）数学与物理学院副教授，硕士生导师。讲授课程："高等数学""线性代数""概率论与数理统计""控制论"。主要从事时滞、脉冲微分方程理论及其应用、随机微分方程理论及其应用等方面的研究。主持国家自然科学基金青年科学基金项目1项、湖北省自然科学基金项目1项。参加国家自然科学基金面上项目1项（排名第二）。参加国家自然科学基金重点项目1项。发表SCI论文10余篇。主持校级教学项目1项。2013年主持的中央高校科研业务专项基金以考核优秀结题；2013—2014年度获得促进学生就业"先进班主任"荣誉称号；参与出版专著《病毒-免疫动力学数学建模》（科学出版社，2016）。

向东进

向东进,男,1966年9月生,湖北武穴人。教授,1987年毕业于复旦大学数学系,获理学学士学位,2010年毕业于武汉大学经济学专业,获博士学位。

从1987年起,一直在中国地质大学(武汉)工作。30多年来,一直承担全校相关专业本科生、研究生的数学基础课和数学专业本科生、研究生的数学课程,并为全校本科生开设了数学通选课,各类课程共约12门。从2004年起,先后指导了20余名数学、统计学专业研究生。

中国工业与应用数学学会会员及湖北省统计学会会员。积极指导学生参加全国大学生数学建模竞赛以及统计建模大赛活动,指导的本科生多次获得全国数学建模竞赛一、二等奖,以及湖北省赛区各等级奖项。指导的数学、信息与计算科学专业本科生毕业论文多次被评为湖北省优秀学士学位论文。多次获得校级优秀教学成果奖,多次获评为"最受学生欢迎的老师"称号,承担的研究生课程"多元统计分析"以及"时间序列分析"都被获评优秀课程。

刘丰铭

刘丰铭,男,1979年12月生,广西百色人。中国地质大学(武汉)教授,博士生导师,"地大学者"青年拔尖人才。主要从事声学/电磁超构材料研究。先后主持国家自然科学基金面上项目2项、青年科学基金项目1项。在 Physical Review Letters、Physical Review Applied、Physical Review B、Applied Physics Letters、Optics Letters 等国际著名物理期刊上发表第一作者及通讯作者论文30余篇,曾获第十六届湖北省自然科学优秀学术论文一等奖。担任 Optics Letters、Journal of Applied Physics、Journal of Physics D: Applied Physics、Chinese Physical B、《中国科学:物理学 力学 天文学》等国际国内期刊审稿人。

刘汉兵

刘汉兵，男，1985年8月生，湖北鄂州人。副教授，硕士生导师。2007年本科毕业于华中师范大学，2009年毕业于武汉大学，获硕士学位，2012年毕业于罗马尼亚Alexandru Ioan Cuza University，获理学博士学位。从事数学控制理论研究，专注于分布参数系统的最优控制问题、能稳性和能控性问题的研究。科研方面，主持国家自然科学基金项目1项，在国内外学术期刊发表论文16篇，出版专著1部；教学方面，主持校级教学项目2项，发表教学论文2篇。获第十六届湖北省自然科学优秀学术论文三等奖。

刘安平

刘安平，男，1961年12月生，湖北武汉人。教授，长期从事微分方程理论及其应用研究与教学。1983年、1990年毕业于武汉大学数学与统计学院，分别获得理学学士、硕士学位。曾任中国地质大学（武汉）数学与物理学院副院长、院长，湖北省数学学会常务理事，湖北省数学学会学术委员会委员；现任湖北省及武汉工业与应用数学学会常务理事。在国内外专业学术期刊上发表论文120余篇，其中SCI论文40余篇。先后参加国家自然科学基金重点项目、面上项目、青年科学基金项目及主持"863"项目子课题项目共7项；主编出版教材3部，获得湖北省教学成果奖二等奖1项，湖北省自然科学优秀学术论文二等奖2项。湖北省精品课程的主要负责人，指导的研究生有4人毕业论文被评为湖北省优秀硕士论文。

刘鲁文

刘鲁文，女，1976年生，山东文登人，分别于1998年、2002年、2012年获得理学学士、理学硕士、管理学博士学位。现为中国地质大学（武汉）数学与物理学院教师，副教授，硕士生导师。主要从事大学数学方面的教学、科研工作。近年来发表教学研究论文10余篇，主持和参与完成教学研究项目7项，其中完成省级教学项目1项，主编或参编教材2部，2008年获评中国地质大学（武汉）第一届青年教师讲课比赛理科组一等奖。主持和参与完成国家自然科学基金青年科学基金项目、湖北省统计科研计划项目、中央高校优秀青年基金项目以及横向协作项目等10余项，在国内外期刊发表论文20余篇，其中SCI期论文5篇。

刘智慧

刘智慧，女，1979年9月生，湖南益阳人。博士，副教授，硕士生导师。加拿大温莎大学计算机学院访问学者。主要从事信号与信息处理、机载点云分类和深度学习的研究。主持国家级和省级等研究项目6项，在 *Journal of Statistical Computation and Simulation*、*Exploration Geophysics*、《电子学报》、《石油地球物理勘探》等重要期刊上发表论文30余篇。作为主编和副主编参与编写教材教辅6部。曾获湖北省高等学校教学成果奖二等奖、中国地质大学（武汉）青年教师讲课比赛一等奖、中国地质大学（武汉）教师教学优秀奖、中国地质大学（武汉）本科教学质量优秀奖等奖项以及中国地质大学（武汉）"优秀班主任"荣誉称号。

杜桃园

杜桃园,男,1989年7月生,江西吉安人。博士,副教授。2012年和2015年毕业于江西师范大学,分别获得学士、硕士学位。2018年毕业于中国科学院大学获得博士学位,并于同年7月入职中国地质大学(武汉)数学与物理学院。主持国家自然科学基金项目1项,参与国家自然科学基金重点项目1项。在物理学主流期刊 Physical Review A、Physical Review B、Optics letters、Optics Express 等以第一作者或通讯作者发表论文10余篇。

杜秋姣

杜秋姣,女,1977年9月生,河南内乡人。中国地质大学(武汉)数学与物理学院副教授,博士生导师。1999年毕业于中国地质大学(武汉),获物理学专业理学学士学位;2004年和2011年毕业于华中科技大学光电学院,分别获物理电子学工学硕士学位及电子科学与技术工学博士学位。2015—2016年于美国 University of Missouri-Columbia 访问交流。在科研方面,主要围绕太赫兹技术、建筑物抗震、航天结构低频振动与控制、深水油气勘探等应用需求,在超材料设计与波动控制、有限元分析等方向开展研究,主持国家自然科学基金面上项目1项、国家自然科学基金青年科学基金1项、中国博士后科学基金第九批特别资助1项和中国博士后科学基金第56批面上资助1项;作为骨干成员参加国家自然科学基金重点项目1项、中国科学院地球化学研究所专项基金1项和中国海洋石油集团有限公司横向项目1项。担任 Journal of Physics D、Applied Physics、Journal of Applied Physics、Smart Materials and Structures 等国际期刊的审稿人。以第一作者或通讯作者发表SCI/EI论文18篇,专利2项,出版学术专著1部,曾获湖北省物理学会优秀论文奖。在教学方面,主讲"光学"和"信息光学"课程,曾主持省级教学研究项目1项、校级教学研究项目3项,以第一作者发表教学论文2篇,主编/副主编教材4部。

李志明（右一）

李志明，男，1976年12月生，河南巩义人。副教授，从事大学数学教学及科研工作，研究方向为信息处理与智能计算。主讲"高等数学""线性代数""空间解析几何""矩阵分析""概率论与数理统计"等课程。主持完成教学研究项目10余项，发表教学研究论文20余篇，参与编写教材教辅10余部。主持完成科研项目2项，参与国家自然科学基金项目2项，发表科研论文7篇，参与编写科研专著1部。多次被评为"最受学生欢迎老师"，获得湖北省高等学校教学成果奖二等奖、中国地质大学（武汉）本科教学卓越奖、朱训青年教师教育奖励基金、教师教学优秀奖、本科教学质量评价优秀奖、青年优秀教师教学奖等。

李宏伟

李宏伟，男，1965年4月生，湖南汨罗人。教授，博士生导师，"湖北省有突出贡献中青年专家"，湖北省优秀教师，"湖北名师"，"湖北名师工作室"主持人。1996年7月毕业于北京大学数学科学学院应用数学专业，获理学博士学位，1998年7月北京交通大学博士后出站，现在中国地质大学（武汉）数学与物理学院从事数学教学和科研工作。长期从事信息处理和智能计算方面的研究工作，承担完成省部级以上科研项目20余项，其中主持国家自然科学基金项目3项、湖北省自然科学基金项目2项；在国内外期刊和会议上发表学术论文180余篇，出版专著3部；获全国统计科研优秀成果奖二等奖（排名第一）、湖北省科技进步二等奖（排名第五）各1项。主讲本科生和研究生数学课程18门，指导培养博士生17人、硕士生47人。承担完成校级以上教研项目20余项，发表教学研究论文20余篇，编写出版教材教辅10部。主持的"线性代数"课程获评湖北省精品课程。获湖北省教学成果奖二等奖2项（排名第二和第三）。

李尚芝

李尚芝，女，1992年8月生，山东日照人。副教授，硕士生导师。2015年毕业于湖南大学，获理学学士学位；2017年到伦敦帝国理工学院数学系进行为期1年的交流学习；2020年毕业于湖南大学，获理学博士学位。主持国家自然科学基金青年科学基金项目、湖北省自然科学基金青年项目、中国博士后科学基金面上项目、湖北省博士后创新研究项目。在国际学术期刊发表SCI论文10余篇。

李　星

李星，男，1962年生，天津人。教授，1982年毕业于武汉地质学院［1987年更名为中国地质大学（武汉）］数学系，获理学学士学位，2021年获博士学位。先后担任中国地质大学（武汉）数学与物理学院数学系、信息与计算科学系副主任、主任，湖北省数学学会公共数学专业委员会常务委员。主持或参与科研项目9项，发表论文50余篇，出版专著2部，编写出版教材15部。主讲"数学分析""高等代数""常微分方程""数学物理方程""复变函数""积分变换""数理统计""多元统计分析""数理逻辑""数值分析""偏微分方程数值解""工科数学分析""高等数学""线性代数""矢量分析""场论""概率统计""数学建模""数学方法"等课程。多次被评为"最受学生欢迎的老师"，国家级数学建模竞赛二等奖指导老师，省级或校级优秀学士学位论文、硕士学位论文指导老师。多次获教学、科研成果奖。在数学、应用数学、计算数学、统计学、应用统计、地学信息工程、地球探测与信息技术、地质工程等学科方向培养了40多名硕士研究生。

李慧娟

李慧娟，女，1985年7月生，内蒙古扎兰屯人。副教授，2008年、2011年于中国地质大学（武汉）获得学士学位与硕士学位，2015年博士毕业于拜罗伊特大学，2015年6月至今任职于中国地质大学（武汉）数学与物理学院。主要从事微分方程定性理论、Lyapunov函数的构造及计算、控制Lyapunov函数的构造等研究。2016—2018年、2019—2021入选中国地质大学（武汉）"地大学者"优秀青年人才；主持国家自然科学基金青年科学基金项目1项，在国际SCI期刊发表多篇学术论文，出版学术专著1部。

杨　勇

杨勇，男，1963年8月生，湖北潜江人。教授，武汉大学物理系理学学士、中国地质大学岩矿专业硕士和博士毕业。曾在中国地质大学（武汉）测试中心、华中科技大学电子学博士后流动站工作，现在中国地质大学（武汉）物理系和物理实验中心工作。主要从事电子显微分析、微区X射线成分分析、计量检定、电子测试技术等研究工作和物理及实验物理本科和研究生的教学工作。教授本科生万人次以上，培养硕士生25人。主持完成国家自然科学基金项目3项，主持和参加省部级项目、横向项目、校级项目等10多项。获专利授权几十项，发表SCI、EI等论文若干，参编教材多部。获省部级成果奖2项，省级大型精密仪器管理、开发和使用先进个人奖2次，获校级"先进工作者""科研先进个人""金石奖教金""最受学生欢迎老师"等几十项奖励和荣誉称号。曾担任《岩矿测试》学报、《电子学报》、工程与材料科学部、国家自然科学基金信息科学学部、教育部研究生论文、湖北省科技厅、河北省科技厅、武汉科技局、宁波科技局、广州科技局等刊物和研究单位的论文、项目、成果评审。

杨瑞琰，男，1964年生，湖北黄梅人。博士，教授，长期从事"大学数学"课程的教学、成矿流体的动力学模拟计算和本科生数学建模竞赛指导工作。在成矿流体的动力学计算方面，结合锡矿山锑矿床的成矿示例，通过对流双扩散理论与矿床成因的研究分析，对中低温热液矿床的形成机理提出了一个新的认识：双扩散对流机制是可以导致分散的元素富集成矿的，从而丰富了矿床成因理论，为指导找矿提供了新的方向。

1997年开始从事数学建模竞赛的指导工作，所指导的学生队多次获得国家级奖项。2014年开始全面负责组织培训和指导学生参加全国大学生数学建模竞赛活动，使学校的整体成绩得到明显的提升。2021年被评为全国大学生数学建模竞赛"优秀指导教师"。

吴娟，女，1982年3月生，湖北武汉人。现任中国地质大学（武汉）数学与物理学院副教授，硕士生导师。2003年和2005年分别获得华中师范大学物理科学与技术学院学士学位和硕士学位，于2012年获得瑞典皇家工学院物理系博士学位。研究领域包括宇宙线粒子的探测、宇宙线的加速与传播机制以及利用天体物理方法研究暗物质。先后主持国家自然科学基金项目2项，参与国家自然科学基金、国际合作实验项目4项，在国际重要期刊如 Science、Physics Reports、Physical Review Letters、Astrophysical Journal、Physical Letters B 上发表论文多篇。

吴　妍

吴妍,女,1987年5月生,湖北武汉人。现任中国地质大学(武汉)数学与物理学院副教授,硕士生导师。2014年毕业于华中师范大学粒子物理研究所,获理学博士学位。现主要从事高能物理研究和大学物理教育教学工作。主持国家自然科学基金1项、教育部重点实验室开放基金1项、校级科研项目1项、校级本科教学改革项目3项、实验教学仪器研制项目1项。作为副主编参与编写出版教材《大学物理学》和《大学物理实验》,在国际SCI期刊上发表论文6篇。获得湖北省第六届高校青年教师教学竞赛理科组二等奖、中国地质大学(武汉)第十届青年教师教学竞赛一等奖、朱训青年教师教育奖励基金、第二届中国地质大学(武汉)教师教学创新大赛特等奖(团队)。

肖　莉

肖莉,女,1976年11月生,湖北武汉人。中国地质大学(武汉)数学与物理学院副教授,硕士生导师。主要从事本科生数学基础课的教学工作和偏微分方程理论的研究工作。所授课程主要有"高等数学""线形代数""工程高等代数""复变函数论""复变函数与积分变换"等10多门课程;发表教学论文3篇;参加教学项目5项;参编教材《数学物理方程》;曾获院青年教师优秀教学奖和校青年教师优秀教学奖。公开发表论文30多篇,其中第一作者12篇,SCI检索3篇,EI检索3篇。其中2篇第一作者论文获武汉市自然科学优秀学术论文三等奖,1篇第一作者论文获湖北省第十届自然科学优秀学术论文三等奖。主持科研项目3项,参加科研项目10余项。

肖海军

肖海军，男，1965年8月生，湖北仙桃人。博士，教授，硕士生导师。先后分别于华中师范大学（基础数学）、华中科技大学（计算机软件与理论）、华中科技大学（信息安全）获得学士、硕士和博士学位。2008—2011年，在中国地质大学地质资源与地质工程博士后站从事资源管理与决策的研究工作。现任中国地质大学（武汉）数学与物理学院大学数学教学部主任。

长期从事大学数学、优化算法、数据挖掘及机器学习的教学与科研工作。主持省、校级教学项目10余项，研究内容包括理论教学、实验教学、学科竞赛、教学管理以及研究生教育等。在全国大学数学课程论坛及湖北省公共数学学术年会交流教学及教学管理经验6次，受中国大学MOOC网站邀请参加"名师名校开讲座"活动，得到广大师生的好评。主编教材10部，研制数学实验教学软件1套，主持的"高等数学"在线课程于2018年上线，年度注册学习人数曾超过9万人次，并于2021年获湖北省一流精品课程（在线）。2017—2020年指导全国研究生数学建模竞赛，并获全国一、二、三等奖共计16项，是我校第一至七届全国大学生数学竞赛非专业组数学竞赛的负责人及指导教师，第八—十四届全国大学生数学竞赛非专业组指导教师。曾获校年度教师教学优秀奖1项、湖北省高等学校教学成果奖2项；曾被评为校学生科技指导优秀教师；所指导的本科生毕业论文被评为优秀毕业论文。

在国内外期刊和会议上发表学术论文30余篇，其中SCI、EI收录20篇，出版学术专著3部。为《通信学报》、《电子学报》、《武汉大学学报》（英文版）、《电子与信息学报》、*Security and Communication Networks*以及*Journal of Environmental Management*等国内外期刊审稿人。作为技术首席完成石油勘探开发与效益评价类项目4项。武汉市、武汉市东湖开发区大数据项目评审专家。在数据挖掘与统计应用学科方向培养了硕士研究生28名，其中留学生3名，作为研究生良师益友的材料收录于《我和我的导师》论文集。

何开华

何开华,男,1978年10月生,湖北荆州人。先后在湖北师范大学(物理教育)、四川师范大学(凝聚态物理)、中国地质大学(武汉)(矿物学,岩石学,矿床学)获得学士、硕士和博士学位。2011—2012年在新加坡国立大学材料科学与工程系从事博士后研究。现任中国地质大学(武汉)数学与物理学院教授,硕士生导师。主要从事凝聚态物质及地球深部矿物物理性质的模拟计算研究,在国内外期刊上发表论文20多篇。主持完成国家自然科学基金项目2项、中国博士后科学基金面上项目1项、重点实验室开放基金项目1项、校优秀青年教师资助计划资助项目1项。中央高校基本科研业务费人才类基金——中国地质大学(武汉)"摇篮计划"和"腾飞计划"项目各1项,中央高校基本科研业务费专项资金特色团队成员。主持完成校级教研教改项目4项,编写《大学物理实验》教材1部。

汪 垒

汪垒,男,1989年11月生,河南信阳人。2017年6月毕业于华中科技大学计算数学系,获理学博士学位,同年12月入选中国地质大学(武汉)"地大学者"青年优秀人才。现任中国地质大学(武汉)数学与物理学院信息与计算科学系副主任、副教授,硕士生导师。主要研究方向包括计算流体力学、高性能计算以及物理信息网络等。承担国家自然科学基金项目1项,安徽省重大科技攻关项目1项,在 *Applied Mathematical Modelling*、*Physics of Fluids*、*International Journal of Heat and Mass Transfer*、*Applied Thermal Engineering*、*Physical Review E* 等知名国际期刊发表论文20多篇,论文累计他引300余次。从教3年以来,累计培养研究生6名,所指导的研究生曾多次获研究生国家奖学金在内的荣誉,多人在 *Physics of Fluids*、*Acta Physica Sinica*、《力学学报》等国内外知名期刊发表SCI、EI论文,并入选 *Energies* 亮点论文1次。

汪　海

汪海，男，1989年生，湖北鄂州人。讲师，硕士生导师。2011年毕业于华中师范大学物理学院物理学基地班，其间在武汉理工大学进行辅修并获得材料科学与工程的双学位。2016年毕业于华中师范大学并获得博士学位，于2015年赴美国佐治亚理工学院联合培养1年。主要从事大学物理实验及专业物理实验的相关教学工作，作为副主编编写了《近代物理实验》一书。指导本科生获批国家级大学生创业项目2项；指导（第一）本科生获得2020年全国大学生物理实验竞赛一等奖，为学校首次获得的该专业的国家级竞赛一等奖。研究方面，主要从事锌离子电池、超级电容器等储能器件的研究，目前主持国家自然科学基金青年科学基金项目1项，发表SCI论文10余篇。

张玉洁

张玉洁，女，1981年4月生，湖北荆门人。副教授，硕士生导师，现为中国地质大学（武汉）数学与物理学院机器学习与信息处理实验室骨干成员，主要从事多维信号处理方面的研究工作，包括盲源分离、压缩感知、大数据处理以及深度学习算法研究等；曾以访问学者的身份在加拿大University of Windsor计算机学院进行为期1年的合作交流；主持国家自然科学基金青年科学基金、湖北省自然科学基金、中央高校基本科研业务费专项资金、中国地质大学优秀青年教师基金等项目；在国内外期刊发表学术论文20余篇。

张光勇

张光勇，男，1976年3月，山东济南人。教授，从事物理学专业、大学物理及大学物理实验课程教学20余年，教学工作始终坚持以学生为中心的教育理念，积极参与学科、课程建设，逐渐形成严谨务实、踏实肯干的优良作风。主动开展教育教学研究，参与完成校级本科教学质量项目4项，以副主编参编教材4部。指导构建大学物理三维度教学目标体系，参与建设大学物理（力学、电磁学）MOOC课程。注重科研与教学相长，对学生进行前沿物理研究的熏陶，教学受到学生好评。教学效果优良，曾获湖北省高等学校教学成果奖三等奖1项（排名前5），在教育部少数民族预科生结业会考工作中获"先进个人"荣誉称号，在校级本科教学管理工作中获"先进个人"荣誉称号，本科教学质量评价优秀（排名前10%）2次。积极开展科学研究，主要从事非线性光学、空间光学孤子研究，完成了省部级以上科研课题7项，在国内外学术期刊发表研究论文30余篇，出版科研专著1部，曾获得湖北省自然科学优秀学术论文三等奖2项。

张自强

张自强，男，1985年5月生，湖北蕲春人。中国地质大学（武汉）数学与物理学院副教授，博士生导师。2007年毕业于华中师范大学物理科技与技术学院，获物理学学士学位；2012年毕业于华中师范大学粒子物理研究所，获理论物理博士学位。主要从事高能核物理、规范/引力对偶等方面的研究。迄今在 *Journal of High Energy Physics*、*Physical Review D*、*Physics Letters B*、*European Physical Journal C* 等主流核物理期刊以第一/通讯作者身份发表SCI论文35篇。先后主持国家自然科学基金、中央高校基本科研业务费专项资金等各类科研项目4项，主持校级教学研究项目2项。2018年、2020年分别入选"地大学者"青年优秀人才和青年拔尖人才。

张保成

张保成,男,1983年1月生,山西永济人。教授,博士生导师,现任中国地质大学(武汉)数学与物理学院副院长,湖北省物理学会常务理事。2005年本科毕业于中国地质大学(武汉),2010年博士毕业于中国科学院武汉物理与数学研究所(现为中国科学院精密测量科学与技术创新研究院)。曾获得中国科学院院长优秀奖,美国引力基金会举办的全球引力论文竞赛第一名,中国地质大学(武汉)大学生"挑战杯"全国大学生课外学术科技作品竞赛"优秀指导教师",中国地质大学(武汉)"优秀共产党员"、中国地质大学(武汉)"十大杰出青年"等。主要从事黑洞物理、量子引力、量子基础等方面的研究,主持国家自然科学基金等科研项目4项。截至目前,在 *Physical Review Letters*、*Physical Review D*、*Physical Letters B* 等国际物理类著名期刊发表SCI论文30余篇。

张腾飞

张腾飞,男,1986年生,河南焦作人。副教授,硕士生导师。2009年毕业于中国地质大学(武汉)数学与物理学院,获数学与应用数学专业理学学士学位。2014年6月毕业于中山大学数学与计算科学学院,获基础数学专业理学博士学位。随后于清华大学丘成桐数学科学中心进行博士后科研工作,2016年10月出站后,进入我校任职并入选"地大学者"青年优秀人才(2016—2019年)。2019年9月—2020年9月,由国家留学基金委资助,在美国伊利诺伊理工大学应用数学系进行1年学术访问。主要研究领域为非线性偏微分方程,包括复杂流体、宏微观耦合模型、分子动理学理论等方面。主持完成国家自然科学基金青年科学基金项目1项,在国际数学类SCI期刊 *Archive for Rational Mechanics and Analysis*、*SIAM Journal on Mathematical Analysis*、*Calculus of Variations and Partial Differential Equations*、*Journal of Differential Equations*、*Journal of Non-Newtonian Fluid Mechanics* 上发表学术论文10余篇。

陈　刚

陈刚，男，1958年2月生，湖北荆门人。教授，博士生导师。1982年1月毕业于华中师范大学物理系，获得学士学位；之后在华中师范大学粒子物理研究所获得理论物理硕士学位和博士学位。主要从事中高能核物理、相对论重离子碰撞物理、高能非线性物理的研究工作和物理学的教学工作。发表教学论文20余篇、科研论文80余篇，主编和参编教材6部。先后4次应邀赴荷兰奈梅亨大学高能物理研究所合作研究，是欧洲核子研究中心NA22和L3两个国际实验组成员；赴美国德州农工大学加速器研究所访问1年。主持和参加国家自然科学基金等各类科研项目16项。获得湖北省自然科学奖二等奖和湖北省优秀教学奖。2002年入选湖北省"新世纪高层次人才工程"（第二层次）人选。是中国物理学会会员，湖北省物理学会常务理事，教育部高等学校物理专业教学指导委员会中南地区工作委员会委员，高等学校理论力学研究会理事。

陈　欢

陈欢，男，1981年6月生，江苏徐州人。副教授，硕士生导师。2003年毕业于东南大学，获理学学士学位。2009年毕业于北京大学，获理论物理学博士学位。2009—2010年在中国科学院高能物理研究所从事博士后研究工作，2010—2012年在意大利核物理研究院卡塔尼亚分部从事博士后研究工作。2012年以来一直在中国地质大学（武汉）数学与物理学院工作，现任数学与物理学院物理系主任。研究领域为理论物理、粒子与核物理及天体物理，主要研究强相互作用基本性质、极端条件物质与致密天体性质等方向。在 *Physical Review D* 等国际重要期刊发表科研论文30余篇，主持国家自然科学基金青年科学基金项目1项，参与多项国家自然科学基金项目。主讲"量子力学""近代物理实验""量子场论"等多门本科生、研究生课程，参与主编《近代物理实验》教材1部。

陈琦丽

陈琦丽,女,1971年12月生,湖北武汉人。副教授。长期担任大学物理、大学物理实验、热学的教学工作,注重教学方法的创新与改革,参与构建大学物理三维度教学目标体系,在大学物理分层次课程群教学中注重利用多种智慧课堂(包含慕课堂)进行线上线下教学相结合的教学改革和实践,并建设了线上线下教学资源库。在知识教学的过程中注重对学生逻辑思维和科学方法的培养,教学受到学生好评。2021年湖北省线上一流课程建设的主要参与者,获得2018年省级教学成果三等奖(参加),获2020年校级"优秀学务指导老师"。注重教学与科研相长,发表教研论文2篇、科研论文及国家专利若干。国内优秀期刊《物理学报》2019年优秀审稿人,《中国物理B》2020年优秀审稿人。先后主持完成本科教学质量工程项目"大学物理合作互动高效学习课堂建设"(2016)、"大学物理多维度个性化教学模式的实践"(2018)2项,校级教学研究项目"合作式的研究型课堂教学模式的探索——以'热学'课为例"(2015)、"面向新方案和教学质量要求的大学物理资源库的建设"(2020)2项;参加教育部产学合作协同育人项目"大学物理精品在线开放课程建设(新工科建设)"(2018),参加校教学质量工程项目"大学物理混合式金课建设与实践"(2020);参与编写《大学物理教程》(上、下册,科学出版社,2017);主编《大学物理》(下册,华中科技大学出版社,2020),作为主要成员参与建设大学物理(力学、电磁学)MOOC课程建设(主讲刚体、磁场)和大学物理(热学、振动与波、光学和量子力学基础)MOOC课程建设(主讲热学、量子力学初步)。

陈兴荣

陈兴荣，女，1978年11月生，山东荣成人。分别于2000年、2007年、2011年获得理学学士、理学硕士、管理学博士学位。现为中国地质大学(武汉)数学与物理学院教师，副教授，硕士生导师。主要从事大学数学方面的教学、科研工作。近年来，主持和参与完成教学研究项目6项，发表教学研究论文8篇，获评中国地质大学(武汉)第七届青年教师教学优秀奖、中国地质大学(武汉)来华留学教育优秀授课教师。主持和参与完成国家社会科学基金重点项目、湖北省统计科研计划项目、湖北省人文社会科学重点研究基地开放基金项目以及横向协作项目30余项，在国内外期刊发表论文20余篇，出版专著1部，获得湖北省统计科研成果优秀成果奖和国土资源部矿产资源规划优秀成果奖。

周俐娜

周俐娜，女，1976年4月生，湖北孝感人，1997年毕业于中国计量大学电子工程系，获测控技术及仪器学士学位，同年就职于中国船舶重工集团公司第722研究所。2004年毕业于华中科技大学激光研究院，获物理电子学硕士学位，2010年毕业于华中科技大学光电国家实验室，获光电信息工程博士学位。现任中国地质大学(武汉)数学与物理学院物理实验中心主任，副教授，硕士生导师。研究领域为光电检测与传感技术。主持国家自然科学基金项目1项，横向项目1项，在国内外期刊发表论文8篇，其中SCI论文4篇，获得国家专利5项，主编实验教材2部。

易 鸣

易鸣,男,1977年生,湖南湘阴人。教授,博士生导师。中国工业与应用数学学会数学生命科学专业委员会常务理事,中国科学院国家数学与交叉中心数学与生物医学交叉研究部固定成员,"地大学者"青年拔尖人才。主要研究方向包括计算系统生物学、数据挖掘与生命科学和地球科学的交叉。以第一作者或通讯作者在 *Applied Mathematical Modelling*、*RSC Advances*、*Complexity*、*Chaos*、*Physical Review E*、*Biophysical Journal* 等国际著名学术期刊上发表 SCI 论文 100 余篇,作为共同主编撰写《随机延迟动力学及其应用》及《复杂网络动力学分析与控制》专著 2 部,参与翻译英文著作 *Global Sensitivity Analysis*(《全局敏感性分析》)1 部。先后主持国家自然科学基金委员会数学天元基金项目 1 项、青年科学基金项目 1 项、面上基金项目 2 项,国家自然科学基金委员会重大研究计划培育基金项目 1 项,作为骨干成员参与基金委员会重大研究计划集成项目 1 项。在中国科学院青年骨干公派出国、基金委国际交流合作以及欧盟委员会 ERASMUS MUNDUS 等项目的资助下,曾短期访问美国加州大学旧金山分校、意大利国际理论物理中心、瑞典皇家理工学院、德国柏林洪堡大学以及英国伦敦南岸大学。独立和合作培养博士研究生 5 名,独立或协助培养研究生 20 余名。

罗文强

罗文强，男，1963年3月生，湖北襄阳人。中国地质大学(武汉)数学与物理学院教授、硕士生导师，湖北省现场统计研究会常务理事。先后分别于北京师范大学(数学)、中国地质大学(武汉)(数学地质)、中国地质大学(工程地质)获得学士、硕士和博士学位。主要研究方向为工程概率统计，斜坡地质灾害可靠性评价，滑坡演化多场信息融合、挖掘与建模。已发表论文40余篇，其中SCI、EI论文10余篇。主持和参加国家自然科学基金、省部级项目10项，作为骨干成员(第三)参加"973"计划项目1项，获中华人民共和国国家教育委员会科技进步奖二等奖1项，中华人民共和国地质矿产部成果奖三等奖1项，获中国地质大学(武汉)"三育人标兵""师德师风道德模范""教学名师""最受欢迎老师""最受欢迎课程""优秀指导老师"等荣誉称号。指导研究生、本科生参加全国数学建模竞赛，获国家一等奖2项、二等奖12项、三等奖12项。出版专著1部，主编或参编教材5部。

罗中杰

罗中杰，男，1964年8月生，汉族，湖北竹溪人。理学博士，教授。1985年7月在中国地质大学(武汉)数理学院工作至今，主要从事物理教学和科研等工作。主讲"大学物理学""近代物理学""原子物理学""普通物理实验""光学""磁荷理论""实验数据处理"等课程，工作认真负责，踏实肯干，教学效果优秀，深受学生欢迎；主编出版教材《大学物理》《大学物理实验》《大学物理辅导与题解》，参编专著《灰色系统理论在地学中的应用研究》等4部，工作以来发表论文30余篇；主持和参加各类项目10余项。获得湖北省"优秀实验工作者"，中国地质大学(武汉)"先进抗洪队员""最受学生欢迎老师""教学先进个人"等荣誉称号，以及所在教学团队获中国地质大学(武汉)本科教学"卓越团队奖"。指导学生在"2018中国国际科普作品大赛"科普选题评选中获得"科普贡献者"荣誉称号和第三届中国科学院科普微视频大赛创意奖。

郑 亮

郑亮，男，1987年11月生，湖北荆州人。博士，副教授，硕士生导师。2009年、2014年毕业于华中师范大学并分别获得学士和博士学位。2011—2014年到美国布鲁克海文国家实验室进行博士联合培养项目，为期3年，博士论文获得 RHIC&AGS 论文竞赛 Honorable Mention 奖励。2017年入选中国地质大学（武汉）"地大学者"青年优秀人才。主要研究领域为粒子物理与高能核物理，研究方向包括电子重离子对撞过程的蒙特卡洛模拟研究，相对论重离子碰撞的输运模型研究。曾主持国家自然科学基金青年科学基金项目1项，教育部重点实验室开放基金项目1项，发表 SCI 论文20余篇，担任 *Physical Review D*、*Physical Review C*、*International Journal of Modern Physics E* 等期刊审稿人。主讲课程包括"大学物理""电磁学""近代物理实验""粒子物理与天体物理导论"。曾获评国家级大学生创新创业训练计划项目"优秀指导老师"，参与编写《近代物理实验》教材1部。

郑安寿

郑安寿，男，1978年11月生，湖北省阳新县人。博士，副教授。研究方向是量子光学和非线性光学。曾在国际期刊发表学术论文20多篇，参与完成国家自然科学基金项目3项，主持完成湖北省自然科学基金项目1项。主持和参与完成多项教学项目，主编《光电子专业实验》教材，作为副主编和参编人员编写多部大学物理教辅教材。长期工作在教学一线，担任"大学物理""大学物理实验""宏观场论"课程的教学工作。注重对学生进行前沿物理研究的熏陶，深受学生好评。

胡　鹏

　　胡鹏，男，1984年11月生，湖北黄冈人。现任中国地质大学（武汉）数学与物理学院副教授，硕士生导师。2007年本科毕业于华中科技大学统计学专业，获理学学士学位；2012年博士毕业于华中科技大学概率论与数理统计专业，获理学博士学位。2021年10月—2022年10月，在加拿大阿尔伯塔大学访问一年。现任中国地质大学（武汉）数学与物理学院信息与计算科学系党支部书记、系副主任，中国仿真学会仿真算法专业委员会委员，中国工业与应用数学学会不确定性量化专业委员会会员，美国数学会《数学评论》评论员。先后主持和参加国家级科研项目6项，中央高校基本科研业务费人才基金——中国地质大学（武汉）"摇篮计划"项目1项，2021年获江西省自然科学奖二等奖，在国内外期刊上发表学术论文20余篇。曾获中国地质大学（武汉）第九届青年教师讲课比赛一等奖。指导学生获得全国大学生数学建模竞赛一等奖1项、二等奖1项、省级奖励若干；指导学生获得美国大学生数学建模竞赛一等奖2项、二等奖1项。

徐　伟

　　徐伟，男，1987年8月生，湖北武汉人，现任中国地质大学（武汉）数学与物理学院教授，博士生导师。2009年6月本科毕业于南开大学，2014年6月毕业于南开大学，并获得理论物理博士学位；同年前往华中科技大学引力中心进行博士后研究，参与引力波研究的相关工作。2016年9月入选"地大学者"青年拔尖人才，期间参与国家自然科学基金重大研究计划"面向天琴空间引力波探测实验的理论与模拟研究"。截至目前，主持国家自然科学基金青年科学基金项目1项，主持中国博士后基金项目1项，主持中央高校基本科研业务费专项资金1项，参与其他国家基金项目2项。主要从事引力量子性质和致密天体塌缩性质的理论研究。在黑洞热力学研究中首次给出了量子相变中的reentrant相变的准确相图。发表SCI论文30余篇，其中在 *Physical Review D*、*European Physical Journal C* 等T1级别期刊发表论文16篇，论文总被引用600多次。

郭上江

郭上江,男,1975年7月生,湖南浏阳人。1996年本科毕业参加工作,2001年和2004年在湖南大学分别获应用数学专业硕士和博士学位。曾由英国皇家学会资助在英国帝国理工学院数学系进行博士后研究工作,曾由加拿大资助在加拿大劳里埃大学数学系进行博士后研究工作。曾在英国帝国理工学院数学系、英国巴斯大学数学科学系、美国佐治亚理工学院数学学院、加拿大约克大学数学统计系、加拿大纽芬兰纪念大学数学统计系、匈牙利塞格德大学、匈牙利帕诺尼亚大学数学系等地进行访问交流。

2001年起在湖南大学任教,2008年晋升教授,同年被遴选为博士生导师,2016年被湖南大学聘为岳麓学者特聘教授。2008—2019年在湖南大学先后任数学与应用数学系主任,数学与计量经济学院副院长。2019年起任中国地质大学(武汉)二级教授,博士生导师,数学与物理学院院长。

在时滞动力系统和非线性动力学研究方面做出了一系列研究成果,在 *Springer* 出版《应用数学科学》英文学术专著1部,发表学术论文80余篇,2014—2021年7次入选爱思唯尔"中国高被引学者",主持国家自然科学基金项目6项,主持并完成了部省级科研项目8项以及省级教改项目2项,获湖南省自然科学奖一等奖1项(第一完成人),湖南省科技进步奖一等奖1项(第二完成人),入选教育部"新世纪优秀人才支持计划"和湖南省首批"新世纪121人才工程"人选,获湖南省杰出青年基金,担任含国际 SCI 刊物 *Bulletin of the Malaysian Mathematical Sciences Society* 在内的4种学术期刊的编委。培养访问学者2名,博士后5名,博士研究生21名,硕士研究生59名。

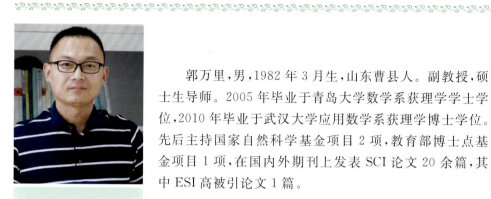

郭万里

郭万里,男,1982年3月生,山东曹县人。副教授,硕士生导师。2005年毕业于青岛大学数学系获理学学士学位,2010年毕业于武汉大学应用数学系获理学博士学位。先后主持国家自然科学基金项目2项,教育部博士点基金项目1项,在国内外期刊上发表SCI论文20余篇,其中ESI高被引论文1篇。

郭 龙

郭龙,男,1982年3月生,河南开封人。副教授,硕士生导师。2010年毕业于华中师范大学,获理学博士学位。2016年至2017年到瑞士弗里堡大学访学1年。主要从事统计物理与复杂系统动力学研究,在 *Europhysics Letters*、*Chinese Physics Letters* 等权威期刊发表论文30余篇,主持和参与科研项目3项。面向物理专业学生主要讲授"计算物理""非线性动力学"课程;面向全校理工科学生讲授"大学物理"课程,教学效果显著,学生评教连续3年学院排名前10%。在工作中教研融合,主持本科教学工程项目2项,基础课教改项目2项,重点研究大学物理课程思政建设、大学物理中的人文关怀和德育课堂建设,发表大学物理人文关怀和大学物理课程思政教学论文各1篇,作为主编出版《大学物理学》教材1部和《大学物理学习指导与题解》1部;组建并负责大学物理云教学团队建设,提出"厚基厚德"大学物理教育教学理念,该团队荣获2020年中国地质大学(武汉)首届本科教学"卓越团队奖"、荣获中国地质大学(武汉)第一届教师教学创新大赛二等奖(2021)和第二届教师教学创新大赛特等奖(2020);"大学物理"课程思政教学案例被教育部高等学校教学指导委员会遴选立项并获评"A"等(2021年)、入选教育部高等学校教学指导委员会课程思政案例库。

廖勇凯

廖勇凯，男，1990年1月生，江西赣州人。中国地质大学（武汉）数学与物理学院特任教授，硕士生导师。2018年毕业于武汉大学数学与统计学院，并获博士学位。主要研究领域为非线性偏微分方程及辐射流体力学。目前已在 SIAM Journal on Mathematical Analysis、Mathematical Models and Method in Applied Sciences、Journal of Differential Equations 等学术期刊发表SCI学术论文10余篇，曾获第六届中国科学技术协会优秀科技论文奖。主持博士后基金项目1项（2018年博士后创新人才支持计划）、国家自然科学基金青年科学基金项目1项、湖北省自然科学基金青年科学基金项目1项、国防科技重点实验室青年基金项目1项。

黄 刚

黄刚，男，1979年10月生，湖北随州人。教授，博士生导师。先后在中国地质大学（武汉）（数学与应用数学）、北京科技大学（应用数学）、日本国立静冈大学（应用数学）获得学士、硕士和博士学位。现任中国地质大学（武汉）数学与物理学院副院长、中国生物数学学会理事、湖北省数学学会理事。主要从事稳定性理论、时滞微分方程理论及其在种群动力学和传染病动力学中的应用研究。主持和参与国家自然科学基金项目4项，主持中央高校基本科研业务费人才类基金——中国地质大学（武汉）"摇篮计划"项目1项，主持省部级教学科研项目2项，出版学术专著3部，在 Journal of Mathematical Biology、Bulletin of Mathematical Biology、SIAM Journal on Applied Mathematics、Journal of Theoretical Biology 等知名期刊上发表SCI论文30余篇（高被引论文4篇），论文总被引用1000余次。

黄　娟

黄娟，女，1978年生，湖北襄阳人。副教授，硕士生导师。2004年7月在中国地质大学（武汉）数学与物理学院工作至今，工作认真负责，深得学生欢迎。主要从事数学教学工作，教授的"高等数学""概率论与数理统计""线性代数""复变函数与积分变换"等课程涵盖了全校不同院系和多个专业，教学效果良好。参编教材《复变函数与积分变换》，出版专著《互联网思维与云计算技术研究》，发表学术及教学论文共18篇，其中以第一作者发表10篇，其中SCI论文5篇，EI论文3篇。主持国家部委项目1项和校级科研项目2项，参与了5项科研项目和1项省级教学项目，其中3项国家级项目，2项校级科研项目，1项省一流课程。参加国内学术会议3次，国际学术会议3次。带队连续获得2020年和2021年全国大学生数学建模竞赛湖北赛区一等奖。

康晓琳

康晓琳，女，1990年6月生，山西兴县人。中国地质大学（武汉）数学与物理学院教授，博士生导师。2016年毕业于中国科学院高能物理研究所，获理学博士学位，博士毕业论文获评中国科学院百篇优秀博士学位论文。2016年9月—2016年11月在瑞典乌普萨拉大学任访问研究员。2017年1月—2020年8月在意大利国家核物理研究所弗拉斯卡蒂国家实验室从事博士后研究工作。2020年入选中国地质大学（武汉）"地大百人计划"。入职中国地质大学（武汉）后，带领高能物理研究团队加入了北京正负电子对撞机北京谱仪Ⅲ（BESⅢ）国际合作组和意大利KLOE-2国际合作组，主要从事正负电子对撞机上的奇特态、轻强子方向的研究工作。主持国家自然科学基金项目1项。参与署名的合作组论文有150余篇，其中作为第一作者或者主要贡献者在 *Physical Review Letters*、*Journal of High Energy Physics* 等国际核心期刊上发表论文10余篇。

彭 湃

彭湃,男,1983年3月,湖北武汉人。副教授、硕士生导师。武汉大学博士、沙特国王科技大学(KAUST)博士后、中国地质大学(武汉)"地大学者"。主持和参与若干国家自然科学基金项目。主要从事超材料的研究工作,已取得了一些研究成果,在 *Physical Review Letters*、*Physical Review B* 等期刊发表SCI论文20余篇,专利若干。研究成果得到国内外专家和学者的认可。

谢宜龙

谢宜龙,男,1989年7月生,福建长汀人。本科和硕士均就读于中国地质大学(武汉),2014—2018年毕业于挪威卑尔根大学,并获得博士学位,2018年至今于中国地质大学(武汉)数学与物理学院物理系任教。主要研究领域为高能碰撞物理,也粗略涉及过复杂性研究。在国内外SCI学术期刊和会议上发表论文10余篇,其中以第一作者身份发表的SCI期刊论文8篇。美国物理协会APS审稿人(*Physical Review C*)。主持国家自然科学基金青年科学基金项目1项。

韩艳玲

韩艳玲，女，1965年10月生，山西交城人。博士，教授。长期担任"大学物理""大学物理实验""物理教学法"课程的教学研究工作，注重物理教学方法的创新与改革，构建了大学物理三维度教学目标体系，在大学物理分层次课程群教学中积极组织基于MOOC和SPOC的线上线下混合式教学改革与探索实践。主持建设了大学物理（力学、电磁学）和大学物理（热学、振动与波、光学和量子力学基础）MOOC课程，并不断优化MOOC教学资源库。组建了大学物理创新教学团队，构建了基于"MOOC＋SPOC＋慕课堂"的线上线下教学模式，并在大学物理分层次课程群教学中进行了实践。同时，非常重视课程思政建设，并将物理学史和物理学发展前沿所蕴含的思政元素融入到线上线下的教学中，能够在传授知识的同时将科学正确的价值观传递给学生，对学生进行潜移默化的影响和德育教育。

2012年以来，先后主持完成教育部产学合作协同育人项目"大学物理精品在线开放课程建设（新工科建设）"（2018）、校本科教学质量工程项目"工科物理课程群教学团队的建设与实践"（2016）、"'大学物理（力学、电磁学）'MOOC课程建设"（2018）以及校级教学研究项目"提高我校工科物理教学效果和教学质量的探索与实践"（2014），参加了校教学质量工程项目"大学物理混合式金课建设与实践"（2020）；发表相关教研论文5篇；"大学物理"课程获批湖北省线上一流课程（2021年，课程负责人），获湖北省第八届高等学校教学成果奖三等奖（第一，2018年）、校"优秀学务指导老师"（2020）以及校"巾帼建功立业先进个人"（2020）。

魏周超

魏周超，男，1984年11月生，湖北武汉人。博士，教授，博士生导师，中国地质大学（武汉）数学与物理学院副院长。2011年毕业于华南理工大学，获博士学位。2014年至2017年在北京工业大学力学博士后流动站从事博士后工作。2016—2017年到牛津大学数学研究所访问1年。主要从事高维非线性系统的分岔与混沌研究。现为国家自然科学基金数理学部通讯评审专家，*Mathematical Reviews* 评论员（No.118389），*Zentralblatt MATH* 评论员（No.19241），中国振动工程学会非线性振动专业委员会委员，湖北省工业与应用数学学会理事。担任国际SCI刊物 *Technical Gazette* 编委，EI期刊 *Recent Advances in Computer Science and Communications* 编委及《动力学与控制学报》期刊第一届青年编委会成员。在科研方面，先后承担国家及省部级研究项目9项，其中国家自然科学基金项目4项，省自然科学基金项目2项，中国博士后科学基金项目2项，北京市博士后基金项目1项。已出版学术专著1部，在 *Chaos*、*Europhysics Letters*、*Discrete and Continuous Dynamical Systems Series B*、*International Journal of Bifurcation and Chaos*、*Physics Letters A*、*Journal of the Franklin Institute*、*Nonlinear Analysis: Real World Applications*、*Nonlinear Dynamics* 等国际SCI期刊上以第一作者或通讯作者发表论文30余篇。曾获广东省"南粤优秀研究生"称号、中国地质大学（武汉）第十三届"十大杰出青年"称号、中国地质大学（武汉）第八届青年教师教学优秀奖以及中国地质大学（武汉）"优秀共产党员"称号等。

第三章 科研成果简介

一、微分方程与动力系统研究方向

HIV 感染进化及艾滋疾病进展的数学建模及动力学分析

项目完成人：黄　刚
项目来源：国家自然科学基金面上项目
起止时间：2016 年 1 月 1 日至 2019 年 12 月 31 日

研究内容

如今，艾滋病仍是科学界乃至全人类所面临的一大难题。本项目综合考虑 HIV（human immunodeficiency virus，人类免疫缺陷病毒）与细胞免疫在体内的相互竞争与制约关系，病毒进化和药物治疗等因素，在建立和分析有关数学模型的基础上，研究病毒进化方向、免疫崩溃原理以及艾滋病的各个发展阶段情况。结合当前系统生物学与分子生物学的前沿研究，我们构建的模型包括病毒传播扩散模型、病毒进化模型、抗病毒治疗模型和药物使用策略的动态控制模型。通过对这几类模型的动力学性质进行研究（如基本再生数、侵入再生数、病毒多样性阈值的表达式、病毒存在一致持续条件以及 Hopf 分支、周期解的存性、系统平衡点的全局稳定性等），结合数据拟合和计算机模拟，使我们对 HIV 感染定量的、进化的理解更加准确和深刻，进而揭示了 HIV 进化在逃避免疫控制上的有效作用，同时对抗病毒药物的开发提供有用的建议，最终更好地预防和治疗艾滋病。

当前的分子生物学和免疫学研究集中于揭示病毒与不同类型宿主细胞之间的直接相互作用，它们在各自的研究领域进行越来越深入和精细的探索，但绝大多数工作停留于隔离的、分散的、定性的、静态的描述（遗传分子结构、生理等特性）。虽然这些研究为我们理解感染的发病机制和宿主的免疫反应提供了必不可少的基础，但它们只是对感染与免疫的局部认识，在错综复杂的感染与免疫网络的生态演化过程中，生物学现象与其背后隐藏的决定因素（规律）之间，存在巨大的鸿沟。单靠生物学本身隔离的、分散的、定性的精细研究不足以充分认识现象后面的规律性，这只能依赖于数理学科强大的、巧妙的概括和整体分析能力。数学模型在揭示各种生物学现象中扮演着越来越重要的角色。基于生物学相互作用基础上的数学模型，可为宿主针对病原的反应动力学提供非直觉的深入理解，对生物学实验研究提出新的途径，对理解体内病原复制的动力学和由此获得的药物治疗与免疫治疗最佳时间大有裨益。

在生物学的前沿进展中,越来越多来自临床和实验室的研究与观察到的现象涌现。如树突状细胞(dendritic cells,DC)是机体重要的抗原递呈细胞,在免疫防御中起着重要作用。但在 HIV 感染中,DC 却起着双刃剑作用,DC 能被病毒调控以抑制机体的抗病毒免疫反应,也能够被 HIV 利用增加病毒的传播。因此,研究 DC-HIV 的相互作用对于病毒致病机理的阐述非常重要。Los Alamos 国家实验室研究人员的研究表明,在 HIV 快速流行过程中,比如个体之间自行注射药物,HIV 的进化是缓慢的,出现的人群水平多元化很小,而且较慢的病毒扩散也显示出在同等时间内更多艾滋病毒的演化。这些现象为构建新的模型提供了有力的依据和支撑。对于 HIV 感染及进化过程的研究,首先运用动力学的研究方法,将它归化为反映基本生物现象的微分方程模型(包括时滞模型、反应扩散模型、年龄结构模型等),然后利用微分方程理论和方法研究这些模型的动力学特征(如平衡点存在性、稳定性及全局稳定性,周期解存在唯一性及稳定性等),最后将理论分析的结果作为依据,从生物、医学、数学交叉学科理论来阐释其动态规律。HIV 感染及进化过程研究采用的理论分析方法包括经典的定性理论、分支分析、Lyapunov 稳定性理论、参数估计等。一方面,微分方程理论大量应用于工程、生态、生命科学等应用学科中;另一方面,应用学科中出现的各种微分方程模型又对微分方程理论提出了很多理论和应用上的挑战。

该项目基于新的数据、现象和动态,结合系统生物学和分子生物学的发展,应用动力学方法建立更加符合临床现象和进化特征的数学模型,重点研究:①病毒进化方向,免疫崩溃原理;②在药物治疗和免疫的双重控制下病毒持续存在的原理。我们将在模型的建立与研究方法上进行创新,从理论上为 HIV 及艾滋病发展机理提供科学依据,从应用上对 HIV 在体内扩散和艾滋病患者的有效治疗提供可行的控制策略和建议。

研究成果

对于经典的 HIV 感染动力学模型,首次提出 apoptosis(细胞凋亡)和 pyroptosis(细胞焦亡)等对病毒感染过程的影响。在经典的病毒感染动力学模型基础上,讨论以上两种因素所带来的影响。病毒调节靶细胞程序性死亡的途径主要有两种:一种是由细胞内部信号引起的程序性细胞死亡;另一种是由外部信号引起的程序性细胞死亡,而程序性细胞死亡过程,又主要是由 pyroptosis 引起的(占比 95%)。鉴于此生物背景,建立数学模型阐释了通过这两种调节途径,pyroptosis(细胞焦亡)在一般病毒感染中的作用机理。其次,基于由细胞内部信号引起的程序性细胞死亡的方式,在经典的病毒感染动力学模型基础上,引进细胞焦亡因素,建立相应的数学模型。通过对平衡点和细胞焦亡参数的分析,发现细胞焦亡在直接调节途径下起着正面的作用,也就是细胞焦亡有利于控制病毒感染。考虑到由外部信号引起的细胞焦亡的途径,鉴于这一假设,我们修改相应的数学模型,并分析了其平衡点的存在性和在平衡状态下病毒水平与细胞焦亡参数的关系。经分析发现,细胞焦亡的发生有助于消除病毒,控制病毒感染。进一步,结合细胞焦亡在 HIV 感染动力学中的作用机理,在 HIV 感染病人中,虽然感染细胞和被感染细胞都会经受程序性细胞死亡,但大量的程序性细胞死亡主要在被感染细胞中观察到,感染细胞中的程序性细胞死亡相对很少。因此为了所建模型的简单化,此时只考虑被感染细胞中的细胞焦亡。鉴于免疫系统在 HIV 感染中起着重要的作用,而 Cytotoxic T Lymphocytes(CTLs)能够清除感染细胞,进一步阻止病毒复制,因此建立了由被感染细胞、感染细胞和 CTLs 组成的四维的数学模型。根据所建立的模型存在的 3 个平衡点,分别讨论了 3 个平衡点的稳定性,并进行了数值模拟,通过分析发现,细胞焦亡在参数的一定范围内有可能摧毁免疫反应和促进 CD4+T 细胞数量的减少,不利于疾病的控制。

药物治疗对预防和控制传染病的传播发挥着重要作用,需要考虑鸡尾酒疗法对 HIV 在病人体内对载量产生的影响和不同免疫反应机制下对病毒毒力进化的影响。由于病毒的进化和感染过程与生态系统中的捕食者-食饵系统十分类似,考虑到宿主感染病毒的多样性,预测多样性阈值是否是决定艾滋病发病机理的关键,考虑了 T 细胞由胸腺与自身有丝分裂两种方式增殖且具有抗逆转录病毒治疗(ART)的 HIV 传播的动力学模型。通过分析,得到基本再生数和药物治疗的临界阈值,当基本再生数小于 1 时,病毒载量趋向于无病平衡点;当基本再生数大于 1 时,病毒载量不会清除,以一定载量水平持续存在。利用数值模拟,拟合宿主体内病毒载量的动力学行为和抗逆转录病毒治疗对体内 T 细胞与病毒的变化,发现 ART 治疗的有效率越高,就会使体内健康的 T 细胞浓度越高,而被感染的 T 细胞和病毒的浓度越低,更有利于 HIV 的控制。进一步结合免疫反应和抗逆转录病毒(ART)治疗 HIV 传播的数学模型,通过数值模拟,发现 CTL 细胞免疫被感染细胞的概率升高,CD4+T 细胞被再次感染的概率降低。使得 HIV 患者的免疫力提高,有效地控制了疾病的传播。

关于病毒动力学方面的研究成果有 2016 年出版的《病毒-免疫动力学数学建模》专著(黄刚,乔梅红,2016)。2019 年,我们又构建了区域间移民(人口流动)和健康人群年龄分布的传染病模型,讨论了疾病爆发的阈值条件[Appl. Math. Comput. 363,124635;Int. J. Biomath. 12(04),1950042]。2020 年,随着 COVID-19 的爆发,我们讨论了几类新型冠状病毒传播模型[数学物理学报,40(2),540-544;Commun. Math. Biol. Neurosc,2021:7]。近两年,进一步研究了空间异质环境对传染病传播的影响和反应-扩散传染病模型中的行波解问题[Disc. Contin. Dyn. Sys. B 25(7),2391,2020;Nonlinear Anal. RWA,59,103247,2021;Chaos, Solitons & Fractals 153,111502,2021;Appl. Anal. 100(9),1972—1995,2021]。项目组多次组织和参加生物数学与传染病动力学方面的国际会议,建立了广泛的国内外合作基础。项目组 2017 年 3 月组织召开了微分方程及其应用学术会议(图 1);2019 年 12 月组织召开了武汉系统生物学与生物动力学论坛(图 2)。

图 1　2017 年 3 月,中国地质大学(武汉)数学与物理学院
微分方程及其应用学术研讨会合影

图 2　2019 年 12 月,中国地质大学(武汉)数学与物理学院
武汉系统生物学与生物动力学论坛合影

创新点

特异性细胞毒性 T 细胞反应在免疫系统对抗 HIV 时起着重要作用。由于病毒感染的细胞介导反应是非常复杂的,它包括各种各样的细胞类型和体内结构,很难直接用模型准确构造。在病毒感染期间,病毒的变异进化是不可避免、不间断的。在最近的研究中,我们运用几类数学模型,研究对比了在宿主体内病毒对抗免疫反应时的进化问题。

首先,通过构建模型描述病毒在宿主体内的竞争模型,研究感染细胞的特异性免疫应答。对于一般的病毒,如肝炎 B 病毒、肝炎 C 病毒、流感病毒和其他致病传染源,该模型揭示了不同病毒间竞争和共存的条件。当所有特异性免疫应答不存在时,只有边界平衡点才是全局渐近稳定的,意味着只有最大感染力的病毒株才能在竞争排斥中存活下来。病毒的进化导致基本再生数增加到最大值。特异性免疫反应由于病毒的传染性得以激活，而各类病毒株却可以在人体免疫的条件下共存下来。在免疫系统的控制下，感染细胞的总量则会不断减少。伴随着新病毒的入侵，病毒株的多样性和感染细胞的总量会缓慢而持续地增加。

其次，由于HIV的靶细胞也是支撑免疫系统的辅助细胞，HIV通过感染健康的T细胞直接激活免疫应答。一方面，构造模型研究HIV与特异性免疫应答间的相互作用，通过分析和数值模拟，发现病毒多样性的一个临界点，当患者体内的病毒多样性低于某个最大的"多样性阈值"时，病毒的总载量会被免疫系统控制。当病毒多样性超过这个值时，病毒总量会快速地增长；低于多样性阈值时，免疫会持续作用并处于稳定的状态；一旦超过这个阈值，免疫系统将会崩溃，病毒则完全不受免疫系统的控制。另一方面，当病毒感染基本再生数增加但多样性不变时，系统也有个关于病毒基本再生数的阈值。同样的，当病毒感染基本再生数足够大，超过了阈值时，病毒就会摆脱免疫系统的控制。

最后，通过对健康细胞与染病细胞，染病细胞与免疫细胞间的联系建立动力学模型。通过对模型的稳定性分析和分支点的寻找，确定病毒持续生存与灭绝的阈值条件，免疫一致持续与消失的阈值条件。进一步地，在该模型基础上引入细胞感染过程中的潜伏期，免疫细胞增殖和程序性细胞死亡诱导的滞后效应等因素，通过泛函分析中的算子半群理论、谱理论、无穷维动力系统的一致持续理论、Lyapunov稳定性理论来研究模型的动力学性质，探讨各类时滞的影响，用来解释实验研究中经常发现的患者体内病毒载量实测数据的大幅波动和不规则振荡发生的原因。

高维复杂非线性系统的隐藏混沌与超混沌吸引子的理论研究及应用

项目完成人：魏周超
项目来源：国家自然科学基金面上项目
起止时间：2018年1月1日至2021年12月31日

研究内容

高维复杂非线性系统的应用研究已经成为国际上非线性动力学领域的前沿课题。非线性动力学中的隐藏混沌吸引子与隐藏超混沌吸引子这一新现象的研究是当前非线性动力学发展的关键和热点之一，已经突破了经典混沌理论的框架，在一定程度上拓宽了对混沌吸引子的几何理解和认知。然而，目前已有的隐藏吸引子的研究成果主要集中在低维或者数值模拟方面，许多研究还有待深入探索和开展，如具有实际意义且能产生混沌行为的工程模型中隐藏混沌吸引子是否存在？如果存在,其机制是什么?N 维($N \geqslant 4$)非线性自治系统在无平衡点或者仅有稳定平衡点的条件下是否可以产生($N-2$)个正 Lyapunov 指数的隐藏超混沌吸引子?隐藏混沌吸引子与 Shilnikov 混沌吸引子几何结构和产生机理有何异同?隐藏混沌(超混沌)吸引子在各个领域中有何意义和应用?这些问题目前尚不清楚。因此,深入探讨高维复杂非线性系统的隐藏混沌吸引子与隐藏超混沌吸引子的复杂结构及其应用是一个亟待解决的课题。主要研究内容分为以下 3 个部分。

(1)高维离散映射系统的隐藏混沌(超混沌)吸引子分析建立广泛的具有隐藏混沌(超混沌)吸引子的高维(三维、四维和五维)离散映射系统。寻求适当方法,分析混沌映射与高维连续系统的隐藏吸引子之间的关系,探讨在特定参数条件下隐藏混沌吸引子、隐藏超混沌吸引子以及周期解吸引子之间的共存特性和相关复杂动力学。

(2)Navier-Stokes 方程在不同模态截断下的隐藏混沌(超混沌)吸引子分析建立不同的模式 Galerkin 截断的高维(四维、五维)的类 Lorenz 模型,分析雷诺数的变化对高维非线性系统的影响,具体包括:讨论系统的全局动力学行为与局部动力学行为之间的关系(周期解、拟周期、混沌),寻求不同模态截断下的各类全局吸引子存在的参数范围、吸引域大小和估计各类不变集大小,探索雷诺数变化时隐藏混沌(超混沌)吸引子的存在性及问题,再从流体力学角度探讨其中的物理机制和在实际中的应用。

(3)带摩擦因素的 N 盘($N \geqslant 2$)耦合发电机模型的建立与复杂动力学分析,结合英国皇家学会会员 Moffatt 教授为地磁发电机理论提出的简化的不带摩擦的单圆盘发动机模型,再次考虑机械摩擦等因素,重新建立符合实际的 N 盘($N \geqslant 2$)耦合发电机模型,研究临界状态下高维系统的分岔性质和混沌(超混沌)吸引子、周期吸引子、拟周期吸引子、奇异退化异宿环等动力学行为及它们之间的共存现象,重点研究从实际背景下理论得到隐藏周期解以及隐藏混沌(超混沌)存在性条件及其物理意义。

 研究成果

本项目旨在研究全为双曲渐近稳定平衡点下的高维自治离散系统和连续系统中隐藏混沌与超混沌吸引子的复杂动力学特性,清晰地理解混沌产生的机理和吸引子的结构,试图完善所有吸引子完全的分类和混沌产生的更一般的本质机理。

(1)基于英国皇家学会会员(Fellow of Royal Society)Moffatt 教授(磁流体动力学家,University of Cambridge)建立的有关磁流体动力学(MHD)的三维圆盘发电机中混沌不存在性的结论,与 Matjaž Perc 教授研究了多时滞导致的分岔和混沌吸引子。研究了 3 个时间延迟对具有粘性摩擦的盘式发电机动力学的影响。考虑在不同延迟的情况下平衡态的稳定性,并使用正规形和中心流形理论确定 Hopf 分岔的性质。研究结果揭示了三时滞盘式发电机系统中混沌存在的倍周期路径,更好地解释了多个时间延迟和粘性摩擦盘式发电机的复杂动力学。通过数值计算和分析,验证了分析获得的理论结果的有效性。此外,从稳定性、分岔分析和FPGA实现3个方面考虑了三维和五维分数阶隐藏超混沌系统,研究结果对工程应用具有一定的指导作用。

(2)针对三维自治系统,课题组给出了4种条件下的隐藏混沌吸引子(指数为0的结点,指数为3的结点,指数为0的结焦点,指数为3的结焦点),并基于焦点量的方法研究了平衡点附近的3个极限环的存在性(最外环和内环是稳定的,中间环不稳定),探讨了全局动力行为与平衡点的稳定性以及隐藏混沌吸引子之间的关系。基于中心流形和规范方法,考虑了一个简单的忆阻时滞系统中的Bogdanov-Takens分岔的存在性和其导致的Hopf分岔、Pitchfork分岔、同宿分岔和极限环分岔。此外,研究了具有时滞的Hindmarsh-Rose神经元模型的Bogdanov-Takens奇异性,利用中心流形约化和正规形方法,将非双曲平衡点附近的问题约化为相应正规形的动力学问题。结果表明,时滞变化会导致鞍结点分岔、Hopf分岔和同宿分岔。

(3)基于五维自激同极圆盘发电机中存在隐藏超混沌吸引子,研究了分岔通向混沌的途径,得到Hopf分叉导致不稳定的极限环,也同时可以从分岔点的角度定位隐藏混沌吸引子。基于终端滑模控制,设计了超混沌系统同步的新模糊控制器和快速模糊扰动观测器,结果很明显可以减弱抖动现象。然后,利用李雅普诺夫稳定性理论,证明了闭环系统的稳定性,并通过仿真同步显示了设计的控制方法的有效性能。

(4)基于Boussinesq流体层和Rayleigh-Benard对流中的热问题,Layek和Pati(2017)提出了一个由5个耦合方程组成的非线性系统并研究了其复杂的动力学。课题组再次考虑了此模型,利用动力学理论分析了余维1的Hopf分支和余维2的Bogdanov-Takens分支问题,确定了第一Lyapunov系数在Hopf分支点的符号,并通过降维思想获得了Bogdanov-Takens点附近Hopf分支、同宿分支曲线和双参数分岔图。研究结果有助于揭示经典Lorenz方程的分支复杂动力学。

(5)研究了一种具有4个区域的新型三维分段仿射系统,通过4个子系统对同宿轨道或异宿循环的存在性进行了分析。通过严格的证明,得到了系统同宿轨道和异宿环存在性的4个定理并进行了严格证明:连接两个鞍点的异宿环的存在性;连接一个鞍焦点的同宿轨道的存在性;连接另一个鞍焦点的同宿轨道的存在性;同宿轨道与异宿轨道的共存性。并针对4种情况下的理论结果给了数值方阵,验证了理论结果的有效性和理论结果,给出了混沌吸引子的吸引域。

(6)针对具有两个稳定节点焦点的Yang-Chen系统,分析了系统在无限远处的动力学行为,并从Kosambi-Cartan-Chern理论(KCC理论)的角度讨论了系统轨迹的雅可比稳定性。详细分析了靠近整个轨迹(包括所有平衡点)的偏差矢量的动力学行为。所得结果表明,在雅可比稳定性的意义上,系统的所有平衡点,包括两个线性稳定节点焦点的平衡点都是雅可比不稳定的。理论说明,雅可比稳定性的研究从某种角度上可以探究隐藏混沌吸引子的产生机理。

(7)研究了具有无限多个共存吸引子的新二维映射,分析了模型中不动点的存在性和稳定性,表明它们是无限多的并且都是不稳定的。特别地使用计算机搜索程序来探索映射中的混沌吸引子,并通过时间序列、相轨迹、吸引域、Lyapunov 指数谱和 Lyapunov 维数对这些共存吸引子进行了进一步的研究。

相关研究论文如下:

[1] WEI Z C,ZHU B,ESCALANTE-GONZALEZ R J,2021. Existence of periodic orbits and chaos in a class of three-dimensional piecewise linear systems with two virtual stable node-foci[J]. Nonlinear Analysis:Hybrid Systems(43):101114.

[2] WANG F R,LIU T,KUZNETSOV N V,et al,2021. Jacobi stability analysis and the onset of chaos in a two-degree-of-freedom mechanical system[J]. International Journal of Bifurcation and Chaos,31(5):2150075.

[3] WEI Z C,LI Y Y,SANG B,et al,2019. Complex dynamical behaviors in a 3D simple chaotic flow with 3D stable or 3D unstable manifolds of a single equilibrium[J]. International Journal of Bifurcation and Chaos,29(7):1950095.

[4] WEI Z C,ZHU B,YANG J,et al,2019. Bifurcation analysis of two disc dynamos with viscous friction and multiple time delays[J]. Applied Mathematics and Computation(347):265-281.

[5] WEI Z C,PARASTESH F,AZARNOUSH H,et al,2018. Nonstationary chimeras in a neuronal network[J]. EPL,123(4):48003.

相关学术会议如下:

(1)魏周超. 高维非线性系统的分岔与隐藏混沌吸引子研究[C]//第十三届全国动力学与控制青年学者学术研讨会,哈尔滨,2019 年 7 月 26 日至 2019 年 7 月 29 日。

(2)魏周超. Classification of Chaotic Attractors and Study of Hidden Attractors[C]//中国力学大会,杭州,2019 年 8 月 25 日至 2019 年 8 月 28 日。

(3)魏周超. 隐藏混沌吸引子研究进展及其应用[C]//2021 中国振动工程学会非线性振动专业委员会非线性振动论坛,大理,2021 年 3 月 19 日至 2021 年 3 月 21 日。

 创新点

如何研究复杂非线性动力学行为和证明混沌吸引子的存在性是一个极有意义的课题。其中有关具有隐藏混沌吸引子的混沌系统的研究是一个全新的领域。以实际意义的高维非线性系统为载体,来分析和讨论 Shilnikov 意义下混沌与被忽略的隐藏混沌(超混沌)吸引子的本质区别,解读隐藏吸引子给动力系统带来的新现象和新问题,拓展混沌吸引子在实际工程中的应用价值和应用前景。因此,在四维或者更高维非线性系统中研究隐藏混沌吸引子或者隐藏超混沌吸引子是一个很有意义的挑战,所以本项目的创新点有以下几个方面。

(1)利用仿真研究二维和三维离散系统中的隐藏吸引子与系统参数之间的关系,构建具有隐藏吸引子的高维离散系统并理论证明其存在性。

(2)研究不同的模式 Galerkin 截断下的高维 Lorenz 系统的隐藏吸引子的存在性与参数之间的关系。比较高维 Lorenz 系统的隐藏吸引子与三维经典 Lorrnz 系统的 Shilnikov 混沌吸引子几何结构方面的异同。

(3)考虑摩擦和时滞因素对 N 盘耦合发电机模型的动力学影响。分析高维系统无平衡点或平衡点均渐近稳定时的全局动力学行为,特别是探讨摩擦因素对隐藏混沌吸引子存在性影响。

偏泛函微分方程动力学研究

项目完成人:郭上江

项目来源:国家自然科学基金面上项目

起止时间:2021 年 1 月 1 日至 2024 年 12 月 31 日

研究内容

反应扩散现象与人们的生活息息相关,例如疾病传播、鸟兽迁徙、人口流动以及外来物种入侵等都是人们所熟悉的扩散事件。另外还有大量来自物理、化学等众多学科中发生的反应扩散现象。同时,时滞在事物的演化过程中是不可避免的,时滞的引入对于模型精确化起到了非常重要的作用。对于时滞反应扩散系统,由于时滞和扩散的引入,系统的动力学行为变得更丰富多彩,越来越受到人们的重视。但是,由于时滞反应扩散方程是无限维系统,研究难度比低维的常微分系统要大得多,既有数学方法上的困难,也有数值计算和几何描述上的困难。分岔现象是指随着某些参数的变化,系统动力学发生质的变化。该项目进一步发展和完善了时滞反应扩散方程分岔理论,并把这些理论成果应用于生物种群、空间生态和流行病的动力学问题研究,不仅解决了这些应用研究领域内的一些重要的前沿性科学问题,同时也发现了一些新的研究方向,不仅对理论发展有重要意义,也会对生物、生态、神经网络、物理学、电子与信息科学、机械、经济等领域的研究起到促进作用。

该研究项目通过约化方法并结合李群表示论得到了时滞反应扩散方程空间非齐次稳态解的存在性、稳定性、多重性以及空间模式,空间非齐次时间周期解的个数、时空模式、稳定性以及分岔方向。给出了稳态方程在抽象空间中所对应的线性泛函,并在抽象空间中构造出研究该系统的变分框架,通过利用一些数学家最近研究的临界点定理去研究该系统的非平凡解的存在性以及多重性。利用行波变换和常数变易法将具非局部时滞趋化作用反应扩散模型波前解的存在性问题转化为一个在 Banach 空间上的等价算子方程解的存在性问题,然后利用不动点理论和摄动方法证明了波前解的存在性。通过考虑稳态解和行波解,研究了具非局部时滞趋化模型的动力学性质。考虑了交错扩散、趋化作用、空间非均匀性、空间对流项、非局部扩散项、非局部反应项以及自由边界对不同的种群模型动力学行为的影响,如稳态解的存在性与稳定性、经典解的全局存在性与有界性、解的长时间行为、分岔的产生以及分岔周期解的稳定性等。利用泰勒展开、极坐标转换和随机平均法将随机微分系统转化为 Ito 型随机平均方程;然后利用 Lyapunov 指数、不变测度及奇异边界理论分析系统在平衡点处的全局稳定性与局部稳定性;最后利用随机动力系统及 Fokker-Planck 方程分析系统的随机分岔行为。该研究项目不仅研究了 Wiener 过程和 Levy 过程驱动下 Hilbert 空间中带无穷维扩散的一类随机时滞微分方程不变测度的存在性,而且得到了 Wiener 过程驱动下系统拉回吸引子的存在性;还研究了一类带有非线性传染率,Levy 跳以及随机切换的传染病模型的阈值动力学。研究了状态依赖时滞微分方程全局慢振荡解特别是全局慢振荡周期解的存在性。项目负责人在研究期间已发表有关学术论文 28 篇,现已被 SCI 刊物接受、即将发表的论文有 10 篇。还有部分研究论文已向国外刊物投稿。

研究成果

本项目的研究内容主要包括两个方面:一方面是发展时滞反应扩散方程分岔理论,研究系统结构和参数对稳态解与周期解的存在性、多重性、稳定性、时空模式和附近动力学行为的影响,进行分岔分类和建立分岔判据,为时滞反应扩散方程研究形成一套比较系统的理论和研究方法;另一方面是开展时滞反应扩散方程分岔理论在神经网络、生态学和流行病学等领域中的应用研究。

1)具非局部时滞趋化方程动力学研究

由于反应扩散模型涉及的大量问题来自生物学、化学和物理学中众多的数学模型,具有很强的实际背景和应用价值,因此反应扩散模型研究日益受到重视。随着反应扩散模型被应用到更广泛的自然科学领域,人们发现许多物理、化学和生物现象无法用简单的反应扩散机制来进行解释,而需要通过引入趋化性和时滞来进行解释。我们将这种用来描述具有趋化性和时滞现象的反应扩散模型称为具时滞趋化反应扩散模型。正因为具时滞趋化反应扩散模型相较于简单的反应扩散模型更能反映实际问题和现象,近 10 多年来,具时滞趋化反应扩散模型越来越受到学者们的重视。在对具时滞趋化反应扩散模型的研究中,动力学研究是一个具有丰富实际背景和广泛应用的研究领域。通过考虑具有非局部时滞和趋化作用反应扩散模型的稳态解与行波解,研究了具非局部时滞趋化方程的部分动力学性质。主要研究内容分为以下几个部分:

利用拟线性抛物系统的存在性理论研究了两种边界条件下解的局部和全局存在性。首先,利用约化和隐函数定理研究了原点附近非常数稳态解的存在性和多重性。然后,通过对特征方程进行分析,研究了非常数稳态解的稳定性和分岔。最后,利用约化定理、隐函数定理和 S^1 等变理论研究了 Hopf 分岔周期解的稳定性和分岔方向,将所获得的结论应用到一个在一维空间上的具有 Logistic 源的非局部时滞趋化模型中。

利用摄动方法研究了具有大波速波前解的存在性。首先,通过对反应方程在两个平衡点处特征方程的分析,研究了异宿轨的存在性。然后,利用行波变换和常数变易法将波前解的存在性问题转化为一个在 Banach 空间上的等价算子方程解的存在性问题。最后,利用 Banach 不动点定理证明波前解的存在性。

利用摄动方法研究了具有大波速周期行波解的存在性。首先,通过对反应方程在非零平衡点处特征方程进行分析,研究了反应方程周期解的存在性。然后,利用正规型理论和中心流形定理研究了反应方程周期解的稳定性和分岔方向。最后,利用行波变换和常数变易法将周期行波解的存在性问题转化为一个在 Banach 空间上的等价算子方程解的存在性问题。在这个基础上,利用约化和广义隐函数定理证明了周期行波解的存在性。

相关研究论文如下:

[1] GAO J P,GUO S J,2021. Global dynamics and spatio-temporal patterns in a two-species chemotaxis system with two chemicals[J]. Zeitschrift für angewandte Mathematik und Physik(72):25.

[2] WANG Y Z,GUO S J,2021. Global existence and asymptotic behavior of a two-species competitive Keller-Segel system on RN[J]. Nonlinear Analysis:Real World Applications(61):103342.

[3] WANG Y Z,GUO S J,2021. Dynamics for a two-species competitive Keller-Segel chemotaxis system with a free boundary[J]. Journal of Mathematical Analysis and Applications,502(2):125259.

[4] QIU H H,GUO S J,Li S Z,2020. Stability and bifurcation in a predator-prey system with prey-taxis[J]. International Journal of Bifurcation and Chaos,30(2):2050022.

2)非局部扩散方程的动力学行为研究

相比经典随机扩散方程中的扩散,用卷积算子描述的非局部扩散由于能更精确地描述许多实际问题而受到了广大学者的关注。近年来,在生态学、流行病学、材料科学、神经网络等学科的研究中推导出了许多非局部扩散方程。因此,非局部扩散方程研究具有重要的理论意义和现实意义。Murry(2002)指出随机扩散方程适用于密度稀疏的种群动力学模型。但对于个体密度比较大的模型,如胚胎发育模型,随机扩散方程并不能准确地描述其扩散过程。事实上,在一维空间上考虑模型时,拉普拉斯(Laplace)算子只能表示由于局部种群密度不均匀而引起的扩散行为,当种群密度较小时这是合理的。但是当种群密度较大时,有些个体会从当前位置直接跳跃到较远的位置。其中,Fisher 只是利用方程对扩散现象进行一种局部逼近。非局部扩散算子与拉普拉斯算子有许多异同点。一方面它们有许多共同点,例如有界稳态解都是常数。当核函数 $J(x)$ 满足一定条件时,正初值函数对应的方程的解都存在,最大值原理也成立。这主要源于卷积算子与拉普拉斯算子有很多共同的性质。在某些条件下,拉普拉斯算子可以通过对卷积算子取极限得到。但是,非局部算子在很多方面也不同于拉普拉斯算子,比如非局部算子不是紧算子,非局部扩散方程对应的解算子不是光滑算子,两者行波解在无穷远处的衰减率不同,等等。这些差别都说明非局部问题研究的必要性。非局部扩散算子相比于拉普拉斯算子的优点在于前者包含除附近点之间扩散外更为广泛的扩散类型。因此,越来越多的专家学者考虑非局部扩散模型。正如Murry所描述的,非局部扩散算子能够更好地刻画个体在不相邻位置之间的扩散,因而吸引了很多学者的关注。值得注意的是,非局部扩散方程的解算子的不光滑性及抽象性,都加大了非局部扩散方程动力学研究的难度。由于研究困难的加大,非局部扩散方程行波解和整体解方面的许多问题,如存在性、唯一性及稳定性等均是未知的。

考虑了非局部扩散Logistic模型的动力学行为。通过运用上下解方法、不动点理论、Lyapunov-Schmidt约化方法和分支理论,分别得到了模型在不同参数变化下稳态解的存在性、多重性和稳定性结论。

在带修正的Leslie-Gower捕食-食饵系统中,考虑了Beddington-DeAngelis功能性反应函数以及非局部种内食饵竞争效应,主要研究了系统的分支行为。首先,利用特征值理论分析系统所有常数平衡点的局部稳定性,给出了非局部效应对正平衡点稳定性的影响,找出了可能出现稳态分支和Hopf分支的条件。其次,利用约化、隐函数定理以及特征值分析,得到了系统的稳态分支方程,分析出了系统非常数稳态解的存在性、多重性和稳定性。接着,利用约化、隐函数定理以及S^1-等变理论得到了Hopf分支的方向以及分支周期解的稳定性。再次,利用约化、隐函数定理以及S^1-等变理论,得到了系统Fold-Hopf的分支方程,并且给出了系统在分支点周围动力学行为的简单刻画。最后,给出了一个数值模拟。结果表明与局部系统相比,非局部效应会使得内部平衡点失去稳定性。

在时间周期和空间异质环境下,给出了三类不同边界条件下,同时具有非局部扩散和非局部竞争效应的Fisher-KPP方程的一致持续生存以及时间周期正解的存在性、唯一性及稳定性。首先,利用半群理论以及非局部扩散方程标准比较原理得到了方程解的全局存在以及有界性,同时利用新的方程上下解定义进一步地刻画了方程解的存在性和有界性。然后,在一个弱非局部竞争效应条件下,建立迭代系统,利用已有的非局部扩散方程标准比较原理以及控制收敛定理,得到方程的一致持续生存。最后,在3个不同条件下,给出了方程时间周期正解的存在性、唯一性和稳定性。

相关研究论文如下:

[1] GUO S J,2021. Bifurcation in a reaction-diffusion model with nonlocal delay effect and nonlinear boundary condition[J]. Journal of Differential Equations(289):236-278.

[2] GUO S J,2021. Behavior and stability of steady-state solutions of nonlin-

ear boundary value problems with nonlocal delay effect[J]. Journal of Dynamics and Differential Equations, DOI: 10.1007/s10884-021-10087-1.

[3] GUO S J, LI S Z, 2020. On the stability of reaction-diffusion models with nonlocal delay effect and nonlinear boundary condition[J]. Applied Mathematics Letters(103): 106197.

[4] ZHANG L, GUO S J, 2021. Periodic travelling waves on damped 2D lattices with oscillating external forces[J]. Nonlinearity, 34(5): 2919-2936.

[5] GAO J P, GUO S J, SHEN W X, 2021. Persistence and time periodic positive solutions of doubly nonlocal Fisher-KPP equations in time periodic and space heterogeneous media[J]. Discrete & Continuous Dynamical Systems-B, 26(5): 2645-2676.

3)反应扩散捕食模型的动力学研究

关于生物种群动力学性质的研究已经成为一个重要内容。由于可能存在扩散和空间环境非均匀性，越来越多的学者开始关注并研究这两者对生物种群动力学行为的影响。我们通过利用约化方法、中心流形定理、规范型理论、局部分岔理论、度理论，并结合极值原理和比较原理等，对几类反应扩散系统进行了详细研究。具体内容可以分为以下几个部分。

(1)在边界条件下研究了一类反应交叉扩散系统的动力学行为。首先利用约化方法，不仅得到空间非齐次/齐次稳态解的存在性和多重性，而且详细地分析了空间齐次稳态解的稳定性以及在它附近产生的Hopf分岔现象。利用中心流形定理和正规型理论，首先，研究了Hopf分岔方向以及分岔周期解的稳定性，将主要结果应用于研究一维空间区域上具有Allee效应的捕食-食饵系统。其次，研究了具有边界条件和比率依赖的反应捕食-食饵系统的动力学性质。为了确定空间模式形成的参数范围，分析了正稳态解的存在性、不存在性和有界性，详细讨论了Hopf分岔和稳态解分岔。这些结果为数值模拟中出现的复杂时空动力学提供了理论依据。建立了齐次边界条件下具趋化影响与耦合的竞争模型。在此研究中不仅得到了模型经典解的全局存在性及有界性。还分别讨论了全局有界解在弱竞争与部分强竞争情形下的长时间行为。通过一系列的讨论，证明了在弱竞争情形下，唯一的正空间齐次稳态解是全局吸引的。而在部分强竞争情形下，常数稳态解在一定的参数范围内是全局吸引以及全局稳定的。再次，详细研究了具有时空时滞和Dirichlet边界条件的年龄结构模型的动力学行为。运用约化方法，得到从平凡解附近分岔出的空间非齐次稳态解，并证明了它的稳定性。最后，利用极限集的性质得到了空间非齐次稳态解的全局稳定性。

(2)研究了具有扩散和资源不均匀的Leslie-Gower捕食模型，得到全局存在性和有界性。通过分析主特征值的符号，得到了半平凡稳态解的线性稳定性和全局稳定性。利用局部分岔定理得到了从半平凡稳态解附近分岔出的正稳态解，并分析了正稳态解的稳定性。另外，当扩散系数充分小以及充分大时，研究了稳态解的渐近性质。接着研究了具扩散与平流影响的 Leslie-Gower 捕食-食饵模型。通过利用度理论,得到了模型在 Neumann 边界条件下的非常数稳态解的存在性与不存在性。当捕食者的扩散系数与平流项系数均趋于无穷时,初始模型就转化成为一个具有非局部限制条件的半线性椭圆方程,我们称它为原系统的极限系统。最后给出极限系统在一维简单情形下非常数解的结构。

(3)研究了带混合边界条件的扩散性捕食-食饵模型,其中食饵可以从区域边界逃出,而捕食者只能在此区域生存不能离开。首先讨论了正解的渐进行为并得到了正稳态解存在的必要条件。其次,通过运用最大值原理、不动点指数理论、L_p-估计和嵌入定理证明了正稳态解的存在性。最后,由线性理论和线性算子摄动理论,得到局部稳定性和唯一性。

(4)研究了具交叉扩散和时滞的反应扩散方程分岔。利用约化方法得到各种非常数稳态解的存在性,讨论了常数稳态解的稳定性,以及其附近所产生的非常数稳态解的稳定性,运用中心流形定理和规范型方法得到了分岔的存在性、分岔方向和分岔周期解的稳定性。

相关研究论文如下:

[1] GUO S J,LI S Z,SOUNVORAVONG B,2021. Oscillatory and stationary patterns in a diffusive model with delay effect[J]. International Journal of Bifurcation and Chaos,31(3):2150035.

[2] LIU C F,GUO S J,2021. Steady states of Lotka-Volterra competition models with nonlinear cross-diffusion[J]. Journal of Differential Equations(292):247-286.

[3] MA L,GUO S J,2021. Positive solutions in the competitive Lotka-Volterra reaction-diffusion model with advection terms[J]. Proceedings of the American Mathematical Society,149(7):3013-3019.

[4] MA L,GUO S J,2021. Bifurcation and stability of a two-species reaction-diffusion-advection competition model[J]. Nonlinear Analysis:Real World Applications,59:103241.

[5] WEI D,GUO S J,2021. Qualitative analysis of a Lotka-Volterra competition-diffusion-advection system[J]. Discrete & Continuous Dynamical Systems-B,26(5):2599-2623.

[6] YAN S L,GUO S J,2021. Stability analysis of a stage-structure model with spatial heterogeneity[J]. Mathematical Methods in the Applied Sciences,44(14):10993-11005.

[7] LI S Z,GUO S J,2020. Stability and Hopf bifurcation in a Hutchinson model[J]. Applied Mathematics Letters(101):106066.

[8] GAO J P,GUO S J,2020. Patterns in a modified Leslie-Gower model with Beddington-DeAngelis functional response and nonlocal prey competition

[J]. International Journal of Bifurcation and Chaos(30):2050074.

[9] QIU H H,GUO S J,LI S Z,2020. Stability and bifurcation in a predator-prey system with prey-taxis[J]. International Journal of Bifurcation and Chaos(30):2050022.

[10] MA L,GUO S J,2020. Bifurcation and stability of a two-species diffusive Lotka-Volterra model[J]. Communications on Pure and Applied Analysis(19):1205-1232.

[11] WANG H Y,GUO S J,LI S Z,2020. Stationary solutions of advective Lotka-Volterra models with a weak Allee effect and large diffusion[J]. Nonlinear Analysis:Real World Applications(56):103171.

[12] LI S Z,GUO S J,2020. Hopf bifurcation for semilinear FDEs in general Banach spaces[J]. International Journal of Bifurcation and Chaos(30):2050130.

[13] ZOU R,GUO S J,2020. Dynamics of a diffusive Leslie-Gower predator-prey model in spatially heterogeneous environment[J]. Discrete & Continuous Dynamical Systems-B(25):4189-4210.

[14] ZOU R,GUO S J,2020. Dynamics of a diffusive Leslie-Gower predator-prey model with cross-diffusion[J]. Electronic Journal of Qualitative Theory of Differential Equations(65):1-33.

4)传染病模型动力学研究

关于传染病问题的数学建模最早可追述到1760年Bernoullin对天花的传播中牛痘接种影响的分析。由病原体引起的传染病可以在人与人之间和动物与动物之间传播。因为它可以让生物数量减少或者使生物劳动力下降甚至死亡，并且传染病可以在一段时间内快速传播。传染病模型是一个基础微分方程模型，它用来描述物种之间的相互作用，为了说明疾病潜伏期和免疫措施对疾病传播的影响，建模过程中通常会包含时滞。在理论传染病学中，很多学者研究了疾病传播的动力学行为，建立了很多SI型、SIR型反应-扩散方程来描述易感者—感染者或者易感者—感染者—免疫者之间的关系。近年来，很多学者发现空间扩散和环境异质性都对传染性疾病有很大影响，比如麻疹、肺结核、流感等，特别是对虫媒病，比如疟疾、登革热、西尼罗河病毒等。关于种群模型、捕食-食饵模型和Lotka-Volterra竞争系统的空间差异的影响已经有大量的研究成果。在现实世界中，一开始疾病的爆发很可能会发生在一个小区域接着传播到整个区域，这种传播现象代表了一种线性方式，即传播半径最终显示了针对时间的一个线性增长曲线。受这些现象启发，很多学者试图考虑一种带自由边界的SIR传染病模型来描述疾病的传播边界。一个很自然的问题是：若将空间异质性、扩散性和自然边界都包含在内，疾病传播中是否会产生新现象？这样的问题不仅涉及现实中疾病的传播和控制，而且还对时空传染病动力学的建模提供了新的方向和考虑因素。

（1）考虑了感染组带自由边界的空间异质SIS模型。主要目的是确定疾病会一直传播还是最终消失,并举例说明在非齐次空间环境中,自由边界对受感染的行为有很大影响。为此,首先引入一个基本再生数,然后建立了传播-消失二分法。接着通过研究扩散率、初始区域和传播速度对感染组渐进行为的影响,建立对疾病传播或消失的几个充分条件和必要条件。

(2)考虑了带时滞、非线性发病率和反应扩散项的SIRS传染病模型。一方面,通过分析特征方程,研究了无疾病平衡点、传染病平衡点和Hopf分岔的存在性和稳定性;另一方面,建立了公式来确定分岔周期解的方向和稳定性。

(3)考虑了带时滞、一般形式发病率和反应扩散项的SIR传染病模型。首先,由非负初始值得到了解的非负性和有界性。接着,通过分析特征方程,研究无疾病平衡点和传染病平衡点的存在性及局部稳定性。最后,由Lyapunov泛函得到全局渐进稳定性。

相关研究论文如下:

[1] WEI D, GUO S J, 2021. Hopf bifurcation of a diffusive SIS epidemic system with delay in heterogeneous environment[J]. Applicable Analysis, DOI: 10.1080/00036811.2021.1909724.

5)随机微分方程研究

众所周知,随机偏微分方程对很多带不确定和波动影响的多尺度系统来说是很恰当的数学模型。在过去的几十年,随机偏微分方程的理论研究已经吸引了大量科研工作者且有很丰富的成果。不同类型的随机偏微分方程中有很多有趣的问题,比如适定性问题、爆炸问题、稳定性、随机吸引子和遍历性。Xie(2008)考虑了一类随机热方程的柯西问题,由连续逼近,且在较Lipschitz条件弱的情形中温和解的存在性。此结果基于事实:系统未来的状态依赖于过去的状态且完全由现在决定。然而,更实际的模型的状态变量的变化率不仅依赖于当前,还依赖于系统的历史和未来状态。随机泛函微分方程对此类模型给出了数学表达式且被大量研究。特别是随机偏泛函微分方程温和解的存在唯一性得到了广泛关注。在全局Lipschitz条件和线性增长条件下,分别通过著名的Banach不动点定理和强逼近系统,Taniguchi(1992)和Luo(2008)研究了随机偏泛函微分方程温和解的存在唯一性。在全局Lipschitz条件和线性增长条件下,通过随机卷积,Govindan(2003)研究了随机中立偏泛函微分方程解的存在唯一和几乎所有指数稳定性。然而,一些系统的非线性项可能不满足全局Lipschitz条件或者线性增长条件,或者甚至局部Lipschitz条件。因此,我们推进了现有的一些工作。在一些恰当的条件下,研究了带时空白噪声的随机抛物偏泛函微分方程温和解的适定性和其他一些性质。首先我们在全局Lipschitz条件和线性增长条件下,建立了存在唯一定理。接着,在全局/局部Lipschitz条件下,研究了存在唯一性质,此时并没有线性增长条件的假设。尤其是在弱于Lipschitz条件时,考虑了存在唯一性。最后,得到了非负性和比较原理,并应用这些结果来研究在线性增长条件下,非负温和解的存在性,此时没有Lipschitz条件的假设。

随机分岔是指非线性系统在随机扰动下产生的跃迁(transition)现象,即研究非线性系统在噪声扰动下其样本轨迹定性性质发生改变的现象。严格定义的随机分岔只有两种:动态分岔(D-分岔)和唯象分岔(P-分岔),主要分析随机微分方程生成的动力系统的定性性态随参数变化而变化的情况。目前对随机分岔理论的研究主要针对一维随机系统或应用随机模型,缺乏系统的理论研究及对高维系统的分析。因此,为进一步研究高维随机系统的动力学行为,我们研究了一类较一般的二维 Ito 型随机微分系统。利用泰勒展开、极坐标转换和随机平均法将原系统转化为 Ito 型随机平均方程;然后利用 Lyapunov 指数、不变测度及奇异边界理论分析系统在平衡点处的全局稳定性与局部稳定性;最后利用随机动力系统及 Fokker-Planck 方程分析系统的随机分岔行为。

针对 Hilbert 空间中带无穷维扩散的一类随机时滞微分方程,不仅研究了 Wiener 过程和 Levy 过程驱动下不变测度的存在性,而且得到了 Wiener 过程驱动下系统拉回吸引子的存在性。进一步证明了非平凡稳态解的存在性和指数稳定性,且该稳态解是由随机变量和 Wiener 转换构成的。最后,以带时滞和噪声的反应扩散方程为例来说明我们的结论。考虑了有界域上一类随机半线性退化抛物方程,且非线性项满足任意多项式增长条件。证明了由该类方程生成的随机动力系统在空间上随机吸引子的存在性和正则性,另外还证明了该吸引子是一个紧不变增缓集,且是在拓扑意义下吸引中的每一个增缓随机子集。最后发现,在一定条件下,这个由单点集(即随机不动点)构成的随机吸引子生成了一个指数吸引的非平凡稳态解。

考虑了一类带有非线性传染率 Levy 跳以及随机切换的传染病模型。通过定义阈值证明:当阈值大于零时,疾病会持续存在且系统会有稳态分布;当阈值小于零时,疾病会消失且易感人群的数量会弱收敛到一个边界分布。最后通过数值模拟对所得到的理论结果进行了说明。发现 Levy 过程能够压制疾病的爆发,而且当易感人群接触感染者的时候,可以通过采取适当的保护措施来降低疾病的感染率从而控制疾病的传播。此外还发现,即使在某一种状态中疾病会消失,但是在切换机制下疾病仍可能会持续存在。

相关研究论文如下:

[1] LI S Z, GUO S J, 2021. Permanence and extinction of a stochastic SIS epidemic model with three independent Brownian motions[J]. Discrete & Continuous Dynamical Systems-B, 26(5):2693-2719.

[2] LI S Z, GUO S J, 2021. Persistence and extinction of a stochastic SIS epidemic model with regime switching and Lévy jumps[J]. Discrete & Continuous Dynamical Systems-B, 26(9):5101-5134.

[3] LI S Z, GUO S J, 2021. Permanence and extinction of a stochastic prey-predator model with a general functional response[J]. Mathematics and Computers in Simulation(187):308-336.

[4] LI S Z, GUO S J, 2020. Random attractors for stochastic semilinear degenerate parabolic equations with delay[J]. Physica A: Statistical Mechanics and its Applications(550):124164.

[5] LUO C L, GUO S J, HOU A Y, 2020. Bifurcation of a class of stochastic delay differential equations[J]. Filomat(34):1821-1834.

6）状态依赖时滞微分方程研究

对于 Nicholson 飞蝇模型，首先，在对时滞函数和方程中的参数作适当的假设下，分析了解一些基本性质，包括解的存在唯一性，关于初值的连续依赖性、振荡性等。接着，我们构造了一个适当的紧状态空间，使得系统的解构成一个连续半流；通过引进离散的 Lyapunov 泛函分析慢振荡解，发现所有全局慢振荡解所形成的集合构成半流的一个全局吸引子。然后，通过线性化过程和谱分析，得到了系统平衡态的局部动力学性质并给出了正平衡态附近的局部不稳定流形。最后，在局部不稳定流形中，选取正平衡态的一个充分小的邻域，将它延拓为一个全局不稳定流形。通过分析该全局不稳定流形的零点集，证明了慢振荡周期解的存在性，且它正好构成全局不稳定流形的边界。对于一类二阶状态依赖时滞微分方程，首先得到解的一些基本性质，包括初值问题解的存在唯一性和关于初值的连续依赖性；然后，详细地分析了系统的慢振荡解。基于前面的结论，构造了一个紧集和一个后继映射，运用不动点定理和平衡态的喷射性证明慢振荡周期解的存在性。另外，还研究了由两个具年龄结构种群所组成的互惠系统的动力学行为。

相关研究论文如下：

LI S Z, GUO S J, 2020. Dynamics of a stage-structured population model with a state-dependent delay[J]. Discrete & Continuous Dynamical Systems-B(25): 3523-3551.

创新点

（1）偏泛函微分方程应用前景广阔，例如生态系统的斑图形成、疾病传播的控制、神经网络的联想记忆和学习等方面都涉及偏泛函微分方程模型，通过定性分析来反映其背后的原理，不但对这些学科的发展有着重要意义，而且可以促使更多的科学工作者们从事该研究工作。

（2）偏泛函微分方程高余维分岔及退化分岔理论成果稀少，相关工作主要还停留在对来源于实际问题的数学模型的研究上，许多结果甚至是借助于实验观察和一些特殊情形下的计算机数值模拟得到的，缺乏严格的数学证明。

（3）该项目研究有助于推动微分方程与动力系统的发展。对于非线性边界条件偏泛函微分方程而言，选择什么样的状态空间来考虑初值问题，如何运用动力系统线性化理论和不变流形理论等，都是比较复杂的问题；对非局部偏泛函微分方程而言，对应初值问题的解算子不一定光滑，初值问题的解也不一定具有通常的先验正则性估计，且其生成的半流关于紧开拓扑不一定具紧性等，需要建立新理论和新方法。

（4）偏泛函微分方程是无穷维动力系统，研究难度比低维的常微分方程要大得多，既有数学方法上的困难，也有数值计算和几何描述上的困难，研究中需要代数、微分流形和非线性泛函分析等理论，理论研究有助于推动学科的交叉与融合，既可以为学科发展做贡献，又可为工程应用提供可靠的理论依据和有效的关键技术与方法。

（5）由于非局部（时滞项、反应项、扩散项、边界条件）的引入，现有微分方程理论受到了挑战，许多方法及理论已不再适用。如果在边界条件中出现时滞，系统会产生许多不可预知的现象，现有研究方法和技巧可能不再适用，给研究工作带来相当大的挑战。

（6）项目组在泛函微分方程研究特别是分岔和周期解问题研究方面有很好的基础，研究成果得到国内外同行的认可，被许多国际著名学者在重要学术期刊上和一些国际学术专著中引用。该项目的研究内容是前期工作的深入和拓展，能够取得开拓性进展。

时滞传染病动力学中的 Lyapunov 函数构造及稳定性分析

项目完成人：黄　刚

项目来源：国家自然科学基金青年科学基金项目

起止时间：2013 年 1 月 1 日至 2015 年 12 月 31 日

研究内容

传染病数学模型及其动力学性质的研究在预防疾病传播和提出控制策略方面具有重要意义。通过研究符合实际背景和生物意义的微分方程（包括时滞微分方程、年龄结构的偏微分方程）来研究疾病的传播机制，并给出传染病发展趋势的估计是数学流行病学研究的一个重要课题。它的研究方法包括经典的动力学理论、分支理论及 Lyapunov 稳定性理论等。在传染病动力学中，时滞在疾病的传播和扩散过程中起着重要的作用，时滞可以由许多因素引起，一般用时滞来模拟传染病的潜伏期、患者对疾病的感染期以及康复者对疾病的免疫期等。时滞的引入使得我们的模型更接近实际，同时也使得对其数学的分析更加困难。我们希望通过直接构造 Lyapunov 函数（泛函）的方法和 LaSalle 不变性原理，获得系统平衡点依赖于基本再生数阈值的动力学性质。系统的全局动力学性质和相应的数据模拟对控制疾病发展和扩散、药物的开发等给予指导作用。

对于一般的非线性系统，其全局动力学性质一直被广大学者研究。通过构造 Lyapunov 函数来证明非线性系统的全局稳定性一直被认为是最有力和最直接的方法。最大的困难在于如何去寻找一类合适的 Lyapunov 函数。近 20 年来，关于时滞(泛函)微分方程在传染病、生态学等领域的应用研究进入了一个重要时期。然而,由于泛函微分方程所描述的动力学模型与常微分方程模型有着本质的区别,泛函微分方程所描述的动力学模型已属于无穷维动力系统,尽管时滞系统平衡点的局部稳定性可通过与常微类似的特征方程理论去讨论,其解的全局动力学性质则主要通过构造 Lyapunov 函数(泛函)的方法。Hale 在著作中将常微动力系统中的 Lyapunov-LaSalle 稳定性理论推广到泛函微分方程中。但在实际应用中,对具体时滞模型的 Lyapunov 泛函构造始终是一大难点。目前,对时滞传染病模型的研究成果很多,但能成功构造出的 Lyapunov 泛函少之又少,最近,只有极少数的研究成功构造出了部分具有时滞或年龄结构的传染病模型的 Lyapunov 函数。具体研究内容主要体现在以下 4 点:

(1)传染病动力学中平衡点的全局性态可以预示着传染病是最终消除还是永久持续生存。数学方法上,我们需要探索出一类构造 Lyapunov 函数(泛函)的方法来获得系统平衡点的全局渐近稳定的充分必要条件,并尽可能广泛应用于种群模型及其他实际模型中。

(2)Lyapunov 函数(泛函)在解决种群动力系统的一致持续性、全局稳定性等方面起着重要的作用。寻找非常成熟的 Lyapunov 函数(泛函)来研究传染病动力系统的稳定性是关键所在。在理论上,构造 Lyapunov 函数方法可以应用于种群动力学中的 McKendrick-vonFoerster 方程、Gurtin-MacCamy 方程、Lotka-Volterra 系统、Kolmogorov 系统等。

(3)利用耗散性理论给出具有时滞的传染病模型的全局吸引子的存在性,进而用选取适当的 Lyapunov 函数并利用一些分析技术,给出平衡点全局渐进稳定的充分必要条件。

(4)构造 Lyapunov 函数来获得非线性动力系统的全局稳定性充分必要条件具有很大的挑战。最大的困难在于构造合适的 Lyapunov 函数的方法并不多。当前已知的大多数工作只是针对一类具有前项时滞的模型和微分方程,而对于具有后项反馈的时滞模型和微分方程却别无它法。在一定假设下,我们通过转化这类时滞微分方程为等价的具有年龄结构的微分方程模型来研究,这一方法是完全不同于以往的新方法。

研究成果

(1)对传统的已被建立且被大量研究的传染病模型进行分类。由于时滞在各个模型中代表的生物意义不同,根据时滞项的符号将模型分成两大类,即时滞项符号为正一类、时滞项符号为负的一类。对这两类模型,我们通过不同的方法构造其 Lyapunov 函数。对于具有后项时滞的传染病模型,摸索出构造其 Lyapunov 泛函的方法。考虑到具有年龄感染的一类偏微分方程模型和时滞模型之间的对应关系,对这类具有非线性边值条件的偏微分方程寻找出构造 Lyapunov 函数的方法。同时对目前流行的 Lyapunov 函数构造方法进行分类和比较,找出优劣并总结规律。另一方面,针对非线性感染率,通过极限原理在 Korobeinokov 型函数中的应用,结合已有的方法,构建 Lyapunov 函数到更广泛的非线性动力系统和数学模型中,理论上提高 Lyapunov-LaSalle 不变性定理的应用范围。

(2)传染病传播过程中出现周期震荡是很普遍的想象。周期震荡可能由多种原因引起,如变化的传播率、震荡的出生率等,时滞的出现也可能带来疾病的周期发生,我们通过研究几个具有时间滞后的微分方程模型,得到了部分时滞会带来周期震荡,而潜伏期时滞又不会对平衡点的稳定性产生改变,以此,理论上对传染病的控制和预防提出合理化建议。

(3)空间的异质性存在于传染病传播过程中的诸多方面。过去的几十年间,许多学者提出并建立多族群流行病模型来描述在空间异质种群中传染病的传播动力学性质,例如麻疹、猩红热、腮腺炎、艾滋病等,或者来研究具有多宿主的西尼罗热病毒、禽流感和虫媒病毒症疾等。根据疾病的传播模式、接触方式,易感人群的教育水平、宗教信仰、性别、职业、年龄结构、感染类型以及感染区人口分布,空间异质等特性,可以把传统群分成若干不重叠的空间同质的族群。当然也可以根据地理分布来分,例如,学校、社区及城市。个体分布在不同族群中具有不同的分布,而在同一族群内则分布完全相同。疾病既可以在同一族群中传播,也可以在族群间传播,所以可以通过族群内和族群外两种方式来研究疾病的传播。分析这类多族群模型的数学难点在于疾病平衡态的唯一性和全局稳定性。

2012 年我们提出 HIV 进化与艾滋病的各阶段相关联,假设感染细胞作为免疫系统的辅助细胞,建立的 HIV 进化模型发表在 *Journal of Theoretical Biology* 上,该模型作为唯一由我国学者提出的 HIV 进化模型而被收录在 *Viruses* 的综述论文中。2014 年,我们首次将 Apoptosis 现象引入到 HIV 感染模型中,讨论了 Apoptosis 参数的改变对病毒载量和疾病进程的影响,发表在 *Journal of Biology dynamics* 上。项目组 2013 年 9 月在中国地质大学(武汉)组织召开了"传染病动力学模型及其稳定性分析学术研讨会"(图1)。

图1　2013 年 9 月,中国地质大学(武汉)数学与物理学院传染病动力学模型及其稳定性分析学术研讨会参与人员合影

创新点

(1) 利用了 Lyapunov 函数(泛函)构造具有空间异质的登革热传染病动力学模型中。该模型具有多种群、多阶段的特点,并考虑了潜伏期和分布时滞。通过构建多维的 Lyapunov 泛函,其全局稳定性得到分析,边界平衡点和地方病平衡点的全局稳定性得到建立。通过构造 Lyapunov 泛函,应用图论中有向树的方法和单调动力系统的一致持续理论,我们研究了空间异质环境下具有感染年龄结构的 SIR 流行病模型,分析了空间异质性参数对传染病传播的影响。这说明研究个体空间分布差异的空间结构模型的全局动力学性质是具有可行性的。该论文2015年发表在 *Mathematical Methods in the Applied Sciences* 上。

(2) 从对一般的时滞传染病动力学模型的 Lyapunov 函数构造方法中推广到更一般的时滞种群动力学模型。如1979年 Cooke 提出的具有一般感染率的 SIS 模型,我们考虑了更一般的时滞方程,即

$$y'(t)=h(y(t-\tau))-cy(t), \quad c>0$$
$$y'(t)=F(y_t(0), y_t(-\tau))-cy_t(0), \quad c>0$$

很多单种群动力学方程在考虑时滞因素后可归纳为上述两类一般形式,分析了方程的边界平衡点和内部正平衡点稳定性的条件,主要通过构建两类 Lyapunov 函数,很好地将 Lyapunov 函数构造方法从传染病模型过渡到具有一般形式的时滞单种群模型,使得 Lyapunov 函数应用更广泛,研究成果发表在著名期刊 *Discrete and Continuous Dynamical Systems B* 和 *Journal of Nonlinear Sciences* 上。

基于自适应-脉冲协议的不确定性多智能体系统的一致性研究

项目完成人:郭万里
项目来源:国家自然科学基金青年科学基金项目
起止时间:2014年1月1日至2016年12月31日

 研究内容

本项目综合考虑了多智能体系统中常常存在的外部扰动、各种不确定性以及信息传输过程的时滞等因素,通过设计自适应控制协议、自适应-脉冲控制协议、以及自适应-间歇控制协议,选取合适的 Lyapunov 函数进行理论部分的证明,得到系统获取一致性等协作行为的充分条件,并给出具体实例,用数据仿真来验证理论分析,以完成整个研究过程。

研究成果

本项目首先通过设计自适应和线性反馈控制协议，研究了多智能体系统在带有时滞和不带有时滞因素情况下的一致性行为和复杂网络系统的同步行为。其次，通过设计合适的自适应-脉冲控制协议，对不确定性多智能体系统的一致性行为进行理论分析及数据仿真。通过引入比较系统的方式，构造 Lyapunov 函数，利用 Lyapunov 稳定性理论以及脉冲微分方程理论进行证明不确定性多智能体系统在已有控制协议基础上能够达到一致性状态。考虑到控制策略可能存在的不具有持续的连续性，我们又研究了二阶多智能体系统在自适应-间歇控制协议下的一致性行为。间歇控制是在一些不连贯的时间段内对系统进行控制的方法。由于多智能体系统中信息交互不一定是连续的，有可能时有时无，所以间歇控制很有用武之地，同时它也可以节约控制资源，这种控制方法得到了不少学者的青睐。然后，在多智能体系统具有不确定性的拓扑结构的情况下，研究了带有多个领导者的二阶非线性多智能体系统的自适应延迟簇一致性行为。由于一致性行为可以看作延迟一致性行为的一个特殊状态，所以我们选取了延迟一致性进行研究。最后，利用自适应控制方法，研究了带有未知参数（耦合强度）的带有领导者的二阶非线性多智能体系统的一致性问题及参数识别问题。在研究过程中，为了识别系统的位置参数而引入了一个响应系统。

相关代表性论文如下：

［1］GUO W L，XIAO H J，2018. Distributed consensus of the nonlinear second-order multi-agent systems via mixed intermittent protocol［J］. Nonlinear Analysis：Hybrid Systems（30）：189-198.

［2］GUO W L，LUO W Q，2018. Pinning adaptive-impulsive consensus of the multi-agent systems with uncertain perturbation［J］. Neurocomputing（275）：2329-2340.

［3］GUO W L，2016. Leader-following consensus of the second-order multi-agent systems under directed topology［J］. ISA Transactions（65）：116-124.

［4］GUO W L，CHEN S H，FRANCIS A，2015. Pinning synchronization of complex networks with delayed nodes［J］. International Journal of Adaptive Control and Signal Processing（29）：603-613.

［5］GUO W L，XIAO H J，CHEN S H，2014. Consensus of the second-order multi-agent systems with an active leader and coupling time delay［J］. Acta Mathematica Scientia，34B（2）：453-465.

创新点

本项目设计了自适应-脉冲控制、自适应-间歇控制等协议，通过构造合适的

Lyapunov 函数，综合利用 Lyapunov 稳定性理论、图理论、矩阵分析等相关知识，研究了不确定多智能体系统的一致性问题、群聚问题等。以往的研究多集中在对确定性系统的研究，并且利用的控制协议也多是常规控制协议。另外，基于多智能体系统的一致性，本项目还对不确定系统的未知参数和拓扑结构进行了识别。

非 Shilnikov 意义下两类混沌系统的复杂动力学研究

项目完成人：魏周超
项目来源：国家自然科学基金青年科学基金项目
起止时间：2015 年 1 月 1 日至 2017 年 12 月 31 日

研究内容

本项目拟以与经典 Lorenz 混沌系统密切相关的三维混沌系统为基础，深入研究无平衡点或者具有任意数目的双曲稳定平衡点，探索非 Shilinkov 意义下的混沌系统和超混沌系统的复杂动力学与奇怪吸引子的拓扑结构。特别是探讨在特定参数条件下，混沌吸引子、稳定平衡点和周期解 3 种吸引子共存的情况，得到混沌吸引子和稳定平衡点各自吸引域，分析其特有的新现象。试图给出所有吸引子完全的分类和混沌产生的更一般的本质机理。具体内容包括以下两个方面。

（1）探索非 Shilinkov 意义下的两类混沌系统和超混沌系统的特有性质。虽然研究吸引域的估计方法已经取得了许多成果，但是其方法本身就有它们的适用条件，因此也存在诸多限制与缺陷。目前没有统一的构造 Lyapunov 函数的方法来研究一个混沌系统的界，因此有必要对新出现的混沌系统和超混沌系统加以研究，从而真正有效地去揭示混沌吸引子的几何结构和拓扑结构，丰富混沌理论体系。

（2）研究不满足 Shilnikov 条件下的混沌系统的复杂动力学性质和产生混沌的机理。当所有平衡点都是渐近稳定时，分析系统的全局动力学行为与局部动力学行为之间的关系（周期解，拟周期，混沌）。当系统无平衡点的时候，系统出现混沌吸引子的机理又是什么？同时寻求混沌的各类全局吸引子存在的参数范围，包括估计混沌、周期解的存在范围、吸引域大小和估计各类不变集大小。

研究成果

随着对混沌的深入研究和实际工程需要，高维非线性模型也被相继建立，但仍然有许多最基本问题悬而未决。许多学者试图完善混沌产生机理，以便更好地解决工程实际中的各种分岔与混沌问题以及合理解释其物理意义。因 Shilnikov 定理的条件限制，对有关不具有局部不稳定流形的混沌系统的研究也是非常重要和迫切的。本项目组针对无平衡点或仅有双曲渐近稳定平衡点的系统仍可产生混沌（超混沌）现象，研究了此非 Shilnikov 意义下统的动力学性质。具体如下：

（1）研究了四维机电系统中的隐藏吸引子、多个极限环以及有界性问题。通过使用李雅普诺夫指数和超混沌同步的方法进行了分析与数值模拟，证明了通过Hopf分岔存在4个小振幅极限环分叉，系统的混沌吸引子的有界性最后也得到了证明。

（2）基于特殊的混沌系统（只有一个非双曲平衡，一个零特征值和一对共轭复数特征值），利用平均理论，分析zero-Hopf分岔的存在性，澄清非双曲混沌吸引子隐藏的复杂现象。基于机电系统的扩展Rikitake系统，研究了Hopf分岔、稳定的平衡和隐藏的吸引子共存和无穷远点的动力学特性，并探讨了隐藏吸引子的存在性（Hopf分岔产生不稳定的周期解），在工程中得到了重要和潜在的应用。

（3）介绍了一类三阶自治微分方程（其特点在于可以生成9种具有不寻常非双曲平衡特征值的混沌吸引子），探讨了混沌产生的途径。基于稳定性分析与规范型理论，研究了带有多时滞的混沌系统的动力学特性，并研究了时滞对于具有隐藏混沌吸引子的影响，并给出了相应的电路设计。

（4）对磁流体动力学家、英国皇家学会会员Moffatt教授建立的经典的三维圆盘发电机模型进行研究，发现并分析隐藏混沌吸引子的存在性条件。进一步研究了五维圆盘发电机模型，数值仿真显示不同周期的极限环与多种拓扑结构的隐藏混沌以及隐藏超混沌的吸引子共存现象。

相关研究论文如下：

[1] WEI Z C, MOROZ I, SPROTT J C, et al, 2017. Hidden hyperchaos and electronic circuit application in a 5D self-exciting homopolar disc dynamo[J]. Chaos, 27(3):033101.

[2] WEI Z C, MOROZ I, SPROTT J C, et al, 2017. Detecting hidden chaotic regions and complex dynamics in the self-exciting homopolar disc dynamo[J]. International Journal of Bifurcation and Chaos, 27(2):1730008.

[3] WEI Z C, PHAM V T, KAPITANIAK T, et al, 2016. Bifurcation analysis and circuit realization for multiple-delayed Wang-Chen system with hidden chaotic attractors[J]. Nonlinear Dynamics, 85(3):1635-1650.

[4] WEI Z C, MOROZ I, WANG Z, et al, 2016. Dynamics at infinity, degenerate Hopf and zero-Hopf bifurcation for Kingni-Jafari system with hidden attractors[J]. International Journal of Bifurcation and Chaos, 26(7):1650125.

[5] WEI Z C, ZHANG W, YAO M H, 2015. On the periodic orbit bifurcating from one single non-hyperbolic equilibrium in a chaotic jerk system[J]. Nonlinear Dynamics, 82(3):1251-1258.

[6] WEI Z C, SPROTT J C, CHEN H, 2015. Elementary quadratic chaotic flows with a single non-hyperbolic equilibrium[J]. Physics Letters A, 379(37):2184-2187.

[7] WEI Z C, YU P, ZHANG W, et al, 2015. Study of hidden attractors, multiple limit cycles from Hopf bifurcation and boundedness of motion in the generalized hyperchaotic Rabinovich system[J]. Nonlinear Dynamics(82):131-141.

[8] WEI Z C,ZHANG W,WANG Z,et al,2015. Hidden attractors and dynamical behaviors in an extended Rikitake system[J]. International Journal of Bifurcation and Chaos,25(2):1550028.

[9] WEI Z C,ZHANG W,2014. Hidden hyperchaotic attractors in a modified Lorenz-Stenflo system with only one stable equilibrium[J]. International Journal of Bifurcation and Chaos,24(10):1450127.

相关学术会议如下：

（1）WEI Z C,ZHANG W,SPROTT J C. Kapitaniak Tomasz;Generating hiddenhyperchaos in a 5D hyperchaotic Burke-Shaw system with three positive Lyapunov exponents,The 9th Chaotic Modeling & Simulation International Conference CHAOS-2016,Senate House,2016 年 5 月 23 日至 2016 年 5 月 26 日.

（2）魏周超,张伟. 自激圆盘发电机模型的隐藏吸引子分析,第十六届全国非线性振动暨第十三届全国非线性动力学和运动稳定性学术会议,杭州第一世界大酒店,2017 年 5 月 25 日至 2017 年 5 月 27 日.

（3）魏周超,张伟. Hidden attractors in 3D and 5D self-exciting homopolar disc dynamos,中国力学大会-2017 暨庆祝中国力学学会成立 60 周年大会,北京理工大学,2017 年 8 月 13 日至 2017 年 8 月 16 日.

创新点

（1）研究两类非 Shilnikov 意义下周期解的产生条件,并讨论了周期解与非 Shilnikov 混沌吸引子之间的关系。考虑了在特定参数条件下,混沌吸引子、稳定平衡点和周期解 3 种吸引子共存的情况,得到混沌吸引子和稳定平衡点各自吸引域。

（2）解读了隐藏吸引子给动力系统带来的新现象和新问题,拓展混沌吸引子在实际工程中的应用价值和应用前景。

具有状态约束的 Navier-Stokes 方程的最优控制问题

项目完成人：刘汉兵
项目来源：国家自然科学基金青年科学基金项目
起止时间：2015 年 1 月 1 日至 2017 年 12 月 31 日

研究内容

（1）抛物方程和 Navier-Stokes 方程带有状态约束（包括逐点状态约束和周期状态约束）的情况下最优控制问题的二阶必要条件和二阶充分条件。

（2）考虑一类半线性抛物方程边界反馈镇定控制器的设计。

(3)考虑一类半线性抛物方程脉冲输出反馈镇定控制器的设计。

(4)考虑一类退化的抛物方程的能观性问题。

研究成果

本项目分别研究了带有状态约束的抛物方程的最优控制问题和一类半线性抛物方程的能稳性问题,给出了带有周期约束的半线性抛物方程的最优控制问题最优解满足的二阶充分条件和二阶必要条件,并且这两个条件是在同一锥上成立的,因此研究的结果具有最优性。针对一类半线性抛物方程分别设计了边界状态反馈控制和脉冲输出反馈控制使得系统指数稳定。关于一类退化的抛物方程给出了其在可测集上能观的结果。

相关研究论文如下:

[1] LIU H B,HU P,MUNTEANU I,2016. Boundary feedback stabilization of Fisher's equation[J]. Systems & Control Letters,97:55-60.

[2] LIU H B,2017. Impulse output feedback stabilization of Fisher's equation[J]. Systems & Control Letters,107:17-21.

[3] LIU H B,ZHANG C,2017. Observability from measurable sets for a parabolic equation involving the Grushin operator and applications[J]. Mathematical Methods in the Applied Sciences,40(10):3821-3832.

[4] LIU H B,WANG G S,2021. Second order optimality conditions for periodic optimal control problems governed by semilinear parabolic differential equations[J]. ESAIM Control Optimisation and Calculus of Variations,27(24):27.

创新点

(1)在考虑抛物方程带有周期约束的最优控制问题中,利用线性化的抛物方程的能控性,在可行集的切锥上找到一个方向逼近扰动向量,从而可以证明二阶条件的充分性。而对于二阶必要条件,首次考虑通过引进罚函数和逼近问题,给出了带有周期约束的最优控制问题的二阶必要条件;

(2)在考虑抛物方程的边界反馈问题中,提出了一类新的改进的且数值上易于实现的边界反馈控制,该设计不需要依据 V. Barbu(IEEE Transactions on Automatic Control,2013)提出的一个假设条件,这大大地改进了原有的结果;

(3)在考虑脉冲输出反馈镇定问题中,提出了一种新的非线性处理方法,证明了线性系统稳定的脉冲输出反馈控制器能使得半线性抛物方程局部指数稳定;

(4)通过研究高维退化抛物方程的解的解析性,利用最新的解析性方法给出了方程在可测集上的能观性。

随机乙肝传染病系统的动力学分析与控制研究

项目完成人：乔梅红
项目来源：国家自然科学基金青年科学基金项目
起止时间：2017年1月1日至2019年12月31日

研究内容

乙型病毒性肝炎是由乙肝病毒引起的一种常见传染病，预防和控制乙肝传染病是各个国家都面临的现实问题。目前，在我国大约有60%的人群有乙肝感染史，9.8%的人群呈乙肝病毒慢性携带状态。大约每年有263 000人死于与乙肝病毒感染有关的肝硬化或肝癌，占全球乙肝死亡人数的37%～50%。鉴于乙肝的危害性，对乙肝传染病展开研究显得尤为重要。利用微分方程模型对乙肝传染病进行定性研究是一个重要课题。乙肝传染病系统，一方面常常因为季节、环境的变化以及人为干预等一些随机突变因素的影响，将会引起系统的参数(传染率、恢复率、死亡率)发生变化；另一方面乙肝传染病感染(一般情况下分为易感者、病毒携带者、感染者和恢复者)的传播具有潜伏期、感染期、免疫有效期等，综合上述两个方面，可以考虑用随机时滞微分方程来描述。基于这些客观事实，本项目主要研究以下问题：

(1)当乙肝传染病的传播遭到环境突变等随机干扰影响的时候，会使得乙肝传染病的传染率、染病者的恢复率、染病者的死亡率、染病者的恢复期等因素产生波动。考虑上述因素，用时滞、Brownian运动和Levy跳来构建随机乙肝传染病模型，应用随机稳定性与遍历性理论研究噪声诱导随机分岔的机理，分析模型的复杂动力学性质。

(2)在确定性乙肝传染病系统中，疾病一旦存在，就不可能完全根除。但是在随机乙肝传染病系统中，由于受随机波动的影响，疾病是有可能被根除的。医学上是在给定的时间点上进行预防接种，在数学科学中，常用脉冲微分方程描述。构建随机脉冲乙肝传染病模型，并讨论其相关动力学行为，得到的结果也可以对不稳定随机微分系统进行脉冲稳定控制。

(3)构建复杂网络上带有随机扰动的乙肝传染病模型，研究乙肝传播的动力学特性，如传播阈值、传播的最终规模、传播的速度快慢等，分析随机噪声对乙肝传染病模型的影响。

研究成果

随机微分方程起始于Kolmogorov的分析方法与Feller的半群方法，且研究随机微分方程的动力学的渐近行为的常用方法和工具主要包括Itô公式、拓扑度理论、不动点定理、随机平均方法、遍历性理论、分支理论、临界点理论、构造对应的差分方程以及指数二分性。在本项目中，主要利用下面的方法：

（1）由 Brownian 运动和 Levy 跳噪声驱动的时滞研究乙肝传染病模型的动力学行为问题，本项目采取 Khasminskii-Mao 定理、随机比较原理、Itô 公式、Lyapunov 泛函方法、Lyapunov 指数、奇异边界理论、鞍论、Markov 半群理论与遍历性理论等。

（2）在具有脉冲和时滞的随机乙肝传染病系统的研究方面，拟采用 Lyapunov-Krasovskii 泛函法、L 算子不等式、M 锥性质与矩阵不等式等。

（3）网络传播流行病动力学模型建模的方法有随机接触过程、平均场近似、对逼近、非均匀网络、淬火平均场理论和渗流模型。复杂网络上的传播动力学方法大都是依赖于马尔可夫链推导出的平均场数学方程、Lyapunov 函数和 Itô 公式等方法。

相关研究如下：

QIAO M H, YUAN S L, 2019. Analysis of a stochastic predator-prey model with prey subject to disease and Lévy noise[J]. Stochastics and Dynamics, 19(1)：1950038.

 创新点

本项目的创新之处是，利用随机微分方程理论对乙肝传染病的传播过程进行建模，分析该模型的定性行为，进一步研究噪声诱导随机分岔的机理。结合实际数据，运用随机微分方程数值解方法等，对未来乙肝感染者人数占总人口的比例进行预测，在此基础上通过调节传染率控制指标、免疫接种率控制指标等来达到降低未来感染者比例的目的，实现对传统的确定性乙肝传染病模型的优化。

Finite-time Lyapunov 函数和耦合系统的稳定性分析

项目完成人：李慧娟
项目来源：国家自然科学基金青年基金项目
起止时间：2018 年 1 月 1 日至 2020 年 12 月 31 日

 研究内容

生物、物理、机械、自动化、化学等领域的许多现象可以用动力系统来描述。这些现象的稳定性分析在各自领域是非常重要的研究课题。Lyapunov 函数对于动力系统的稳定性分析具有重要的作用。对于所考虑的动力系统特别是非线性动力系统，我们可以应用 Lyapunov 第二方法分析其稳定性并估计其吸引域。该方法的优点是无需计算描述所考虑系统的微分或差分方程的解。因此,如何构造和计算Lyapunov函数成了稳定性分析的研究重点。学者们提出了许多Lyapunov函数的计算方法,比如Zubov方法、SOS(semidefinite optimization for sum of squares polynomials)方法、CPA(continuous and piecewise affine)方法、分配法等。在此基础上一些学者研究条件减弱的Lyapunov函数,并得到有关稳定性的相关结论。根据已有的参考文献,研究了时变和时不变微分系统的Finite-time Lyapunov函数,根据其结果分析了脉冲微分系统的控制稳定性问题;研究了带有输入的时变和时不变微分系统的Finite-time ISS Lyapunov函数及其计算方法;在此基础上,将提出非保守小收益定理,并利用其分析耦合系统的稳定性与估计耦合系统的吸引域。

研究成果

(1)该项目提出了时变差分系统稳定性的充分条件。

(2)提出了时不变微分系统稳定性的充要条件。

(3)提出了带脉冲的时变系统稳定性的充分条件并设计了脉冲稳定控制器。

(4)提出了带脉冲的时不变系统稳定性的充分条件并设计了脉冲稳定控制器。

(5)提出了估计耦合系统吸引域的方法。

(6)关于该课题的研究,在国际SCI期刊上,项目负责人已发表4篇论文。该课题的结论一方面将丰富Finite-time Lyapunov函数、非保守小收益定理、耦合系统稳定性分析的研究内容;另一方面将为实际现象的稳定性分析,比如生物系统的稳定性分析、优化控制领域的控制、Lyapunov函数的设计等提供一定的理论依据和分析方法。

相关研究论文如下:

[1] LI H J,2021. Estimate of the domain of attraction for interconnected systems[J]. Communications in Nonlinear Science and Numerical Simulation,99(2):105823.

[2] LI H J,WANG J X,2020. Input-to-state stability of continuous-time systems via finite-time Lyapunov functions[J]. Discrete & Continuous Dynamical Systems-B,25(3):841-857.

[3] LI H J,LIU A P,2020. Asymptotic stability analysis via indefinite Lyapunov functions and design of nonlinear impulsive control systems[J]. Nonlinear Analysis Hybrid Systems,38(5):100936.

[4] LI H J,LIU A P,ZHANG L L,2018. Input-to-state stability of time-varying nonlinear discrete-time systems via indefinite difference Lyapunov functions[J]. Isa Transactions(77):71-76.

[5] 李慧娟,2018. Lyapunov函数的计算和动力系统稳定性分析[M]. 武汉:中国地质大学出版社.

[6] LI H J,LIU A P,2017. Computation of non-monotonic Lyapunov func-

tions for continuous-time systems[J]. Communications in Nonlinear Science & Numerical Simulation(50):35-50.

[7] LI H J,GRÜNE L,2016. Computation of local ISS Lyapunov functions for discrete-time systems via linear programming[J]. Journal of Mathematical Analysis and Applications,438(2):701-719.

[8] LI H J,BAIER R,GRÜNE L,et al,2015. Computation of local ISS Lyapunov functions with low gains via linear programming[J]. Discrete & Continuous Dynamical Systems-B,20(8):2477-2495.

[9] LI H J,HAFSTEIN S,KELLETT C M,2015. Computation of continuous and piecewise affine Lyapunov functions for discrete-time systems[J]. Journal of Difference Equations & Applications,21(6):486-511.

创新点

(1)利用条件变弱的 Lyapunov 函数提出了时变差分系统稳定性的充分条件；
(2)研究了条件变弱的 Lyapunov 函数与时不变微分系统稳定性的关系；
(3)提出了条件减弱的局部小收益定理；
(4)利用条件减弱的 Lyapunov 函数设计了脉冲稳定控制器。

几类二维格微分方程动力学行为

项目完成人：张　玲
项目来源：国家自然科学基金青年科学基金项目
起止时间：2018 年 1 月 1 日至 2020 年 12 月 31 日

研究内容

本项目主要研究以下两方面内容：一方面研究了几类二维格微分系统的周期行波解的存在性和多重性。其中一类是具有周期外力和阻尼项的二维格系统，另一类是具有哈密顿结构的二维双原子格系统。另一方面对状态依赖时滞微分方程的动力学性质进行了研究，分析了具有状态依赖时滞 Nicholson 飞蝇模型解的相关性质以及慢震荡周期解的存在性；同时，利用 Browder 不动点定理探讨了一类具有状态依赖时滞的二阶非线性微分方程的慢震荡周期解的存在性。

研究成果

(1)利用不动点理论得到了一类具有周期外力和阻尼项的二维格系统的周期

行波解的存在唯一性,并运用 Lyapunov-Schmidt 约化方法讨论了简单共振情形下小振幅解的分支情形,分析了外力和阻尼项对该系统的动力学影响。

(2)对具有哈密顿结构的二维双原子的格微分方程的周期行波解进行了研究。运用 Lyapunov-Schmidt 简约方法将原无穷维系统转化为一个有限维的分岔方程,综合运用不变理论和奇异性理论分析了共振与非共振情形下周期行波解的分支模式,将二维的单原子格微分系统推广到双原子格微分系统,从而得到丰富的动力学行为。

(3)运用 Browder 不动点定理对具有状态依赖时滞的二阶非线性微分方程的慢振荡周期解的存在性进行了研究。

(4)对具有状态依赖时滞的 Nicholson 飞蝇模型的慢振荡周期解的存在性进行了研究。首先分析了解一些基本性质(包括解的存在唯一性,关于初值的连续依赖性、振荡性等);构造了一个适当的紧状态空间,使得系统的解构成一个连续半流。其次通过引进离散的 Lyapunov 泛函来分析慢振荡解,发现所有全局慢振荡解的集合构成半流的一个全局吸引子,并通过线性化过程和谱分析,得到了系统平衡态的局部动力学性质,给出了正平衡态附近的局部不稳定流形。再次在局部不稳定流形中,选取正平衡态的一个充分小的邻域,将它延拓为一个全局不稳定流形。最后通过分析该全局不稳定流形的零点集,证明慢振荡周期解的存在性,且它正好构成全局不稳定流形的边界。

相关研究论文如下:

[1] ZHANG L,GUO S J,2021. Periodic travelling waves on damped 2D lattices with oscillating external forces[J]. Nonlinearity(34):2919-2936.

[2] ZHANG L,GUO S J,2017. Slowly oscillating periodic solutions for a nonlinear second order differential equation with state-dependent delay[J]. Proceedings of the American Mathematical Society,145(11):4893-4903.

[3] ZHANG L,GUO S J,2017. Slowly oscillating periodic solutions for the Nicholson's blowflies equation with state-dependent delay[J]. Methematical Methods in the Applied Sciences,40(14):5307-5331.

创新点

目前高维格微分系统的理论体系和研究方法并不完善,远远不能满足实际问题的需要。本项目主要研究几类具代表性的二维格系统,一方面,通过发展混合型时滞微分方程的不变流形理论和分支理论,充分考虑系统自身的结构和性质,运用李群表示论和简约方法,将无穷维动力系统理论、泛函微分方程理论运用到格微分系统中,在理论上推广和改进了一维格系统的相关方法。另一方面,通过上述的一些方法探讨了二维格系统的各种类型行波解的存在性、唯一性、分支情况以及稳定性等相关性质,并分析系统结构和行波方向对行波解存在性和波解模式的影响,从而获得不同于一维格系统的复杂的动力学性质。

耦合网络上基于连边的谣言传播机理建模与分析

项目完成人：王　毅　张鑫喆　吴柳依
项目来源：国家自然科学基金委应急管理项目
起止时间：2018 年 01 月 01 日至 2018 年 12 月 31 日

研究内容

耦合网络是由不同结构和功能的单个网络耦合而成的复杂系统，它广泛存在于自然界和人类社会，而各种理论模型的构建及耦合网络上的动力学过程是当今网络科学研究热点之一，这方面的研究已有近 10 年的历史，但耦合网络理论仍存在很多不完善的地方，且耦合网络的拓扑结构对传播动力学行为的影响仍在探索中。该项目拟建立两类典型的谣言传播动力学模型，揭示个体状态相关性及传播参数对系统可靠性的影响，主要内容包括：①基于网络增长（节点或连边增加）导致的度相关性，研究静态网络上度相关性和聚类对传播行为的影响；②对于二分网络中的角色挖掘问题，提出了统一尺度下的度量指标来评估角色挖掘效率，并在不同真实数据集上测试；③结合现实寨卡病例数据，利用参数估计和敏感性分析方法，估计了哥伦比亚寨卡病毒传播的基本再生数，为控制寨卡病毒传播提供理论指导。研究成果不仅可以丰富复杂网络的理论成果，而且具有重要的现实意义。

研究成果

（1）度相关网络中基于连边的传播动力学。在现实世界中，人口流动会引起网络拓扑结构的变化。特别是，节点或连边的增加不仅会导致网络连接方式的改变，而且可能会导致网络出现度相关性。此时仅考虑网络的度分布信息并不足以准确刻画网络上的传播动力学行为。为此，考虑了网络增长引起的度相关性，并在某一时刻引入一种快速传播的疾病，如季节性流感，建立了度相关网络上基于连边的网络传播模型，推导了模型的传播阈值和最终影响规模。仿真结果表明：无论是在同配网络还是异配网络模型中，预测的结果与随机模拟的结果吻合得很好，包括指数增长期、暴发峰值和最终暴发规模，并且模型对小聚类系数的网络具有鲁棒性。此外，推导了增长网络中描述两点度相关性的率方程。

（2）二分网络中的角色挖掘及其在访问控制中的应用。作为一类重要的复杂网络模型，二分网络有许多广泛的应用，如访问控制。在二分网络中寻找一个社区结构集合的过程被称为角色挖掘；角色最小化的目的是寻找最少的角色来降低访问控制中的管理复杂性。为此，提出了一系列的度量指标。在同一尺度下评估角色挖掘的效率，这些指标是基于相对值大小而非绝对值大小。最后，在 6 个不同的真实数据集上测试了算法的有效性（图 1）。

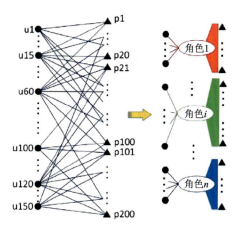

图 1　大型访问控制表二分网络的角色最小化示意图

（3）现实传染病传播机制及其控制。从哥伦比亚的寨卡病毒确诊病例出发，建立了既有性接触传播又有媒介传播的网络传播动力学模型。通过理论分析推导了模型的基本再生数，证明了当再生数小于1时，系统的无病平衡点是全局渐近稳定的，并利用确诊病例数估计了哥伦比亚寨卡病毒传播的基本再生数。此外，研究了性接触和媒介传播对传播动力学过程的影响，这些理论结果可能为寨卡病毒传播控制提供新的视角。

相关研究论文如下：

[1] WANG Y, MA J L, CAO J D, et al, 2018. Edge-based epidemic spreading in degree-correlated complex networks[J]. Journal of Theoretical Biology(454)：164-181.

[2] WU L Y, DONG L J, WANG Y, et al, 2018. Uniform-scale assessment of role minimization in bipartite networks and its application to access control[J]. Physica A：Statistical Mechanics and its Applications(507)：381-397.

[3] LI L, ZHANG J, LIU C, et al, 2019. Analysis of transmission dynamics for Zika virus on networks[J]. Applied Mathematics and Computation(347)：566-577.

创新点

当一个个体进入新的环境时，他/她与其他个体之间的接触联系并不是完全随机的，他/她会有选择的接触部分个体，即偏好接触。这种偏好接触会如何影响传染性疾病或信息在人群中的传播？为此建立了低维的常微分方程模型，一旦传播过程没有随机消失，该模型能够很好地预测确定性传播动力学过程。这种为人们利用确定性模型估计传播阈值、传染高峰及最终影响规模提供了理论依据。

媒体信息影响下的网络传染病动力学研究

项目完成人：王　毅　张腾飞　汤　庆　张鑫喆　潘孟琦
项目来源：国家自然科学基金委青年科学基金项目
起止时间：2019 年 01 月 01 日至 2021 年 12 月 31 日

研究内容

媒体报道疾病信息可能会改变和影响人类的行为和社会态度，进而对传染病的传播和防控产生重要影响。目前，媒体信息影响的传染病动力学模型大多假设人群是均匀混合的，忽略了人群的接触结构和疾病传播过程中出现的状态相关性，而少有的媒体信息影响的网络传染病模型，仅给出了基本再生数且主要依赖计算机仿真，不能完全揭示模型参数的鲁棒性，缺乏有效的系统动力学理论分析和证明。该项目拟基于复杂网络理论对媒体信息影响下的传染病传播进行建模、分析和综合，进而揭示网络拓扑结构与媒体信息耦合对网络传染病系统基本再生数、稳定性、分支、染病者稳态密度或疾病最终暴发规模的影响，并给出疾病暴发后不同时间段的有效控制措施。已取得的成果主要包括：研究了异质度分布对两阶段接触过程动力学的影响，严格证明了系统的全局动力学行为是由一个阈值参数控制的；研究了同时具有高风险和低风险染病者网络性传播疾病模型地方病平衡点的全局渐近稳定性，给出了一些充分条件；建立了两类典型网络上流感类传染病传播动力学模型，定量刻画了模型的基本再生数和最终暴发规模；研究了复杂网络传染病动力学模型的基本再生数与最终暴发规模之间的关系，给出了不同度分布下它们之间的联系；建立了复杂网络上具有一般感染力和竞争机制的两菌株 SIS 传染病动力学模型，分析了系统动力学行为与基本再生数和入侵再生数之间的关系；基于数学建模与分析，总结了不同斑图的产生机制。研究成果不仅可以丰富网络传染病动力学建模方法，而且可以为网络传染病模型的研究提供新的理论和方法。

研究成果

（1）复杂网络上两阶段接触过程的全局行为。考虑了具有异质度分布网络中两阶段接触过程的全局动力学行为，给出了严格的数学分析。通过分析类似传染病模型无病平衡点的局部稳定性，推导了区分模型零平衡点和非零平衡点的关键阈值，并仔细研究了模型的全局行为，证明了模型的全局行为完全由一个阈值参数决定。当阈值参数小于 1 时，利用比较原理，证明了零（平凡）平衡点的全局渐近稳定性；当阈值参数大于 1 时，利用一个有界函数，证明了系统是一致持续的。进一步利用单调迭代技巧，得到了正平衡点全局渐近稳定的一个充分条件。

（2）具有出生与死亡网络性传播疾病模型的动力学分析。对于个体出生与死亡的网络性传播疾病模型,已有文献仅对有高风险或低风险染病者的情形讨论了地方病平衡点的全局稳定性,而对同时有高风险和低风险染病者的情形并没有讨论。为此,通过构造合适的Lyapunov函数证明了模型地方病平衡点的全局渐近稳定性。对于永久免疫情形,利用图论相关结果证明了结论;对于衰退免疫情形,若高风险和低风险染病者的恢复率相同,利用一些数学变换技巧证明了结论。此外,若不考虑个体的出生与死亡,利用模型方程确定了疾病的最终暴发规模关系式,进一步分析了最终规模表达式解的存在唯一性。

(3)复杂网络中流感类疾病的传播动力学。群体的接触模式在传染病传播中起着关键的作用。这种异质的接触模式可以通过复杂网络框架来描述。与此同时,流感类传染病在潜伏期或无症状期可能具有感染性,为此建立了复杂网络上的流感类传染病模型,主要考虑了两类典型的网络模型:退火网络和淬火网络。利用下一代生成矩阵法计算了模型的基本再生数,推导了最终规模的隐式表达式,并将其转化为稳定的不动点问题来研究隐式方程解的存在性和唯一性。对于度不相关网络,利用基于边仓室建模的方法,得到了低维的非线性常微分方程。由于模型的低维数,所得模型可能填补了流感类传染病或网络推断与网络疾病模型之间参数识别的空白。最后,将模型的分析应用于一个流感案例,基于最终暴发规模估计了不同网络结构下的传染率和基本再生数。

(4)网络传染病模型的最终规模——性质与联系。对于均匀混合的人群,标量SIR传染病模型的基本再生数与最终暴发规模满足一个经典的超越方程。近期,也有一些结果表明,这个经典的关系式具有一定的一般性。然而,即便是对于静态配置网络上的SIR模型,经典的最终规模表达式可能不成立。因此,研究了不同网络结构下基本再生数与最终规模之间的关系。对于退火网络上的SIR模型,当网络的度分布是Delta分布时,得到了经典的最终规模表达式;当传染率较小或恢复率较大时,解析得到了最终规模与基本再生数及度分布高阶矩之间的关系。对于淬火网络上的SIR模型,当网络的度分布是Poisson分布时,得到了经典的最终规模表达式;对于一般的度分布,可以通过数值计算估计疾病的最终暴发规模。

(5)复杂网络上具有一般感染性的两菌株竞争SIS传染病模型动力学。由于大多数疾病都有多个致病菌株,这可能会给疾病的防治带来困难,且竞争性是多菌株的重要特性,即两个或两个以上的菌株不能在同一个个体中共存,竞争机制的存在可能会导致模型出现丰富的动力学行为。为此,建立了复杂网络上具有竞争机制和一般感染性的两菌株SIS传染病模型,推导了模型的基本再生数,并引入了各菌株的入侵再生数。根据Lyapunov函数和Lasalle不变性原理,证明了无病平衡点的全局渐近稳定性。进一步研究了边界平衡点的存在条件和全局渐近稳定性,并利用持久性理论研究了疾病的持久性。最后利用数值模拟验证了得到的理论结果。

(6)生态系统中斑图的数学建模与机制。生态系统中,种群在空间和时间上如何分布是一个关键问题,这可以用来表征种群、时空结构与演化规律之间的关系。

为了系统地认识生态系统内的相互作用,综述了生态系统斑图形成的相关研究成果。基于数学建模与分析,阐释了不同斑图的产生机制,包括反馈、尺度依赖、相分离、非局部效应、时滞和空间异质性(图1、图2)。

图1 荷兰瓦登河上带图案的贻贝群的航拍照片和尼日尔茂密植被的迷宫斑图

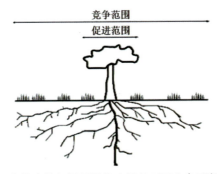

图2 植物个体与周围植物生长的正面和负面相互作用

相关研究论文如下:

[1] WANG Y, CAO J D, 2020. Final size of network epidemic models: properties and connections[J]. Science China: Information Sciences(English)(64): 1-3.

[2] CHENG X X, WANG Y, HUANG G, 2021. Dynamics of a competing two-strain SIS epidemic model with general infection force on complex networks[J]. Nonlinear Analysis: Real World Applications(59): 103247.

[3] SUN G Q, ZHANG H T, WANG J S, et al, 2021. Mathematical modeling and mechanisms of pattern formation in ecological systems: a review[J]. Nonlinear Dynamics, 104(2): 1677-1696.

[4] WANG Y, WEI Z C, CAO J D, 2020. Epidemic dynamics of influenza-like diseases spreading in complex networks[J]. Nonlinear Dynamics, 101(3): 1801-1820.

[5] WANG Y, CAO J D, HUANG G, 2019. Further dynamic analysis for a

network sexually transmitted disease model with birth and death[J]. Applied Mathematics and Computation(363):124635.

[6] WANG Y,CAO J D,LI M Q,et al,2019. Global behavior of a two-stage contact process on complex networks[J]. Journal of the Franklin Institute,356(6):3571-3589.

创新点

(1)给出了在没有干预的措施下,两阶段人口增长(幼年—成年)模型或SEIS传染病(具有染病潜伏期)模型的长期动力学性态分析。结果表明,系统的长期变化行为完全由一个阈值参数确定,通过模型参数的调节可以实现系统平衡状态的转换。

(2)给出了异质网络中性传播疾病最终暴发规模估计的数值算法。

(3)为了利用网络流感类疾病模型进行统计推断和参数估计提供了一定的理论依据。

(4)阐明了网络上SIR传播模型基本再生数与最终暴发规模之间的关系,分析了度分布对最终暴发规模的影响,这为进一步利用网络传染病模型进行参数识别提供了坚实的理论基础。

(5)为更好地理解生态系统的复杂性,并为自组织演化和生态系统保护提供了新的见解,研究成果可以应用于其他相关领域,如流行病学、医学、大气科学等。

移动环境下非局部扩散模型的时空传播

项目完成人:王佳兵
项目来源:国家自然科学基金青年科学基金项目
起止时间:2020年1月1日至2022年12月31日

研究内容

反应扩散方程因其强烈的实际背景、巨大的应用前景以及对数学领域提出的挑战性问题日益受到重视和关注,越来越多的数学家、物理学家、化学家、生物学家和工程师已经投入到反应扩散方程各种问题的研究中来。随着人们对自然界中普遍存在的空间非局部作用认识的提高,经典随机扩散的不足和缺陷逐渐凸显出来。著名数学家Murray在其专著 *Mathematical Biology* Ⅰ and Ⅱ 中指出拉普拉斯算子仅仅适用于物质密度相对较稀疏的动力学模型或者小范围扩散模型,对于像胚胎发育这种密度极大或者不局限于相邻位置扩散的模型并不适用;生物学家Lee等(2001)在考虑生物现象中的局部与非局部空间数学模型时明确指出,生物个体会在大范围空间上自由移动,甚至可发生跳跃扩散,积分扩散模型可以有效地表达这种大范围自由运动过程;Levin 等(1985)在研究空间斑图生成时,以生物科学和物理化学中的问题为例,特别强调了包含更高阶导数和积分项的非局部作用的影响;Kot 等(1996)在研究入侵个体的传播扩张速度时,直接引入由不同的积分核体现的扩散数据,通过一系列非常有意义且更切合实际的观察,进一步说明卷积算子更适合描述类似于植物种子入侵过程的远距离扩散。

近年来,在种群生态学、流行病学、材料科学及神经网络等诸多领域的研究中导出了大量的非局部扩散模型。由卷积算子描述的非局部扩散模式在刻画物质扩张空间分布机制方面较由拉普拉斯算子描述的经典随机(局部)扩散方式具有突出的优势,能有效地表达生物个体或有机体在非相邻空间位置的自由运动和相互作用。非局部与斑图模式、自由边界被著名数学家 Paul Fife 称为抛物型发展方程未来的三大非经典研究方向,足见非局部相关问题研究的重要性。

异质媒介普遍存在于自然界中,例如季节变化、空间资源异性分布等。各种环境条件的非均匀分布会对种群动力学、物种进化和流行病传播等造成影响,这使得对时空非齐次媒介中非线性发展方程的研究具有重要的理论价值和现实意义。近 20 多年来,学者们在研究全球气候变化、基因型选择、多阶段入侵以及病原体在寄主体内的传播等问题时抽象总结出一类以运动坐标的形式依赖于时空变量的特殊非齐次反应项,现被普遍地称为"移动环境"(shifting environments)。截至目前,这一研究课题引起了许多著名的海外学者如美国艺术与科学学院外籍院士、法国社会科学高等研究院教授 Henri Berestycki,加拿大应用数学首席教授 Jianhong Wu,澳大利亚科学院院士 Yihong Du、Mark Lewis、François Hamel、Jérôme Coville、Xinfu Chen、Jong-Shenq Guo、Xiao-Qiang Zhao、Wenxian Shen、Bingtuan Li、Yuming Chen、Xingfu Zou,以及国内专家李万同、尹景学、王稳地、易泰山、方健等的广泛关注,尤其在经典反应扩散方程、格微分方程、积分差分方程等模型框架下取得了一系列重要成果。

本研究项目以移动环境为背景,拓展一般性异质媒介中非局部扩散方程的时空传播理论。必须指出的是,非局部扩散算子引起的紧性缺失、空间正则性低、非线性项的特殊时空依赖性以及时滞的影响,致使此问题的理论研究具有很大的困难和挑战。项目组旨在基于非局部方程解半群性质、特征值理论、上下解技术、比较方法和非线性分析、单调半流途径来探讨多类型移动环境下时滞非局部发展方程(系统)的时空传播理论及其应用。该项目组主要研究两个方面的内容:首先考虑纯移动情形、周期/移动混合情形以及在不同时间尺度下具有两个移动速度的(时滞)非局部扩散方程,建立强迫行波解/脉冲波的存在性、唯一性和吸引性以及方程解的长时间行为等结果;其次考虑移动环境下具有非局部扩散方式的两种群竞争/合作系统,研究两种群的入侵速度以及入侵过程中产生的强迫波现象,重点探讨种间关系以及非局部扩散能力对两物种在面临移动环境时的时空斑图的影响。项目负责人在研期间已(接收)发表有关学术研究论文 10 篇,含 1 篇本研究课题的综述性论文。

研究成果

本项目的主要研究成果涉及3个方面：一是发展完善非局部扩散方程在非均匀媒介中的时空传播理论，研究方程强迫波（波速与异质环境移动速度保持一致的行波解）的存在性、不存在性、多值性、吸引性以及柯西问题解的渐近传播速度等；二是根据理论结果开展气候变化背景下生物入侵以及病原体传播动力学等方面的应用研究，给当下空间生态学、流行病学等领域一些有趣现象以数学解释，为保持物种持续性生存、控制疾病传播提供有力的理论指导；三是完成了"移动环境"这一研究课题的综述性工作，系统介绍了最新研究进展，并指出了未来一些可行的研究方向，为相关领域的研究者提供便利。下面对研究成果作具体介绍。

(1) 非局部扩散标量方程在移动环境下的传播动力学研究。项目负责人与合作者在前期工作(J. Nonlinear Sci. 28(2018), No. 4, 1189-1219; Proc. Amer. Math. Soc. 147(2019), No. 4, 1467-1481.)中考虑了描述单种群 Logistic 增长模型的非齐次非局部扩散 KPP 方程，在整个栖息地分为不利区域与有利区域且有利区域随时间发展向一端收缩的情形下，建立解的存在唯一性与比较原理、运动持久性准则、渐近传播速度以及强迫波等传播动力学理论。受本项目资助，项目组继续研究整个栖息地均为种群的可增长区域（仅存在环境有利程度上的区别）情形，我们就不同的环境移动方向和速度大小详细给出了初值问题的解向左、右两端扩张的渐近速度以及最终解的分布情况（反映种群入侵栖息地的速度以及最终密度分布），同时建立了连接零点与零点、连接零点与极限方程正平衡点、连接两个极限方程正平衡点的不同类型强迫波的存在性结果。

相关研究论文如下：

[1] QIAO S X, LI W T, WANG J B, 2022. Multi-type forced waves in nonlocal dispersal KPP equations with shifting habitats[J]. Journal of Mathematical Analysis and Applications, 505(2): 125504.

[2] QIAO S X, LI W T, WANG J B, 2021. Asymptotic propagations of a nonlocal dispersal population model with shifting habitats[J]. European Journal of Applied Mathematics, 33(4): 701-728.

(2) 非局部扩散竞争、合作系统在移动、周期环境下的传播动力学研究。当考虑气候变化与种间关系的相互作用时，我们在经典的非局部扩散 Lotka-Volterra 竞争或合作系统中引入移动非齐次项并展开研究。针对两种群竞争系统，若适宜两个种群增长的栖息地朝着不同的方向移动，利用单个方程的结果，通过构造迭代序列可以证明当移动速度介于一个包含零点的开区间内时，系统存在连接极限问题两个半平凡平衡点的强迫波，通过细致分析在一定条件下给出了强迫波精确的尾端指数收敛行为；当优劣栖息地的边界向实轴左、右两端移动的速度较大时，通过比较讨论发现此模型会产生间隙现象（gap formations），即存在一个长度逐渐变大的区间,使得两种群在此区间上密度均趋于零。若适宜两个种群增长的栖息地朝着相同的方向同步移动,在最佳资源端竞争共存、强弱竞争两种情形下,建立了多类型强迫波的存在性。具体而言,针对竞争共存情形,我们得到了连接零点分别到零点、共存态、半平凡态的强迫波;针对强弱竞争情形,我们得到了连接零点到半平凡态的强迫波。不同类型的强迫波反映了竞争系统中丰富的动力学行为,同时刻画了两种群竞争背景下对栖息地可能的入侵方式。针对两种群合作系统,在恶化环境下证明了强迫灭绝波的存在性,并得到系统解的一些长时间行为,结果表明,当环境一端恶化程度较高时,弱合作与非局部扩散模式仍无法阻止两种群的最终消亡。此外,将上述连续空间竞争系统的结果拓展到空间离散情形,即考虑了具有移动非齐次项的格竞争系统。

在空间周期媒介中,研究了非对称非局部扩散竞争系统与退化非局部扩散合作系统的几类新型整体解。对于非对称非局部扩散竞争系统,首先分析了两个沿相反方向传播的脉冲行波最小波速的关系,即这两个最小波速之和一定大于零,然后详细给出了脉冲行波尾端的精确指数渐近行为,通过考虑两个来自相反方向或者相同方向的脉冲波的相互作用,运用上下解方法与比较原理构造了一些不同于脉冲行波的新型整体解,并结合分析与数值的办法具体描述了定性性质。对于退化非局部扩散系统,首先分析退化非局部扩散系统周期特征值问题,据此构造的上下解证明了超临界脉冲行波解的存在性,同时得到最小波速与渐近传播速度的一致性。项目组进一步研究了沿不同方向传播的超临界行波与原系统空间周期解的相互作用,构造了一些反映异质环境中不同入侵方式的整体解。这些结果成功运用于分析水层-底栖种群模型等具有静态阶段的生物模型的空间动力学。

相关研究论文如下:

[1] WANG J B,WU C F,2021. Forced waves and gap formations for a Lotka-Volterra competition model with nonlocal dispersal and shifting habitats[J]. Nonlinear Analysis:Real World Applications,58:103208.

[2] HAO Y X,LI W T,WANG J B,2021. Propagation dynamics of Lotka-Volterra competition systems with asymmetric dispersal in periodic habitats[J]. Journal of Differential Equations,300:185-225.

[3] WANG J B,QIAO S X,WU C F,2022. Wave phenomena in a compartmental epidemic model with nonlocal dispersal and relapse[J]. Discrete and Continuous Dynamical Systems-B,27(5):2635.

[4] QIAO S X,ZHU J L,WANG J B,2021. Asymptotic behaviors of forced waves for the lattice Lotka-Volterra competition system with shifting habitats[J]. Applied Mathematics Letters,118:107168.

[5] WANG J B,LI W T,2020. Wave propagation for a cooperative model with nonlocal dispersal under worsening habitats[J]. Zeitschrift für angewandte Mathematik und Physik,71(5):1-19.

[6] WANG J B,LI W T,2019. Pulsating waves and entire solutions for a spatially periodic nonlocal dispersal system with a quiescent stage[J]. Science China Mathematics,62(12):2505-2526.

[7] WANG J B,LI W T,DONG F D,et al,2022. Recent developments on spatial propagation for diffusion equations environments[J]. Discrete and Continuous Dynamical Systems-Series B,27(9):5101-5127.

(3)"移动环境"研究课题的综述性工作。受本项目资助,项目组查阅了近20年来"移动环境"这一研究领域的重要文献,系统整理了在经典反应扩散方程、积分差分方程、非局部扩散方程、格微分方程、自由边界框架下的重要结果,详细介绍了最新研究进展,并指出了未来一些可行的研究方向,撰写综述报告,为相关领域的研究者提供了便利。综述文章如下:

Wang J B,Li W T,Dong F D,et al,2021. Recent developments on spatial propagation for diffusion equations in shifting environments[J]. Discrete & Continuous Dynamical Systems-B,27(9):5101-5127.

创新点

突破了非局部发展方程紧性缺失、正则性理论不完备的局限,发展了系列处理移动非齐次项(方程缺乏空间平移不变性)的上下解技术与比较方法,拓展了非均匀媒介中非局部扩散系统的时空传播理论,详细给出了气候变化背景下单种群及多种群生态模型的传播控制机理。具体表现为如下3个方面。

(1)建模方面。采用卷积算子描述的非局部扩散斑图建模,分析气候变化背景下的生物入侵现象以及宿主中病原体的传播现象,综合考虑个体的长距离运动、气候变化引起的环境移动、种间关系等因素对种群增长、疾病流行情况的影响。

(2)技术方面。为克服非局部扩散算子与时空非齐次项对问题研究所产生的困难,充分利用线性非局部发展方程级数形式的解半群表达式,细致分析非线性方程解的性态,建立非局部发展方程解的持久性准则,并对入侵速度作出精确刻画;引入点火型或双稳型辅助方程,使用点火(双稳)型行波解构造单稳方程的下解;利用积分方程、不动点定理、线性决定准则,通过构造各种精细的上下解建立竞争系统多类型强迫波的存在性结果;结合滑动方法与分析技术建立KPP型强迫波的唯一性;引入自治单调半流,借助动力系统途径与上下解方法讨论行波解对柯西问题解的全局吸引性。

(3)文献综述方面。通过对比移动环境在微分方程、积分方程、差分方程、格方程等不同框架下的研究进展、研究方法,撰写综述报告,为更多相关领域的科学工作者从事本课题研究提供便利。

随机时滞微分方程定性理论研究-2021

项目完成人：李尚芝
项目来源：第六十八批中国博士后科学基金面上二等资助
起止时间：2021年1月1日至2022年12月31日

研究内容

本项目研究内容是综合运用现代数学知识，研究时滞对解的长时间性态的影响，以及系统参数和结构变化所引起的分岔和混沌等现象，在此基础上，建立随机分岔的系统理论和研究方法。在现有研究的基础上获得一批具有较高水平的学术成果，既为学科发展做出贡献，又为工程应用提供可靠的理论依据和行之有效的关键技术与方法。

研究成果

探讨了随机动力系统分岔理论研究的新思想和新方法，分析了随机吸引子的几何性质、随机轨道结构、随机状态过程的数字特征等问题；通过研究随机系统相空间的吸引子和吸引域的分布与变化情况，了解动力学噪声的作用机制，并对随机非线性振动系统的样本响应进行有效识别与分类。

相关研究论文如下：

[1] LI S Z,GUO S J,2021. Permanence and extinction of a stochastic SIS epidemic model with three independent Brownian motions[J]. Discrete & Continuous Dynamical Systems-Series B,26(5):2693-2719.

[2] GUO S J,LI S Z,SOUNVORAVONG B,2021. Oscillatory and stationary patterns in a diffusive model with delay effect[J]. International Journal of Bifurcation and Chaos,31(3):2150035.

创新点

目前随机分岔理论尚处于发展初期，只有少量的一般性定理与准则，其研究工作存在较大困难。主要原因是随机分岔既要表征系统轨线的拓扑性质，又要体现系统的随机特性，存在较大的研究困难。当扩散系数是非线性的甚至包含状态依赖时滞时，目前没有直接方法将随机时滞微分方程转化为随机动力系统。本项目将运用新的方法克服这些困难并为随机时滞微分方程的分岔理论研究形成一套系统的理论和研究方法。

随机时滞微分方程定性理论研究

项目完成人：李尚芝
项目来源：湖北省人力资源和社会保障厅博士后创新研究岗位
起止时间：2020年9月14日至2022年9月14日

研究内容

本项目研究内容包括综合运用现代数学知识，对部分具有代表性的随机时滞微分方程进行系统深入的定性研究，包括解的存在唯一性，解对参数（包括初值）的光滑依赖性，解的有界性与渐近性，随机吸引子的存在性与结构、稳态分布的存在性与稳定性，在此基础上，建立随机时滞微分方程的系统理论和研究方法。此外，新建立的理论和研究方法可以应用于现代科学、工程技术中，建立随机时滞微分方程描述的数学模型，揭示这些模型丰富、复杂的动力学性质，为应用领域的工作者提供可靠的理论依据和问题解决方法。

研究成果

发展新的方法将带非线性且含有状态依赖时滞扩散系数的随机微分方程转化为随机动力系统，探讨适用的随机动力系统理论，建立解的定性理论研究体系。重点研究一些在实际问题的数学模型中出现较多的状态依赖时滞微分方程和随机时滞微分方程，既推广和改进一些现有的结果和方法，又建立新的理论与方法；将现有的关于随机微分方程的理论与方法进行推广，发展新的分析方法，使之适用于随机时滞微分方程相应问题的研究，特别是利用随机分析方法，借助数值模拟实验，来研究网络模型、控制模型、规划模型等的动力学行为。

项目组分别讨论了一类带年龄结构和状态依赖时滞的捕食-食饵模型的动力学行为。借助于度理论和Lyapunov-Schmidt约化得到了不动点的存在性及斑图，特别是克服了不能直接运用比较原理的困难，通过引进辅助系统来研究了正平衡点的局部和全局稳定性，同时分析了分岔现象，并得到了解的单调性和吸引性。

项目组首先考虑了一系列传染病模型和生物种群模型的动力学行为。区别于传统的基本再生数方法，项目组结合Lyapunov指数和不变测度引入了一个新的更准确的阈值，来确定传染病的治疗策略和预测传染病动力学，刻画了环境随机因素对系统渐近行为的影响。相比较而言，项目组的方法更具有普适性，且对现有相关结论进行了改进。

相关研究论文如下：

[1] Li S Z, Guo S J, 2021. Permanence of a stochastic prey-predator model with a general functional response[J]. Mathematics and Computers in Simulation,

187:308-336.

[2] Li S Z, Guo S J, 2021. Persistence and extinction of a stochastic SIS epidemic model with regime switching and lévy jumps[J]. Discrete & Continuous Dynamical Systems-Series B, 26(9):5101-5134.

 ## 创新点

随机系统的状态沿样本轨道关于时间的演化往往并不一致有界,而且不能运用确定性系统的研究方法来研究随机吸引子的数字特征等问题。本项目将运用新的方法,拟运用随机分析和随机动力系统理论工具研究具有时滞的随机系统的动力学结构的变化规律,以及随机吸引子的几何性质、随机轨道结构、随机状态过程的数字特征等问题;通过分析随机系统相空间的吸引子与吸引域的分布与变化情况,研究动力学噪声的作用机制,并对随机非线性振动系统的样本响应进行有效识别与分类。基于以上理论及研究方法,针对当前一些含有随机干扰或时滞效应且不能很好地反映客观实际的数学模型,本项目将进行改进或重新构建,使之更符合客观实际,然后对其进行深入系统的研究,改变方法单一的现状。

具自由边界趋化反应扩散方程模型定性理论研究

项目完成人: 王一拙

项目来源: 第六十八批中国博士后科学基金面上二等资助

起止时间: 2021 年 1 月 1 日至 2022 年 12 月 31 日

 ## 研究内容

本项目的研究内容主要包括两个方面:一是运用多种方法分析出具自由边界趋化反应扩散方程模型的运行机制,包括解的存在唯一性、正则性、时间全局性,解与自由边界的对应关系,扩散和灭绝的二则一机制,扩散发生的条件和传播的渐近速度等,此外还研究趋化项对扩散机制的影响、对传播速度的影响以及对解的渐近性行为的影响。建立具有趋化鲜明特色的反应扩散方程自由边界问题理论体系和研究方法。二是将新建立的理论和研究方法应用于现代科学、工程技术中,对具体的实际应用模型进行定性和定量研究,揭示这些模型丰富、复杂的动力学性质,为与传播现象有关的措施制定提供有力的理论依据和方法。具体的研究从以下几个方面展开:

(1)发展趋化反应扩散方程理论体系。从平衡解的稳定性、柯西初值解的传播方式以及行波解的存在性等几个方面进行研究,初步揭示全空间趋化反应扩散方程的动力学性质。重点找出大空间上的趋化反应扩散方程是否存在全时间的经典解,解最终的行为将会是怎么样,另外探究各种特定类型解的运动规律,最终彻底弄清全空间趋化反应扩散方程的动力学行为。

(2)研究反应扩散方程自由边界问题中种群的扩散机制与扩散方式,以及趋化项所带来的影响。对趋化方程自由边界问题展开讨论,探究方程灭绝扩散的二择一机制,建立扩散发生条件,试探性地找到扩散发生时的扩散渐近速度,解释由趋化吸引子所产生的新的传播现象。

(3)将研究成果应用到具体的实际模型中。具体研究几类如传染病 SI 或 SIS 模型、双种群 Lotka-Volterra 竞争模型、双种群捕食-食饵模型自由边界问题。给出控制传播产生及传播速度的具体数据估计,预测种群数量发展,为应用领域的工作者提供可靠的理论依据和问题解决方法。

研究成果

(1)对定义在全空间上双种群竞争趋化扩散模型经典解的存在性问题以及常值稳态解的稳定性分析进行了研究,给出了全局解的存在唯一性、正则性,利用构造上下解的方法给出常值稳态解的全局收敛条件以及收敛速度。

(2)对具有自由边界条件的双种群竞争趋化扩散方程,给出了解的存在唯一性、正则性、扩散-灭绝的二择一性质,扩散准则和解的部分渐近性质。利用主特征值分析的方法,确立了双种群共存的最小存在区间。利用不动点定理,研究了此类模型行波解的存在性问题,以及行波解的空间渐进传播速度问题。

相关研究论文如下:

[1] WANG Y Z, GUO S J, 2021. Global existence and asymptotic behavior of a two-species competitive Keller-Segel system on RN[J]. Nonlinear Analysis-real World Applications, 61:103342.

[2] WANG Y Z, GUO S J, 2021. Dynamics for a two-species competitive Keller-Segel chemotaxis system with a free boundary[J]. Journal of Mathematical Analysis and Applications, 502(2):125259.

[3] WANG Y Z, GUO S J, 2019. A SIS reaction-diffusion model with a free boundary condition and nonhomogeneous coefficients[J]. Discrete & Continuous Dynamical Systems-B, 24(4):1627-1652.

创新点

具自由边界的反应扩散方程模型可以很好地描述外来种群入侵并在新环境中扩张的运动过程。然而在自由边界模型中,边界会随时间不断变化,给研究工作带来了极大的挑战,使得我们不得不对传统研究方法和技术手段加以改进;同时,自由边界模型会产生很多完全不同于固定边界的传播现象,需要我们发展新的理论方法来刻画。趋化方程可以有效地描述物体受某种外界因素的影响而产生相应定向运动的运动现象,在随机运动中额外加入这种定向运动,会使整个系统的动力学行为变得更加复杂和难以预测。本项目将趋化方程模型和自由边界问题合理地结合起来,一方面建立能更好符合客观事物发展规律的数学模型,另一方面解决自由边界模型的各种动力学问题。通过采用多种新的理论技术,研究趋化反应扩散方程组自由边界问题解的存在唯一性、渐近性行为,建立新的扩散-灭绝的二择一性质、新的扩散准则和渐近扩散速度估计,进而弄清趋化反应扩散方程自由边界模型中解的扩散现象的发生机制与传播方式,并将所得结果应用到具体生物、医学模型中,得到具体的研究数据成果,最终为与传播现象有关措施的制订(如传染性疾病的防治、灾害种群的管控等)提供可靠的理论依据和数据帮助。

二、智能计算与数据科学研究方向

复杂噪声中二维谐波信号参数估计方法及其统计性能分析研究

项目完成人：李宏伟　奚　先　付丽华　边家文　刘剑锋　彭惠明
　　　　　　　余绍权　李志明　张玉洁
项目来源：国家自然科学基金面上项目
起止时间：2011 年 1 月 1 日至 2013 年 12 月 31 日

研究内容

噪声中二维谐波信号的参数估计是多维信号处理中的一个典型问题，也是统计信号处理领域中的一个基本问题，它在信号处理的许多领域有广泛的应用。本项目研究复杂噪声中二维谐波信号的参数估计方法及其统计性能。本项目的研究内容有以下几个方面：

①对于加性噪声中的二维谐波信号，提出了分量数估计的一种增强矩阵方法，该方法适应于任何分布的平稳有色噪声；提出了频率对估计的一种迭代算法和基于矩阵旋转不变性的一种免配对算法；同时，在不同的噪声条件下，分析了所提估计的统计性能。②对于乘性和加性噪声中的谐波信号，提出了分量数估计的一种增强矩阵方法，该方法仅要求乘性噪声和加性噪声是平稳的；提出了不同噪声条件下的 3 种迭代方法，并建立了所提估计的收敛性质，推导出估计的收敛速度；提出了不同噪声条件下的 4 种子空间方法。同时，将迭代方法的思路应用于一维谐波情形，提出了频率估计的一种修正的 Newton-Raphson 算法。③对于零均值/非零均值乘性噪声和零均值加性复噪声中的二维谐波，在一定的噪声条件下，研究了频率对、相位和乘性噪声均值的最小二乘估计的统计性质，证明了估计的强相容性、强收敛速度和渐近正态性。同时，提出了基于最小二乘的乘性噪声方差、加性噪声方差和噪声总方差的估计，并建立了估计的强相容性和渐近正态性。

研究成果

本项目研究已发表论文 47 篇，其中 SCI 论文 10 篇、EI 论文 22 篇、ISTP 论文

1篇,出版专著1部。

相关研究论文如下:

[1] BIAN J W, LI H W, PENG H M, 2011. An efficient and fast algorithm for estimating the frequencies of 2-D superimposed exponential signals in presence of zero-mean multiplicative and additive noise[J]. Journal of Statistical Planning and Inference,141(3):1277-1289.

[2] BIAN J W, PENG H M, XING J, et al, 2013. An efficient algorithm for estimating the parameters of superimposed exponential signals in multiplicative and additive noise[J]. International Journal of Applied Mathematics and Computer Sciences,23(1):117-129.

[3] BIAN J W, XING J, PENG H M, et al, 2014. MTSI algorithm for frequencies estimation of 2-D superimposed exponential model in multiplicative and additive noise which is stationary[J]. Applied Mathematics & Information Sciences,8(4):1767-1780.

[4] BIAN J W, XING J, LIU Z H, et al, 2014. A computationally efficient iterative algorithm for estimating the parameter of Chirp signal model[J]. Journal of Applied Mathematics,903426.

[5] LIU Z H, LI Y Y, BIAN J W, et al, 2014. Noise subspace approach for frequency estimation of two-dimensional harmonics in zero-mean multiplicative and additive noise[J]. Journal of Statistical Computation and Simulation,84(11):2378-2390.

[6] PENG H M, BIAN J W, YANG D W, et al, 2014. Statistical analysis of parameter estimation for 2-D harmonics in multiplicative and additive noise[J]. Communications in Statistics-Theory and Methods,43(22):4829-4844.

[7] 付丽华,边家文,李志明,等,2013. 谐波信号分析与处理[M]. 武汉:中国地质大学出版社.

 创新点

本项目研究的成果不仅对二维谐波信号模型的应用领域扩展具有实际意义,而且对多维信号分析与处理具有重要的理论意义和应用价值。

胚胎干细胞中基因表达噪声的表观遗传调控及其细胞命运抉择动力学

项目完成人：易 鸣

项目来源：国家自然科学基金面上项目

起止时间：2017 年 1 月 1 日至 2020 年 12 月 31 日

  研究内容

本项目拟结合胚胎干细胞在多潜能的维持以及定向分化过程中的实验观察数据，集中研究组蛋白甲基化修饰对于基因表达随机动力学和细胞命运抉择机制的影响。通过建立组蛋白甲基化修饰与基因转录表达的耦合模型，阐述甲基化修饰的热力学和动力学性质，揭示基因表达转录爆发行为的表观遗传调控机制。一方面针对水稻根系发育过程中组蛋白甲基化表观修饰影响基因表达问题开展数据统计分析，另一方面针对斑马鱼胚胎卵的孵化问题开展建模工作，进一步研究细胞表型转化过程中多能干细胞网络的动力学和鲁棒性以及猪骨骼肌基因随机表达过程相关的能量耗散问题。

  研究成果

干细胞分化相关的建模和动力学分析：与水稻表观组研究人员开展交叉合作，探讨水稻根系发育过程中组蛋白甲基化表观修饰影响基因表达问题，基于野生型和变异株 RNA-seq 数据及 ChIP-seq 数据揭示植物 ROS 在植物营养体顶端分生组织发育、器官发生和非生物胁迫反应中的作用，发现植物将 ROS 与遗传/表观遗传、激素和外部信号结合起来（图 1），以促进发育和环境适应（*Frontiers in Plant Science*，2019，10：800）。该项研究已发表的论文不到一年已他引 100 余次。理论研究了细胞表型转化过程中多能干细胞网络动力学，构建了祖细胞重编程为多能干细胞以及多能干细胞定向分化的关键调控网络［图 2(a)］，通过穷举所有可能的动力学路径，获得具有芯片数据和其他实验支持的细胞重编程和定向分化的动力学路径，阐明了细胞表型转化过程中多能干细胞网络的鲁棒性（*IET Systems Biology*，2017；11：1-7）；与斑马鱼实验工作者合作，研究了铜离子和纳米铜对于斑马鱼孵化和发育的影响，发现 ROS 清除剂、Wnt 信号激动剂通过提高斑马鱼胚胎运动能力来恢复卵的孵化，基于细胞信号转导网络［图 2(b)］进一步分析了其中的分子调控机制（*Aquatic Toxicology*，2018，205：156-164）；理论研究了骨骼肌发育过程中非一致的前馈型调控（图 3），基于化学主方程使用生成函数法，得到概率密度函数的解析解（图 4），并利用非平衡统计物理理论阐述了基因表达开关效应以及能量耗散规律。

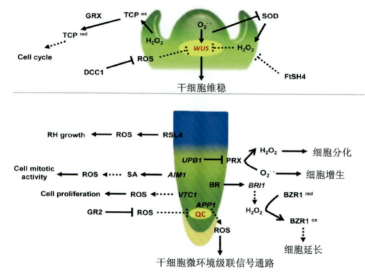

图 1　植物将 ROS 与遗传/表观遗传、激素和外部信号结合起来

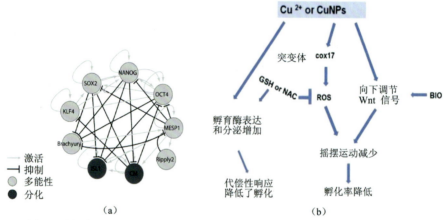

图 2　干细胞定向分化的关键调控网络(a)和斑马鱼胚胎运动相关信号网络(b)

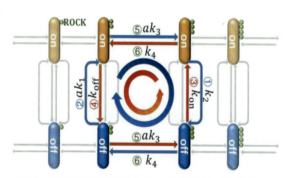

图 3　骨骼肌发育过程中非一致的前馈型调控模式

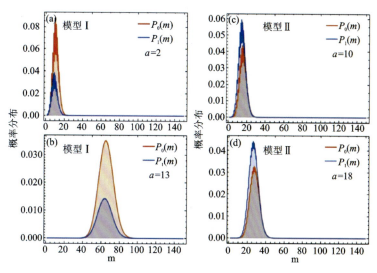

图 4 概率密度函数的解析解

单细胞测序数据的挖掘和分析:基于干细胞早期分化的 scRNA-seq 数据,我们提出了核非负矩阵分解框架来检测基因间的非线性关系,构造了一个新的基于细胞对差异相关性的核度量细胞相似性。新构建的核不仅提供了基因与基因关系的描述,而且有助于建立一个新的原始数据的低维表示,此外使用扩散图开发了一个确定数据集中最佳细胞状态数目的方法,在多个基准或真实的 scRNA-seq 数据集上,评价了该算法(KDCorr+)与其他代表性算法(SC3 等聚类方法)的稳健性和优越性(*Applied Mathematical Modelling*,2021,90:875-888)。面向 scRNA-seq 数据的聚类问题,针对单一的聚类算法往往依赖于初始聚类数设定的问题及集成聚类算法的结果依赖于基聚类的结果的局限性,我们构建了聚类结果相似性度量,并提出了基于概率图的集成聚类算法图正则化模型 EC PGMGR(图5),将多种单细胞聚类方法(CIDR,Seurat,SC3 以及 $t-\mathrm{SNE}+k-\mathrm{means}$)集成,既无需先验知识,也可以通过加入图的正则化项减轻由错误的基准结果所产生的误差,6 个单细胞数据集计算结果表明,该方法可以达到很好的效果[*Frontiers in Genetics*,2020,11(572242):1-12]。

细胞信号转导网络的动力学和功能:我们揭示了拟南芥根细胞生长抑制过程信号通路之间交叉会话的意义[*Biophysical Chemistry*,2018(240):82-87],用化学反应动力学的方法建立了描述拟南芥根细胞应激响应和生长抑制机制调控网络模型(图6),采用不依赖参数的解析方法对其稳定解进行了分析,阐释了脱落酸和 RALF 之间的交叉对话作用对系统动力学特征的重要影响以及植物在逆境环境条件下生存的重要意义;发现多胺通过诱导 Kai 蛋白变性来破坏蓝藻 KaiABC 昼夜节律振荡器的稳定性[*Molecules*,2019,24(18):3351](图7)。

无序介质中的反常扩散和局域化机制:通过一个淬火陷阱模型研究了静态无序介质中的非高斯扩散,解析地估计了扩散系数在有限大小样本上的涨落,研究了

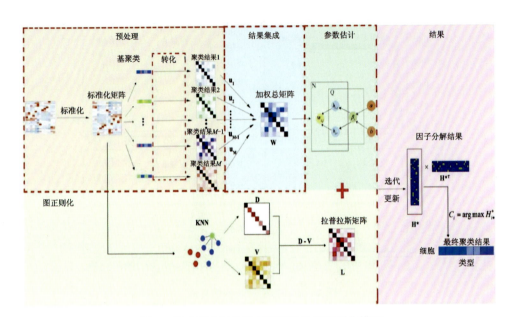

图 5 基于概率图的集成聚类算法图正则化模型

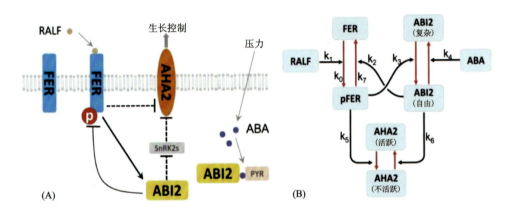

图 6 拟南芥根细胞应激响应和生长抑制机制调控网络模型

由粒子轨迹重建的粗粒度扩散图的保真度(图 8),提出了一个在静态无序环境中估计相关长度的方法[$Physical\ Review\ E$,2018,97(042122):1-9]。关于该研究的论文发表后,论文图片入选当月美国物理评论 E 主页的 KALEIDOSCOPE 栏目;申请团队成员受邀在兰州大学举办的中德双边学术研讨会上作"反常与非遍历扩散:模型、理论、应用与模拟"学术报告。进一步研究了在不同有效温度 μ 下的随机游动,这种游动调节着动态非均质性,在长时间内,景观上的陷阱动力学相当于 $\mu<1$ 出现亚扩散的淬火陷阱模型[$Physical\ Review\ E$,2019,100(42136):1-9]。最近研究了静态无序系统的局域化现象及其导致的各态历经性缓慢恢复,指出粒子追踪实验中广泛观察到的轨迹间涨落的产生机制,见 $Chinese\ Physics\ B$,2020,29(5):050503。此外,研究了针对可逆的双分子生化反应推导其对应的分数阶反应次扩散方程,见 $Physica\ A$:2019,527(1),121347。

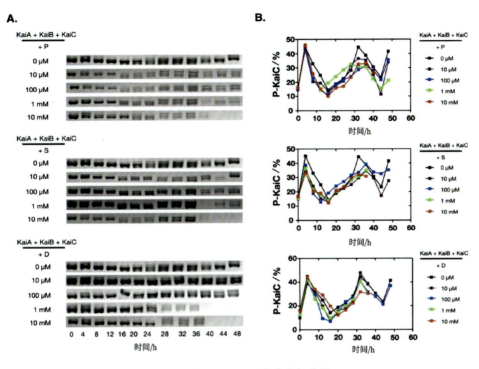

图7　蓝藻 KaiABC 昼夜节律振荡器

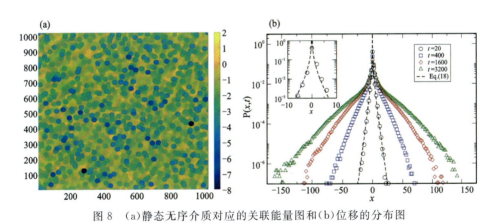

图8　(a)静态无序介质对应的关联能量图和(b)位移的分布图

生物数据挖掘与统计物理的交叉结合：针对植物 pre-miRNA 预测提出 k-mer 对距离依赖接触势，据此计算得到基于知识的能量特征，该能量特征连同其他已有特征一起用于构建支持向量机分类模型 plantMirP(图9)，获得了优异的预测性能(*Molecular BioSystems*, 2016, 12:3124-3131)，进一步将此研究类似推广到水稻 pre-miRNA 预测，效果比较好[*Genes* 2020, 11(6):662, 1-11]。基于蛋白质结构中"原子对"距离及方位角特征的提取，构建了统计势函数(ANDIS)将方位角统计信息转化为角度能量项，632 个蛋白质构象集数据的应用表明 ANDIS 在蛋白质结构质量评估上有性能优势[*BMC Bioinformatics*, 2019, (20)299:1-11]。

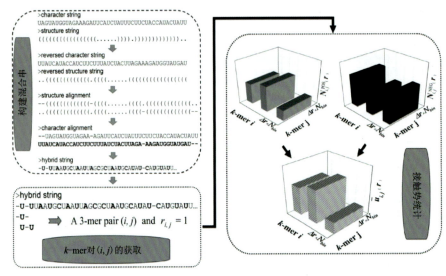

图 9　支持向量机分类模型 plantMirP 流程图

非线性动力学随机理论和应用：研究了基因转录调控网络随机噪声的传播特征[*Frontiers in Physiology*, 2016, 7(600):1]以及噪声关联时间变化诱导的基因开关（图 10）[*Mathematical Biosciences and Engineering*, 2019, 16(6):6587]；神经元系统中边界噪声诱导的共振和弱信号的探测（*Complexity*, 2018:5632650；*Physica A*, 2018:492,1247-1256）；耦合的非光滑系统网络中非连续性诱导的同步动力学[*Chaos*, 2020, 033113(30):1-7]（图 11）。运用随机过程和非线性动力方法，通过计算和理论分析研究了前馈型基因转录调控网络随机噪声的传播特征，从随机数学模型出发总结了基因调控网络设计的一些有趣原理[*Chinese physics B*, 2018, 27(2):028706]。

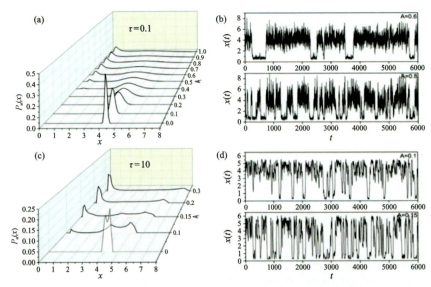

图 10　不同关联时间下的基因表达量的时间序列及概率分布图

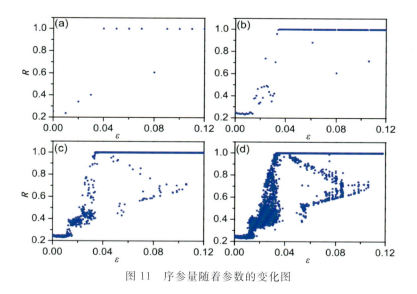

图 11 序参量随着参数的变化图

在随机动力学领域,笔者作为共同主编出版专著 1 部(曾春华等,2020),出版译著 1 部(吴琼莉等,2018)(图 12)。

图 12 《随机延迟动力学及其应用》封面及《全局敏感性分析》封面

相关研究论文如下:

[1] JIANG H,YI M,ZHANG S H,2021. A kernel non-negative matrix factorization framework for single cell clustering[J]. Applied Mathematical Modelling,90(1):875-888.

[2] YI M,WANG C J,YANG K L,2020. Discontinuity-induced intermittent synchronization transitions in coupled non-smooth systems[J]. Chaos,30(3):033113.

[3] YI M,YAO C G,2020. A chimera oscillatory state in a globally delay-coupled oscillator network[J]. Complexity,1292417:1-11.

[4] 曾春华,易鸣,梅冬成,2020.随机延迟动力学及其应用[M].北京:科学出版社.

[5] [意]萨特利(A. Saltelli),2018.全局敏感性分析[M].吴琼莉,丁义明,易鸣,译.北京:清华大学出版社.

[6] 刘峰,易鸣,姜晓伟,2022,复杂网络动力学分析与控制[M].北京:科学出版社.

创新点

阐述了组蛋白甲基化修饰及其对基因表达调控作用在植物胚胎干细胞干性维持和分化中的影响,揭示了细胞表型转化过程中干细胞网络动力学、细胞命运抉择过程中的基因表达随机行为。

多核快速学习方法在地震信号分析中的应用

项目完成人:付丽华

项目来源:教育部新世纪"优秀人才支持计划"

起止时间:2014 年 1 月 1 日至 2016 年 12 月 31 日

研究内容

该项目获资助后拟开展的研究为"多核快速学习方法在地震信号分析中的应用"。多核学习(MKL)常需要多次重复训练大计算量的基础学习机器,一般运行速度较慢,并存在算法效率、模型稳健性和稀疏性之间的矛盾,这使得 MKL 难以解决实际应用中常遇到的低信噪比、大规模数据的稀疏建模问题。针对海量地震数据的稀疏化表示,拟提出新的 MKL 方法。项目将建成适合海量地震信号稀疏化表示的快速 MKL 方法,生成稳健且稀疏的多核模型。预期成果不但能够深化和拓展 MKL 的理论研究和应用领域,而且将为地震资料分析和理解提供新型有效的研究工具。拟开展的研究工作包括:①"精简"的基础核库的构造;②兼顾多项求解效率、模型稳健性和稀疏性的优化问题的构造;③快速基础学习机器训练方法;④利用 MKL 抑制地震勘探中常见的相干干扰;⑤算法性能评价。

研究成果

(1)提出了基于多核模型的地震信号高效稀疏分解方法。

(2)提出了基于更贪心策略的快速正交核匹配追踪算法。

(3)提出基于谱矩的地学特征因子。

(4)提出了缺失数据情形下的谐波信号参数估计方法。

(5)提出了一种独立同分布加性噪声中的 Chirp 信号的参数估计方法。

(6)提出了基于特征聚类的稀疏自编码快速算法。

基于以上标志性研究成果,共发表论文 13 篇,出版学术专著 1 部。

相关研究论文如下:

付丽华,李宏伟,刘智慧,等,2015.基于多核模型的地震信号高效稀疏分解[J].石油地球物理勘探,50(3):444-450.

出版专著:

付丽华,边家文,李志明,等,2013.谐波信号分析与处理[M].武汉:中国地质大学出版社.

 创新点

(1)建立快速的多核模型训练方法:与经典的 MKL 算法相比,新算法的运行效率将有显著的提升,同时多核模型的稳健性和稀疏性也将有明显的增强。

(2)基于多核模型的相干噪声抑制:项目将多核模型用于解决地震信号中常见的相干噪声干扰问题。与经典的单核模型方法相比,由于多核模型有更好的稀疏性,新的抑制噪声的方法将更能在原始信号不受损失的情况下尽量抑制噪声,其效果将更加显著和可靠,这项研究将为地震信号高保真去噪提供更加有效的新方法。

联合稀疏表示的自适应核模型及其在地震信号谱分解中的应用

项目完成人:付丽华

项目来源:国家自然科学基金青年科学基金项目

起止时间:2012 年 1 月 1 日至 2014 年 12 月 31 日

 研究内容

联合稀疏表示问题是当前信号处理领域的研究热点,有非常实际的应用背景。然而,目前联合稀疏表示算法大多根据先验知识事先建立好冗余原子库,并且原子库在优化求解的过程中固定不变。另外,优化问题的设计与求解也存在算法性能与计算复杂度的矛盾。本项目拟将核模型应用于联合稀疏表示中,随着优化过程自适应地调节核模型参数,以期得到稀疏的核模型,该方法具有鲁棒性好、快速有效等优点,并将研究所得结果应用于地震信号谱分解问题中。该项目具体将展开以下研究:①联合稀疏表示中核函数的构造方法;②联合稀疏表示中核优化问题的设计与求解;③算法性能分析;④将联合稀疏自适应核模型用于地震信号谱分解中。项目的研究成果不仅对联合稀疏表示的应用领域扩展具有十分积极的实际意义,而且对信号分析与处理相关领域具有重要的理论意义和应用价值,同时给地震信号谱分局诶问题提供了一种新的研究思路。

研究成果

(1)提出了基于更贪心策略的快速正交核匹配追踪算法。
(2)提出了基于留一准则的多尺度核函数模型。
(3)构造了广义高斯核函数,证明其满足 Mercer 条件,并将其用于广义高斯支持向量分类机。
(4)将广义高斯核函数应用于支持向量回归中。
(5)提出了基于树型正交前向选择方法的可调核函数模型。
(6)提出了基于非正交核函数的 NARX 系统辨识方法。
(7)提出基于双字典集的信号稀疏分解算法。
(8)提出了基于 RWBS 的地震信号稀疏分解快速方法。
(9)提出了基于改进 MP-Hilbert 的地震信号时频分析方法。
(10)提出了基于多核模型的地震信号高效稀疏分解,并将其用于谱分解中。
基于以上标志性研究成果,共发表论文 23 篇。

相关研究论文如下:

付丽华,李宏伟,张猛,2013.基于更贪心策略的快速正交核匹配追踪算法[J].电子学报,41(8):1580-1585.

创新点

(1)本项目将核函数模型应用于联合稀疏表示问题中,建立稀疏性高、稳健性好和小计算量的联合稀疏化表示方法。
(2)根据地震信号的特点,本项目将基于核模型的联合稀疏化表示方法应用于叠后地震信号谱分解,在研究方法上具有一定的创新性。

二维可压缩流的数值模拟

项目完成人: 陈荣三 邹 敏 马晴霞 乔梅红 毛明志 郝祖涛
项目来源: 国家自然科学基金青年科学基金项目
起止时间: 2013 年 1 月 1 日至 2015 年 12 月 31 日

研究内容

该项目进一步完善了 Entropy-Ultra-bee 格式。Euler 方程组有三个特征场,第一场和第三场是非线性的而第二场是线性的,我们只希望将 Entropy-Ultra-bee 格式用于第二场,希望第一场和第三场按标准的 Godunov 格式那样计算。然而困难的是方程组是非线性的,3 个特征场之间相互影响,且熵函数和 3 个场都有关。因此在推广中需要解决的困难是如何将 Entropy-Ultra-bee 格技巧只用到第二场,将其对第一场和第三场的影响减至最小。为了达到这一目的,我们构造了一个精巧的密度重构,得到了一套满足熵条件的格式,使得网格数增加接触间断处的过渡点不增加。我们对经典的 Sod 问题、Lax 问题、Blast Wave 问题进行了数值试验,得到了分辨率较高的计算结果。

研究成果

该项目将标量方程所发展的 Entropy-Ultra-bee 格式和 Entropy-TVD 格式应用到 Euler 方程组中。由于 Euler 方程组的第一特征场和第三特征场是非线性的,所以将 Entropy-TVD 格式推广上去。由于 Euler 方程组的第二场是线性退化的,将所发展的 Entropy-Ultra-bee 格式推广上去。数值实验表明所建立的格式是十分有效的,克服了切向间断的磨损,改善了数值解在第二场上的精度,部分地改善了其在第一场和第三场上的精度。我们用该格式对大密度和比大压力比问题、过热(Overheating effect)问题以及真空问题进行了数值模拟。

相关研究论文如下:

[1] CHEN R S,2020. Entropy schemes for one-dimensional convection-diffusion equations[J]. Complexity,3435018.

[2] 陈荣三,王凡芮,邹敏,2019. 利用熵格式计算地下水溶质运移方程[J]. 同济大学学报,47(8):1175-1179.

[3] CHEN R S,MAO D K,2017. Improved entropy-ultra-bee scheme for the Euler system of gas dynamics[J]. Journal of Computational Mathematics,35(2):213-243.

[4] CHEN R S,ZOU M,XIAO L,2017. Entropy-TVD scheme for the shallow water equations in one dimension[J]. Journal of Scientific Computing,71(2):822-838.

[5] 陈荣三,苏蒙,邹敏,等,2017. 满足最大值原理的熵格式计算线性传输方程[J]. 同济大学学报,45(8):1243-1248.

[6] 陈荣三,肖莉,邹敏,2016. 带新熵函数的 Entropy-Ultra-bee 格式计算线性传输方程[J]. 数学杂志,36(5):975-980.

[7] 陈荣三,邹敏,刘安平,2015. 线性传输方程的几种数值格式的比较[J]. 数学杂志,35(4):977-982.

[8] 陈荣三,2015. 台阶重构的熵格式计算一维 Euler 方程组[J]. 数值计算与计算机应用,36(2):147-160.

[9] 陈荣三,邹敏,刘安平,2015. 线性传输方程带二次多项式重构的熵格式

[J]. 应用数学,28(2):256-259.

创新点

该项目将 Entropy 格式和二阶、三阶结合起来,得到的格式计算了一维线性传输方程,计算结果表明该格式适合长时间计算。针对二维线性传输方程的 Entropy-Ultra-bee 格式,采用交替方向法建立了针对二维线性传输方程的格式,使得每一个方向上和一维的 Entropy-Ultra-bee 格式一样。我们针对二维线性传输方程的 Entropy-Ultra-bee 格式进行了误差分析,更精巧地设计了数值通量,使得整个数值算法比较简单。对几个经典数值算法进行了数值试验,数值试验表明,无论是精度还是分辨率都令人满意。将一维线性场的 Entropy-Ultra-bee 格式和非线性场的 Entropy-TVD 格式推广到二维 Euler 方程组,完成了交替方向的二维 Godunov 格式的算法设计和程序编制。

基于概率的名词性属性距离度量研究

项目完成人:李超群
项目来源:国家自然科学基金青年科学基金项目
起止时间:2013 年 1 月 1 日至 2015 年 12 月 31 日

研究内容

本项目立意对基于概率的名词性属性距离度量问题展开研究,主要以考察并应用距离函数中的属性独立假设,将属性依赖关系引入距离函数使之能够更好地处理具有强依赖关系的数据,利用现有类概率估测方面的研究成果提出新的类概率估测模型,以改进相关距离函数的类成员概率估测为研究内容,重点依托贝叶斯网络和决策树学习模型,从不同的侧重点对距离度量问题进行系统深入研究。

(1)考察并应用距离函数中的属性独立假设。该项目对朴素贝叶斯分类器和 Value Difference Metric(VDM)都作了属性独立假设。尽管这是一个不现实的假设,朴素贝叶斯分类器却表现出了令人惊讶的分类性能,VDM 也是被应用最为广泛的名词性属性距离度量函数之一。显然,属性独立假设有其存在的必然性和合理性。因此,属性独立假设是以怎样的方式在影响算法和距离函数的性能,是研究的内容之一。关于朴素贝叶斯的属性独立假设,已有学者研究过,但现有文献中针对距离函数中的属性独立假设的研究却很少。本项目对距离函数中的属性独立假设进行深入讨论,对这个假设的合理性和普适性进行理论分析和研究,并利用这个假设来改进现有距离函数并使其构造新的距离函数。

(2)将属性依赖关系引入距离函数中。尽管属性独立假设有其独特的魅力,作了属性独立假设的朴素贝叶斯分类器也表现出了良好的分类性能。但不能否认的是,当遇到属性间有强依赖关系的数据时,朴素贝叶斯分类器的性能受到了伤害。既然扩展的贝叶斯网络模型通过在朴素贝叶斯模型中引入属性依赖关系,获得了比朴素贝叶斯模型更好的性能,本项目的立意是将属性依赖关系引入距离函数中,提高相关距离函数的性能。除贝叶斯网络外,决策树也能表达属性之间的依赖关系。本项目主要借助贝叶斯网络和决策树这两个学习模型来表达属性之间的依赖关系,并把属性依赖关系引入到距离度量问题中,将距离函数的构造问题转化为属性依赖关系的学习问题。

(3)提高距离函数中类成员概率的估测精度。很多基于概率的距离函数都需要估测类成员概率,然而现有文献基本上都是利用朴素贝叶斯分类器进行近似估测。一般情况下,尽管朴素贝叶斯分类器都表现出了良好的分类性能,然而作为一个类概率估测器,它的性能却不如人意。低精度的类概率估测直接影响了这些距离函数的性能。类概率估测是数据挖掘与机器学习领域的一个重要研究问题,现有文献中一些扩展的贝叶斯网络和决策树模型都有着较高的类概率估测能力。本项目全面研究现有贝叶斯网络和决策树模型的类概率估测能力,进而提出新的类概率估测模型,并利用其来计算基于概率的距离函数中的类成员概率,提高相关距离函数的性能。

 研究成果

(1)针对值差度量 VDM,用属性选择方法 CFS 和 SBC-CLL 对 VDM 进行了改进;利用相互信息定义了属性的权值,得到了属性加权的值差度量 AWVDM。

(2)引入属性依赖关系改进距离度量的性能,提出了一个扩展的值差度量 AVDM。

(3)研究了扩展的贝叶斯分类器的类概率估测性能,并应用它们去估测 SFM 和 MRM 中的类成员概率,提高了 SFM 和 MRM 的性能。

(4)利用局部建模技术改进距离度量,提出了局域的值差度量 LVDM。

(5)将朴素贝叶斯的判别实例加权的思想用于距离度量 VDM 上,提出了实例加权的值差度量 IWVDM。

(6)利用频差构造新的距离度量 FDM。

(7)对贝叶斯网络进行相关研究,提出了代价敏感的贝叶斯网络分类器、超父亲树扩展的朴素贝叶斯方法 CLL-SP、多项式朴素贝叶斯模型 SEMNB。

在国家自然科学基金青年基金资助下,项目组在 CCF 推荐的国内、国际重要期刊和会议上发表了与项目研究方向相关的学术论文 14 篇;编写学术专著 1 部;申请并获批国家发明专利 4 项;参加国际会议的有 4 人;项目申请人出国访学一年;邀请国外专家来华讲学有 2 人;培养博士研究生 1 名、硕士研究生 5 名。

相关研究论文如下:

[1] LI C Q,JIANG L,LI H,2014. Local value difference metric[J]. Pattern

Recognition Letters(49):62-68.

[2] LI C Q,JIANG L,LI H,2014. Naive bayes for value difference metric[J]. Frontiers of Computer Science,8(2):255-264.

[3] LI C Q,LI H,2013. Bayesian network classifiers for probability-based metrics[J]. Journal of Experimental & Theoretical Artificial Intelligence,25(4):477-491.

[4] LI C Q,LI H,2012. A modified short and fukunaga metric based on the attribute independence assumption[J]. Pattern Recognition Letters,33(9):1213-1218.

创新点

(1)尽管朴素贝叶斯的属性独立假设众所周知,但距离函数中同样存在的属性独立假设还未引起学者们广泛的关注。本项目借鉴朴素贝叶斯的研究成果,首次系统研究距离函数中的属性独立假设。

(2)提出将属性依赖关系引入距离函数中,让距离函数能够更好地处理属性间有强依赖关系的数据。

(3)从表面看来,贝叶斯网络和决策树模型与距离度量问题似乎没有什么关联。但本项目将重点依托贝叶斯网络和决策树模型来研究距离度量问题,为名词性属性距离度量题研究提供新示例。

多项式相位信号参数估计的迭代算法研究

项目完成人:边家文
项目来源:国家自然科学基金青年科学基金项目
起止时间:2014 年 1 月 1 日至 2016 年 12 月 31 日

研究内容

该项目获资助后拟开展的研究为"多项式相位信号参数估计的迭代算法研究"。噪声中多项式相位信号的参数估计是非平稳信号处理中的一个基本问题,也是统计信号处理领域中的一个重要的研究内容,它在信号处理的多个领域有着广泛的应用。本项目研究多项式相位信号参数估计问题,针对乘性和加性平稳以及非平稳噪声情形,振幅均值为常数以及时变情形下的信号模型,在深入分析信号模型统计特征基础上分别构造基于观测信号和基于待估计参数的优化目标函数两类统计量的迭代算法,同时研究相应复杂噪声背景下具有理论上的最优估计性能的LSE、MLE 以及 M-估计,并从算法的计算量、估计的无偏性以及信噪比门限等方面评价算法的估计性能。本项目的完成不仅可以弥补传统算法估计精度的不足以及由此引起的误差传播较大的问题,为多项式相位信号的参数估计提供与 LSE 或 MLE 等效且计算简便、稳定、适应性强的算法,并应用于多项式相位信号参数的实时在线估计,而且对于改变目前对于迭代算法理论的认识、发展新的迭代算法理论具有重要意义。

研究成果

(1)对于第一类基于观测信号统计量的估计方法,通过构造基于观测信号的非线性变换,并利用统计量大样本性质与参数之间的联系,利用有限步的迭代算法提高参数的估计精度,且使得均方误差在 SNR 为 -6dB 情形下接近 CRLB,大大提高了此模型次优算法的估计精度以及减少计算量。

(2)对于第二类基于观测信号统计量的估计方法,利用基于 LSE 目标函数改进 Newton-Paphson 算法以及统计量大样本性质与参数之间的联系估计模型相位参数,估计量在 SNR 为 -4dB 情形下接近 CRLB。该算法利用统计量渐近性质缩小传统迭代算法迭代步长,使得迭代算法迭代次数稳定,提高了传统迭代算法的收敛稳定性以及估计精度,也为其他模型下的参数估计的统计迭代算法提供理论参考和借鉴。

(3)研究了随机缺失数据情形下的谐波模型参数估计问题。该算法通过构造观测信号的线性统计量估计模型参数,对多种缺失数据情形均进行了分析,得到了该模型参数的 CRLB,所提出的模型参数的迭代估计量均方误差在 SNR 为 0dB 左右以及样本中度缺失(50%)下的估计均方误差接近 CRLB,为随机缺失数据情形下该模型的参数估计提供理论参考和在线算法支持。

(4)研究了零均值平稳乘性振幅情形下的二维谐波模型参数估计。该算法通过构造观测信号的非线性变换迭代统计量进行估计,推导并得到估计量的渐近分布。该方法提供了一种在信号和噪声强度相同情形下模型参数的统计迭代算法,为此种情形下其他模型参数估计提供参考。

(5)研究了乘性噪声背景下一维以及二维谐波模型的 LSE。推导并得到了此种情形下模型各个参数 LSE 的收敛速度和渐近分布,为此种情形下的其他模型参数估计算法提供理论支持和效果比较参照。

基于以上标志性研究成果,项目组共发表 SCI 论文 7 篇,出版国际专著 1 部。

相关研究论文如下:

[1] BIAN J W,LIU Z H,XING J,et al,2022. A statistically efficient algorithm for estimating the parameters of a chirp signal model with time varying amplitude[J]. Communications in Statistics-Simulation and Computation,https://doi.org/10.1080/03610918.2047200.

[2] BIAN J W,XING J,LIU J F,et al,2016. An adaptive and computationally efficient algorithm for parameters estimation of superimposed exponential signals with observations missing randomly[J]. Digital Signal Processing,48:148-162.

[3] BIAN J W,XING J,LIU Z H,et al,2014. A computationally efficient iterative algorithm for estimating the parameter of Chirp signal model[J]. Journal of Applied Mathematics,1-14.

[4] LIU Z H,LI Y Y,BIAN J W,et al,2014. Noise subspace approach for frequency estimation of two-dimensional harmonics in zero-mean multiplicative and additive noise[J]. Journal of Statistical Computation and Simulation,84(11):2378-2390.

[5] PENG H M,YU S Q,BIAN J W,et al,2015. Statistical analysis of non linear least squares estimation for harmonic signals in multiplicative and additive noise[J]. Communications in Statistics-Theory and Methods,44(2):217-240.

[6] PENG H M,BIAN J W,YANG D W,et al,2014. Statistical analysis of parameter estimation for 2-D harmonics in multiplicative and additive noise[J]. Communications in Statistics-Theory and Methods,43(22),4829-4844.

专著：

BIAN J W,ZHOU X B,2017. Hidden Markov Models in Bioinformatics:SNV Inference from next generation sequence. In: Hidden Markov Models: Methods and Protocols,David R. Westhead,M. S. Vijayabaskar,Eds,Methods in Molecular Biology[M]. Humana Press(Springer Publishing Group),New York,USA.

创新点

(1)本项目考虑了实际问题中复杂噪声以及介质扰动等多种因素影响下的多项式相位信号模型，使得估计方法更加符合实际应用，具有更广的应用范围，使研究的问题具有一定的创新性。

(2)本项目研究与 LSE 或 MLE 等价，同时具备高的估计精度、计算量小、计算简便，对噪声等多种扰动影响适应性强的多项式相位信号参数的估计方法，弥补了目前单一算法难以同时兼顾最优的估计与小的计算量的不足，大大减少多分量估计方法中存在的误差传播，在研究方法上具有一定的创新性。

几类随机微分方程数值方法的稳定性分析

项目完成人：胡　鹏
项目来源：国家自然科学基金青年科学基金项目
起止时间：2015 年 1 月 1 日至 2017 年 12 月 31 日

研究内容

本项目主要研究了确定性非线性中立型延迟微分方程的延迟依赖耗散性，随机线性延迟微分方程数值延迟依赖稳定性,以及多变延迟线性中立型随机延迟系统真解的均方稳定性。

 研究成果

(1)提出了针对非线性中立型延迟微分方程延迟依赖耗散性的充分条件。该条件考虑了延迟量大小对非线性中立型延迟微分方程耗散性的影响,特别是针对小延迟情形。

(2)针对随机线性延迟微分方程,分别分析了随机分裂步 Theta 方法以及随机指数 Euler 方法的延迟依赖均方稳定性,利用边界轨迹法完整分析了此两类算法的延迟依赖稳定区域。此外,给出了随机线性延迟偏微分方程基于二阶中心差分的空间半离散系统的延迟依赖稳定性的充分必要条件,并分析了基于随机指数 Euler 方法的时间全离散格式的延迟依赖稳定性。

(3)对于带有多个变延迟线性中立型随机延迟系统,通过构造合适的 Lyapunov-Krasovski 泛函,利用线性矩阵不等式的方法得到了系统真解均方指数稳定的充分条件。

相关研究论文如下:

[1] HU P,HUANG C M,2018. Delay dependent stability of stochastic split-step θ methods for stochastic delay differential equations[J]. Applied Mathematics and Computation,339:663-674.

[2] HU P,XIAO H J,2018. Delay dependent dissipativity for a class of nonlinear neutral delay differential equations[J]. Applied Mathematics Letters,85:41-47.

[3] LIU H B,HU P,MUNTEANU I,2016. Boundary feedback stabilization of Fisher's equation[J]. Systems & Control Letters,97:55-60.

[4] CHEN H B,HU P,WANG J J,2014. Delay-dependent exponential stability for neutral stochastic system with multiple time-varying delays[J]. IET Control Theory and Applications,8(17):2092-2101.

[5] CHEN H B,SHI P,LIM C C,Hu P,2016. Exponential stability for neutral stochastic markov systems with time-varying delay and its applications[J]. IEEE Transactions on Cybernetics,46:1350-1362.

 创新点

(1)通过改进延迟系统的右端函数满足条件,得到了一个非线性中立型延迟系统延迟依赖耗散的充分条件,该条件考虑到延迟量大小的影响,突破了现有经典的耗散性条件。

(2)数值算法的延迟依赖稳定性研究一直是延迟微分方程数值算法研究领域

的一个重点和难点。本项目利用边界轨迹法，完整地刻画了两类算法的稳定区域，并得到了随机分裂步向后 Euler 方法和随机指数 Euler 方法能够完整保持原问题的延迟依赖稳定性。

（3）通过构造合适的 Lyapunov-Krasovski 泛函，利用线性矩阵不等式的方法得到了系统真解均方指数稳定的充分条件，该条件相较于当前的条件更为宽松。

高维稀疏盲源分离算法及其在地震信号处理中的应用研究

项目完成人：张玉洁
项目来源：国家自然科学基金青年科学基金项目
起止时间：2017 年 1 月 1 日至 2019 年 12 月 31 日

研究内容

高维稀疏盲源分离是信号处理中一个重要的研究内容，在信号处理的许多领域被广泛地应用。本项目拟针对高维稀疏信号混合的盲分离算法展开研究。具体研究内容包括：①利用观测信号的稀疏特性，选择合适的指标自适应调整单源区间搜索长度和时频分解层数，提高混合矩阵在高维情形下的估计精度。②高维稀疏信号的恢复。首先将高维稀疏盲分离模型通过分块转化成分布式压缩感知模型，然后从两个方面来研究恢复算法：一是将压缩感知的算法推广到高维的稀疏源信号恢复中；二是直接利用零范数的逼近函数设计零范数优化问题。③从计算复杂度、收敛性以及估计精度 3 个方面来分析前两个研究内容的算法性能。④将稀疏盲源分离算法应用到地震信号多次波压制中。

研究成果

在青年科学基金项目的资助下，本项目在执行期间对高维稀疏信号混合的信号恢复方法进行了系统深入的研究。研究了压缩感知与盲信号分离之间的关系，从压缩感知的角度研究了块压缩感知以及分布式压缩感知的理论和算法，并在地震信号的去噪和重建作了初步的应用研究。取得的重要进展和学术成果如下：

（1）项目组对压缩感知模型与稀疏盲分离模型的相似性进行了深入研究。由于目前高维稀疏盲分离研究相对较少，随着源信号维数的增加，其计算量将快速增加，难于应用于实际问题。然而压缩感知却能解决这类问题，目前的压缩感知、分布式压缩感知以及块压缩感知都可对稀疏信号进行重构，那么高维稀疏盲源分离与分布式压缩感知能否通过分块建立联系，并利用分布式压缩感知的算法进行求解呢？项目组基于此思考探讨了两者之间的关系，分析出稀疏盲源分离模型与分布式压缩感知模型有 3 个本质上的共同点：①在模型的表示上是矩阵乘法，且都是已知观测信号求源信号;②在算法的要求上都必须假设源信号矩阵的列满足一定的稀疏性;③这两个模型主要都是用来解决欠定问题的。基于以上研究,将高维稀疏模型拉成一个向量转化成压缩感知模型后,讨论了现有的压缩感知算法应该满足怎样的条件才能恢复源信号,从理论上证明两者之间的转化条件并利用压缩感知的方法进行模拟实验,并验证算法的有效性。该成果已发表在国际期刊 *Circuits Systems and Signal Processing* 上。

(2)由于压缩感知处理的是单道信号的恢复,所以将其应用到盲分离中时,需要将盲信号模型进行拉伸处理,而这会降低信号的恢复精度,并且也增加了算法的计算量。而分布式压缩感知弥补了压缩感知的不足,其可以直接恢复多道的信号,同时在实际应用过程中,稀疏性一般未知,同时我们也希望算法能够更好地重构原信号,因此将反馈思想加入算法中,此思想不仅可以解决稀疏性未知的问题,而且精度更高,项目组引入此方法后,提出了向前向后追踪的分布式压缩感知算法,但研究过程中发现这种算法参数需要给定,并且不再改变,影响算法的计算效率,基于此,项目组成员进一步提出回溯式匹配追踪分布式压缩感知算法。该成果已经分别发表在国际期刊 *Multimedia Tools and Applications* 上。

(3)在应用研究的过程中,我们发现高维稀疏盲分离的有些源信号不仅信号稀疏而且具有块稀疏的结构。如果将其考虑到算法中,将达到事半功倍的效果。因此我们在块稀疏的压缩感知算法的基础上,研究了块稀疏分布式压缩感知的模型特点,并且将反馈思想也融入其中,采取向前选择向后再调整的策略,提出了回溯式匹配追踪块稀疏分布式压缩感知算法并应用在高维稀疏盲分离中。该成果已经发表在国际期刊 *Journal of Information Processing Systems* 上。

(4)目前的大部分块压缩感知或者分布式压缩感知算法都只是从实验的角度验证算法的有效性,缺乏理论研究的结果。而单道的压缩感知算法中经典算法理论充分,受此启发,项目组成员在压缩感知算法的理论基础上推导出带反馈的块稀疏压缩感知算法以及块广义正交匹配追踪算法的理论,研究了模型有效的条件,分析矩阵估计与源信号估计的收敛性,收敛速度,推导算法的计算复杂度和源信号的估计精度,并从理论和实验两方面进行了验证。该成果已经分别发表在国际期刊 *Journal of Information Processing Systems* 和 *Signal Processing* 上。

(5)高维稀疏盲源分离算法在地震信号多次波压制中的应用。为了将盲分离算法引入地震信号的去噪与重建中,项目组研究了地震信号的特点,利用地震信号的稀疏性和连续性,提出谱矩方法在磁源体深度反演中的应用研究;同时也提出了基于正交秩-1矩阵追踪的天然地震数据重建研究和基于非凸对数和函数的极小化框架来进行地震数据的重建。由于现场采集到的地震数据呈不完整分布,从而影响后续地震数据的分析与处理,因此对原始地震数据做高精度重建显得尤为必要。项目组提出不动点延续算法,通过利用块克雷洛夫迭代近似奇异值分解算法和子空间复用技术,将奇异值分解的计算复杂度进行了降低。同时项目组成员将算法应用到实际的地震信号去噪中,在地球物理学报以及 *Near Surface Geophysics* 发表了一系列的研究成果。

（6）项目组的一个应用创新是将高维稀疏盲分离算法与地震信号的去噪相结合，得到新的去噪方法，在研究的过程中，项目组也对地震信号的其他去噪方法进行了深入的研究，提出了基于相关叠加的多点组合方法进行地震信号去噪以及进一步推广在曲波域提出基于小波变换的相关叠加方法来进行地震数据的去噪。为了提高受随机噪声和相干噪声污染的地震数据的去噪性能，提出了一种混合去噪方法。它的目的是保留或突出的地震特征去白化随机噪声和识别相干噪声，该方法交替使用曲线上的小波和曲线基函数，利用曲线上边缘和奇异点的表示，然后采用基于小波的地震勘探高阶相关叠加去噪方法，对于人工回填后基岩表面检测的地震记录，噪声数据在去噪和提高保真度方面都得到了显著的改善，该成果已经分别发表在 *IEEE Journal of Selected Topics in Appled Earth Observations and Remote Sensing* 和 *IEEE Geoscience and Remote Sensing Letters* 上，同时为了有效压制地震数据随机噪声，提高计算效率，在地震数据非局部自相似块结构的基础上，建立低秩压制噪声模型。该模型利用加权 Schatten P 范数逼近秩，在模型求解中涉及奇异值分解，利用随机奇异值分解代替奇异值分解，降低算法计算复杂度，以得到快速加权 Schatten P 范数最小化算法。

相关研究论文如下：

［1］ZHANG Y J, QI R, ZENG Y N, 2017. Backtracking-based matching pursuit method for distributed compressed sensing[J]. Multimedia Tools and Applications(76):14691-14710.

［2］QI R, ZHANG Y J, LI H W, 2017. Block sparse signals recovery via block backtracking-based matching pursuit method[J]. Journal of Information Processing Systems, 13(2):360-369.

［3］ZHANG Y J, ZHANG S Z, QI R, 2017. Compressed sensing construction for underdetermined source separation[J]. Circuits Systems and Signal Processing (36):4741-4755.

［4］ZHANG Y J, QI R, ZENG Y N, 2017. Forward-backward pursuit method for distributed compressed sensing[J]. Multimedia Tools and Applications(76):20587-20608.

［5］LI J H, QI R, ZHANG Y J, et al, 2017. Higher-order correlative stacking for seismic data denoising based on the multiple-domain combination[J]. Near Surface Geophysics(15):260-273.

［6］LI J H, ZHANG Y J, QI R, et al, 2017. Wavelet-Based higher order correlative stacking for seismic data denoising in the curvelet domain[J]. IEEE Journal of Selected Topics in Appled Earth Observations and Remote Sensing, 10(8):3810-3820.

［7］QI R, YANG D W, ZHANG Y J, et al, 2018. On recovery of block sparse signals via block generalized orthogonal matching pursuit[J]. Signal Processing (153):34-46.

[8] CHEN Y X,ZHANG Y J,QI,2019. Block sparse signals recovery algorithm for distributed compressed sensing reconstruction[J]. Journal of Information Processing Systems,15(2):410-421.

创新点

(1)本项目以高维稀疏信号混合模型为对象,研究高维情形下计算量小且精度高的混合矩阵估计与源信号恢复的优化算法,使得盲源分离模型更加符合实际应用背景、具有更广的应用范围和创新性。

(2)利用地震信号的稀疏性以及多道地震信号的连续性,通过高维稀疏盲源分离算法整体压制地震信号中的多次波,在地震信号多次波压制的研究方法上具有一定的创新。

基于浸入边界-格子 Boltzmann 方法的复杂弹性血管内红细胞迁移与变形机理研究

项目完成人:黄昌盛

项目来源:国家自然科学基金青年科学基金项目

起止时间:2018 年 1 月 1 日至 2020 年 12 月 31 日

研究内容

本项目将血液视为血浆-红细胞两相系统,建立恰当的 LB 模型和边界处理格式来描述可变形红细胞在血浆中的运动,并基于 CPU+GPU 平台,深入研究相应高效并行算法的设计与实现,以此来分析血浆-红细胞两相系统的整体流动特性,讨论已有研究中常用简化假设的合理性,分析在血管分叉处、血管内狭窄、动脉瘤等病变区域血液的动力学表现,从血流动力学角度了解血管疾病的病理机制。

研究成果

(1)建立了用于模拟血液流中红细胞变形与迁移的高效数值算法。

(2)基于 GPU 平台实现了大规模红细胞流动的模拟。

(3)分析了在血管分叉处或血管内狭窄、动脉瘤等病变区域血液的动力学表现,从血流动力学角度探讨血管疾病的病理机制。

相关研究论文如下：

WANG L,HUANG C S,HU J J,et al,2021. Effects of temperature-dependent viscosity on natural convection in a porous cavity with a circular cylinder under local thermal non-equilibrium condition[J]. International Journal of Thermal Sciences,159:106570-106570.

参加相关学术会议：

1. 输运过程的介观数值方法学术研讨会,2018,武汉。
2. 湖北省工业与应用数学学暨武汉工业与应用数学学会 2020 年学术交流大会,2020,武汉。
3. 中国工业与应用数学学会第十八届年会,2020,长沙。
4. 第八届全国格子 Boltzmann 方法及其应用学术论坛,2020,南京。

创新点

（1）从两相系统的角度揭示血液流的流动特性。本项目从底层出发，将血液流视为由血浆和红细胞组成的两相流动，从红细胞对血液流动的影响出发来探讨血液的流动特性和红细胞的运动机理，并进一步分析血管分叉处、血管内狭窄及动脉瘤等病变区域的血流动力学特征。

（2）基于 CPU+GPU 平台设计血液两相流动的 LB 并行算法。本项目深入研究 IB-LB 方法在 CPU+GPU 平台的并行算法设计，推进 GPU-LB 算法的研究，拓宽其应用领域，并探讨使 CPU 和 GPU 同时发挥计算能力的任务划分方式，避免 CPU 的计算能力被闲置。

（3）结合 GPU 和 CUDA 的新特性改进算法。近几年来，GPU 硬件架构经历了一段高速发展时期，更新换代较为迅速，使 GPU 更适合于科学计算的新特性正不断被开发。本项目结合 GPU 硬件架构的新特性，进一步优化基于 GPU 的 LB 算法。

随机赋范模中若干对偶性变换的表示

项目完成人： 吴明智
项目来源： 国家自然科学基金青年科学基金项目
起止时间： 2018 年 1 月 1 日至 2020 年 12 月 31 日

研究内容

随机赋范模是赋范空间的随机推广，是发展随机度量理论以及随机凸分析的核心框架之一，其研究兼具理论与应用的重要性。随机版本的 Fenchel-Moreau 对偶表示定理是条件风险度量表示的基础,也有望进一步发展成为条件风险极小化问题研究的有力工具,而 L^0-凸函数的随机共轭变换是 Fenchel-Moreau 对偶表示的支撑。受凸函数的共轭变换(Legendre 变换)由简单的抽象对偶性变换本质确定这一惊人发现的启发,项目将研究随机赋范模中若干对偶性变换的表示,重点给出随机赋范模上 L^0-凸函数集上的完全保序以及完全逆序算子的具体表示。

研究成果

(1)建立了正则 L^0-模上的仿射几何基本定理。

(2)给出了完备随机赋范模上 L^0-凸函数集到自身的完全保序算子的表示。

(3)给出了随机赋范模上 L^0-凸函数集到其随机共轭空间上 L^0-凸函数集的完全逆序算子的表示。

(4)研究了随机局部凸模中的 L^0-凸紧性,尤其是建立了 Tychonoff、James 以及 Banach-Alauglu 型定理。

(5)引入并研究了随机赋范模生成的 Orlicz 空间,给出了其在随机赋范模随机严格凸性与随机一致凸性上的应用。

相关研究论文如下:

[1] WU M Z,GUO T X,LONG L,2022. The fundamental theorem of affine geometry in regular L^0-modules[J]. Journal of Mathematical Analysis and Applications,507:125827.

[2] WU M Z,ZENG X L,ZHAO S E,2022. On L^0-convex compactness in random locally convex modules[J]. Journal of Mathematical Analysis and Applications,515:126404.

[3] WU M Z,LONG L,ZENG X L,2022. Some basic results on the Orlicz space generated from a random normed module[J]. Journal of Nonlinear and Convex Analysis,23(5):987-1003.

[4] GUO T X,ZHANG E X,WANG Y C,WU M Z,2021. L^0-convex compactness and its applications to random convex optimization and random variational inequalities[J]. Optimization,70:937-961.

创新点

(1)首次研究了 L^0-模上的仿射几何。

(2)在随机赋范模上的 L^0-凸函数集上的完全保序与逆序算子的表示的研究工作中,发现了局部性这一本质要求,这是随机赋范模不同于赋范空间研究的一个典型的特征。

(3)对 L^0-凸紧性的概念给出了一个新提法,使得其更接近传统的紧性概念,在此基础上成功地在随机局部凸模上建立了 Tychonoff,James 以及 Banach-Alauglu 型定理。

孔隙尺度下开孔泡沫金属内流动沸腾换热机理的高效格子 Boltzmann 方法研究

项目完成人:汪 垒
项目来源:国家自然科学基金青年科学基金项目
起止时间:2021 年 1 月 1 日至 2023 年 12 月 31 日

研究内容

开孔泡沫金属作为一种新型多孔金属材料,其特有的高孔隙率及高导热率特征使其在航空航天、微电子冷却等领域有着广阔的应用前景。就开孔泡沫金属强化沸腾传热研究而言,目前实验观测方法和表征体元尺度宏观模拟方法是人们认识开孔泡沫金属中沸腾换热过程的两种主要途径。但由于开孔泡沫金属孔隙结构的复杂性和不透明性,其内部流动沸腾换热机理尚未阐明(图 1)。

图 1 FeCrAlY 开孔泡沫金属样本

鉴于此,本项目将以介观格子 Boltzmann(LB)方法为主要研究方法,从泡沫金属的微观孔隙结构出发,在孔隙尺度上揭示开孔泡沫金属内流动沸腾换热特性和规律。主要包括:发展适用于开孔泡沫金属内流动沸腾换热模拟的 LB 方法;实现三维开孔泡沫金属孔隙结构的描述和表征;设计基于 CPU-GPU 异构系统的高效 LB 算法;探明泡沫金属微观孔隙结构对流动沸腾换热过程的影响机制。本研究不仅可以弥补传统实验观测和宏观模型在微观定量研究上的不足,而且还可为研发高性能多孔相变换热器提供技术支撑。

研究成果

(1)实现开孔泡沫金属孔隙结构构建。首先,通过使用 CT 扫描实验获得开孔泡沫金属内部的孔隙结构信息,然后采用数字图像处理和统计学方法,分析开孔泡沫金属孔隙结构参数(如有效孔隙度、孔隙尺寸分布等)和统计特征参数(如两点概率函数、线性路径函数等)等,实现对开孔泡沫金属孔隙结构特征的定量描述。接着,以开孔泡沫金属 CT 模型为参考模型,人工构建出各类具有均匀、非均匀特征的开孔泡沫金属重构模型,并通过对比参考模型与重构模型在孔隙结构的几何形态、统计特征参数等方面的相似程度来验证重构模型的准确度和有效性。其中,在人工建模过程中,将充分考虑骨架截面形状、骨架尺寸等重要孔隙结构参数的变化,并采用更符合实际发泡过程的改进型十四面体模型作为开孔泡沫金属孔隙结构的代表性单元,其建模过程及与扫描电子显微镜 SEM 照片的对比如图 2 所示。

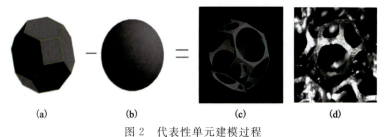

图 2　代表性单元建模过程

(a)十四面体;(b)中心球体;(c)代表性单元;(d)SEM 照片

(2)设计保持介观特性的复杂边界数值处理方案。边界处理是开孔泡沫金属内流动沸腾数值模拟的核心问题之一,数值格式不仅要保证前述出口边界的准确性,而且还应考虑孔隙骨架润湿性的影响。同时,由于固液界面两侧的导热系数和热容的不同,温度场分布会在流固界面处发生阶跃(即局部热非平衡效应),其对应的流固耦合传热问题也必须予以考虑。本项目在边界处理上拟采用下述 5 种技术,分别是:(a)界面半格子格式,如图 3(a)所示,将需要处理的界面置于两个格子之间,避免了直接处理界面上的计算节点;(b)流场 LBM 在固相处采用反弹格式,由于固相无滑移,程序中将判断为固相的流场分布函数执行反弹;(c)温度场 LBM 拟借鉴前期发展的 LB 流固耦合传热模型(见 Wang L,et al. Appl. Math. Model.,2019,71:31-44),采用与热导率相关的松弛时间及与热容相关的平衡态分布,进而将固液两相热导率和热容的区别直接体现在温度场分布中;(d)固壁对流体的润湿性主要是通过赋予固壁密度(注:此密度为虚拟密度,并非实际固体密度),并通过引入流体与固壁间相互作用力的形式来实现。需要指出,大多数有关上述虚拟密度法的工作中都采用了统一固壁密度方式,然而已被证实这种方式常会导致固壁附近出现一层非物理的质量传输层(见 Huang H,et al. Int. J. Numer. Methods Fluids,2009,61:341-354)。为解决该问题,本项目拟借鉴李庆等最近的工作(见 Li Q,et al. Phys. Rev. E,2019,100:053313),构建一类具有局部性质的固壁密度,以克服上述非物理问题;(e)出口边界上的未知量(即图 3(b) x_{outlet} 格点对应的量)主要通过对流边界条件获得,其对应的动理学格式拟在严格保证物理量守恒的基础上,采用增加虚拟流体点(主要是为了方便计算碰撞项时的作用力)的方式给出。

(3)实现三维单气泡池沸腾过程中的气泡动力学行为。依据本项目设计的 LB 算法,数值模拟了三维单气泡池沸腾过程中的气泡动力学行为,部分计算结果如图 4 所示,与实验结果相吻合。

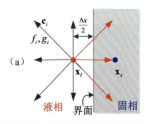
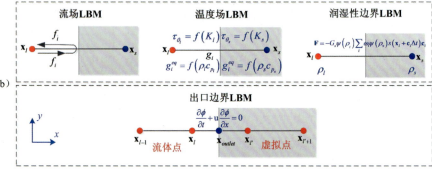

图 3 复杂边界的 LBM 处理方案

(a)界面半格子格式;(b)LBM 求解流场、温度场、润湿性边界及出口边界的数值处理方法,其中 f_i、g_i 分别表示 i 方向上流场和温度场的分布函数;c_i 表示离散速度方向;τ 表示松弛时间;ρc_p 和 K 分别表示热容及热导率;F 表示流体与固壁间的相互作用力;φ 代表速度、温度或者密度等变量;u 是出口边界上的特征速度,下标 l 和 s 用于标识液相和固相对应的物理量

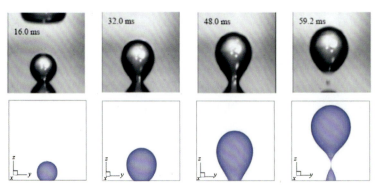

图 4 三维单气泡池沸腾过程中气泡的动力学行为,实验结果(上)和模拟结果(下)

相关研究论文如下:

[1] HE K,WANG L,HUANG J X,2021. Electrohydrodynamic enhancement of phase change material melting in circular-elliptical annuli[J]. Energies,14:8090.

[2] 刘镇涛,肖莉,和琨,汪垒,2021. 二维局部受热腔体内电热对流问题模拟和分析[J]. 力学学报,53,DOI:10.6052/0459-1879-21-205.

[3] HUANG J X,HE K,WANG L,2021. Pore-scale investigation on natural convection melting in a square cavity with gradient porous media[J]. Energies,14:4274.

[4] HE K, CHAI Z H, WANG L, et al, 2021. Numerical investigation of electro-thermo-convection with a solid-liquid interface via the lattice Boltzmann method [J]. Physics of Fluids, 33: 037128.

[5] 和琨,郭秀娅,张小盈,汪垒,2021. 方腔内电场强化固液相变传热研究[J]. 物理学报, 70: 149101.

[6] WANG L, WEI Z C, LI T F, et al, 2021. A lattice Boltzmann modelling of electrohydrodynamic conduction phenomenon in dielectric liquids [J]. Applied Mathematical Modelling, 95: 361-378.

创新点

开孔泡沫金属作为一种新型多孔金属材料,其特有的高孔隙率及高导热率特征使其在航空航天、微电子冷却等领域有着广阔的应用前景。就开孔泡沫金属强化沸腾传热研究而言,目前实验观测方法和表征体元尺度宏观模拟方法是人们认识开孔泡沫金属中沸腾换热过程的两种主要途径。但由于开孔泡沫金属孔隙结构的复杂性和不透明性,其内部流动沸腾换热机理尚未阐明。为此,本项目将以介观格子Boltzmann(LB)方法为主要研究方法,从泡沫金属的微观孔隙结构出发,在孔隙尺度上揭示开孔泡沫金属内流动沸腾换热特性和规律。主要包括:发展适用于开孔泡沫金属内流动沸腾换热模拟的LB方法;实现三维开孔泡沫金属孔隙结构的描述和表征;设计基于CPU-GPU异构系统的高效LB算法;探明泡沫金属微观孔隙结构对流动沸腾换热过程的影响机制。本研究不仅可以弥补传统实验观测和宏观模型在微观定量研究上的不足,而且还可为研发高性能多孔相变换热器提供技术支撑。

大型水库运行条件下滑坡演化与致灾机理

项目完成人:刘安平
项目来源:科技部国家863项目课题
起止时间:2013年3月21日至2014年7月21日

研究内容

众所周知,水库,特别是大型水库的建造对于国民经济的发展十分重要。我国正常运营的大型水库的数量十分庞大,如何保证大型水库安全运营就成为迫切需要考虑的重要科学问题。由于水库建造的地方周边环境多为山区,在一定条件下,就容易出现自然灾害,特别是山体滑坡会严重威胁大型水库的安全运营。因此,有必要探讨大型水库运行条件下滑坡演化与致灾机理。本课题的主要研究内容就是利用数学中的主要方法之一的微分方程理论去初步数量化刻画大型水库运行条件下滑坡演化过程。偏微分方程理论在力学与工程问题中有着十分重要的应用领域，也成功地解决了许多实际问题。本课题的具体内容就是利用偏微分方程理论及其数值方法初步研究与探讨大型水库运行条件下滑坡演化与致灾机理。探讨力学模型本征方程的完善与参数的辨识，在现场数据基础上建立计算模型以模拟演化过程。

研究成果

该项目初步进行了参数的辨识，建立了一种大规模的偏微分方程差分计算模型，并进行了计算机数值模拟，获得了一定条件下较为满意的比对结果。

创新点

利用偏微分方程理论及其数值方法初步研究与探讨力学模型本征方程的完善与参数的辨识，尝试引入数学理论于工程实际问题中，对大型水库运行条件下滑坡演化进行了初步计算机模拟计算与实验。

延迟动力系统的延迟依赖散逸性

项目完成人：胡　鹏
项目来源：国家自然科学基金数学天元基金
起止时间：2014 年 1 月 1 日至 2014 年 12 月 31 日

研究内容

本项目的研究内容主要包含非线性延迟微分方程解析解散逸性，非线性中立型延迟积分微分方程数值解散逸性以及随进积分微分方程数值算法的稳定性研究 3 个方面。

研究成果

（1）对非线性延迟微分方程首次考虑了其延迟依赖耗散性。

（2）针对非线性中立性延迟积分微分方程，研究了扩展的 Pouzet-型 Runge-Kutta 方法的有限维与无限维耗散性。

（3）对非线性随机 Volterra 积分微分方程得到了其解析解均方指数稳定条件，并分析了随机 Theta 方法的均方收敛性和均方渐进稳定性。

相关研究论文如下：

［1］HU P, QI R, HUANG C M, 2013. Delay-dependent dissipativity of nonlinear delay differential equations[J]. Applied Mathematics Letters, 26: 924-928.

［2］QI R, HU P, ZHANG Y J, 2014. Dissipativity of extended Pouzet-Runge-Kutta methods forneutral delay integro-differential equations[J]. International Journal of Computer Mathematics, DOI: 10.1080/00207160.2013.67022.

［3］HU P, HUANG C M, 2014. The stochastic Θ-method for nonlinear stochastic Volterra Integro-Differential equations[J]. Abstract and Applied Analysis: 583930.

创新点

（1）通过改进延迟系统的右端函数满足条件，得到了一个非线性延迟系统延迟依赖耗散的充分条件，从一定层面上考虑到了延迟量大小对方程耗散性的影响。

（2）证明了(k,l)-代数稳定的 Runge-Kutta 方法在适当的条件下能够重置原系统的有限维与无限维耗散性。

（3）对非线性随机 Volterra 积分微分方程构造了一类随机 Theta 方法，并证明了该方法在求解此类问题时具有 0.5 阶的收敛速度，以及在 Theta 属于[0.5,1]时对任意计算步长都能够保持原系统的均方渐进稳定性。

重尾分布噪声中二维谐波参数估计的子空间迭代算法研究

项目完成人：刘智慧

项目来源：国家自然科学基金数学天元基金

起止时间：2015 年 1 月 1 日至 2015 年 12 月 31 日

研究内容

重尾分布噪声中二维谐波信号的参数估计是多维信号处理研究中的一个重要且典型的问题，它在蜂窝通信、水声学、雷达等众多领域有广泛的应用。对于重尾分布噪声中谐波信号的参数估计，传统的参数化估计方法往往存在计算量偏大以及估计精度不高等问题。

研究成果

本项目基于构造观测样本矩阵的信号子空间迭代算法，结合 M-估计准则函数能检测和纠正重尾分布噪声的优势构造联合迭代算法估计重尾分布噪声中二维谐波参数，并从估计量的收敛性、无偏性和渐近分布 3 个方面对所提算法进行分析与评价。

相关研究论文如下：

[1] DAI Z G,LIU Z H,XIONG D D,2021. Fast iterative adaptive approach for 3D seismic data reconstruction[J]. Exploration Geophysics,52(5):575-589.

[2] 熊丹丹,刘剑锋,赵红景天,刘智慧,2021. 基于稀疏迭代协方差矩阵的谐波参数快速估计算法[J]. 信号处理,37(8):1419-1429.

[3] 王锦妍,刘智慧,代志刚,2020. 基于对数函数稀疏约束的随机缺失地震数据的重建[J]. 地球物理学进展,35(6):2228-2238.

[4] 代志刚,刘智慧,王锦妍,2020. 基于迭代最小化稀疏学习的三维地震数据重建[J]. 石油地球物理勘探,55(1):36-45.

[5] DAI Z G,LIU Z H,WANG J Y,2019. Iterative adaptive approach for seismic data restoration[J]. Journal of Seismic Exploration(28):333-345.

[6] LIU Z H,LI Y Y,BIAN J W,et al,2014. Noise subspace approach for frequency estimation of two-dimensional harmonics in zero-mean multiplicative and additive noise[J]. Journal of Statistical Computation and Simulation,84(11):2378-2390.

[7] 刘智慧,李宏伟,边家文,2012. 乘性和加性噪声中二维谐波频率估计[J]. 信号处理,28(4):495-499.

创新点

(1)本项目考虑了实际问题中在重尾分布噪声以及乘性噪声等多种因素影响下的二维谐波信号模型,使得估计方法更加符合应用背景,具有更广泛的应用范围。

(2)本项目研究基于信号子空间和 M-估计器的联合迭代算法,既充分利用了 M-估计器去除重尾分布噪声的有效性,又充分利用了信号子空间迭代算法计算量小、精度高且统计性能优良的优势。

基于压缩感知的相关源盲分离算法研究

项目完成人: 张玉洁

项目来源: 湖北省自然科学基金面上项目

起止时间: 2014 年 1 月 1 日至 2016 年 12 月 31 日

研究内容

以独立性假设为前提的独立成分分析方法难以处理相关源的盲分离问题。本项目旨在利用源信号的稀疏性而非独立性,将相关源盲分离转化为压缩感知理论中稀疏信号重建问题,并从理论与实验上分析所提算法的可行性。

研究成果

(1)利用源信号的稀疏性来研究相关源信号混合的盲分离算法。对于源信号相关的盲分离问题,独立成分分析算法难以得到理想的分离效果或者根本无法分离源信号。而在实际应用中,很多盲分离问题中的源信号并不是相互独立的,而且在变换域稀疏,或者说源信号相关且可稀疏,利用稀疏性来解决盲分离问题不需要考虑信号的统计独立性,如何提取源信号的稀疏性则是一个重要的问题。项目组成员通过研究几种稀疏变换,最终选择计算量小的短时离散余弦变换作为稀疏变换的一种选择,在变换域进行相关源盲分离。

(2)利用分布式压缩感知研究相关源盲分离算法。由于盲源分离模型与压缩感知模型虽然都是矩阵乘法,但矩阵的维数设置不一样,如何将两者统一起来是一个关键问题。本项目组将盲源分离模型进行分块重组,得到与压缩感知模型类似的结构,进一步将压缩感知算法推广到分布式压缩感知中,从而应用到相关源盲分离。

(3)从理论上分析了压缩感知算法应用于盲源分离的算法性能。盲源分离模型能够转化成分布式压缩感知模型,但如何从理论上说明算法的可行性以及混合矩阵需要满足什么条件是接下来的一个研究问题。本项目组从压缩感知的基本理论出发,推导出盲分离模型转化后的混合矩阵需要满足的 RIP 条件,并提出一种自适应带反馈的算法,此算法改进了原有压缩感知算法需要知道源信号稀疏性的缺陷,在分离精度上也优于原有的不带反馈的压缩感知算法。

(4)基于凸优化的压缩感知算法应用于相关源盲分离。压缩感知的算法有多类,其中贪婪算法和凸优化算法是常用的两类算法,凸优化方法主要利用高斯函数通过选取合适的参数来代替冲激函数,将 l_0 范数极小化转化成连续函数的极小化。本项目组利用广义高斯函数相较于高斯函数的优越性,研究了基于广义高斯函数与凸优化方法相结合的算法,并运用到相关源盲分离中。

相关研究论文如下:

[1] ZHANG Y J,QI R,ZENG Y N,2016. A combination approach for compressed sensing signal reconstruction[J]. Proceedings of SPIE:00111001119.

[2] XU Y,ZHANG Y J,LI H W,2015. Underdetermined blind separation based on distributed compressed sensing[J]. International Journal of Innovative Computing,Information and Control,11(2):447-462.

[3] QI R,ZHANG Y J,LI H W,2015. Overcomplete blind source separation based on generalized gaussian function and SL0 norm[J]. Circuits,Systems,and Signal Processing,34(7):2255-2270.

[4] PENG H M,YU S Q,BIAN J W,ZHANG Y J,LI H W,2015. Statistical analysis of non linear least squares estimation for harmonic signals in multiplica-

tive and additive noise[J]. Communications in Statistics-Theory and Methods,44(2):217-240.

[5] XU Y,ZHANG Y J,XING J,et al,2015. A new backtracking-based sparsity adaptive algorithm for distributed compressed sensing[J]. Journal of Central South University,22(10):3946-3956.

[6] XU Y,XING J,ZHANG Y J,et al,2015. Generalized orthogonal matching pursuit for distributed compressed sensing[J]. International Journal of Innovative Computing,Information and Control,11(4):1441-1456.

创新点

(1)本项目将压缩感知与盲源分离相结合,使得压缩感知具有更广泛的应用,并且为盲分离算法提供了更多的选择。

(2)本项目既注重压缩感知运用到盲分离中的有效性,又建立模型说明运用的可行性,将理论证明和仿真实验相结合来开展研究,评价所提方法的应用价值。

OBC(Ocean Bottom Cable)辅助放缆软件研制

项目完成人：李　星　刘安平　肖　莉　马恩君　郭志馗　曹　凯
　　　　　　彭慧玲

项目来源：中国石油集团东方地球物理勘探有限责任公司

起止时间：2012 年 6 月至 2013 年 9 月

研究内容

OBC 地震采集中的电缆铺放精度是影响勘探精度的重要因素。OBC 电缆沉放运动轨迹动态模拟方法研究及相应的 OBC 辅助放缆软件研制,是提高电缆铺放精度的有效手段。课题的主要任务是针对电缆铺放精度问题,研究建模技术、开发系统软件。

一段电缆已经落地,并且保持不动,再去研究当船以一定的速度向前运动时,往水中释放电缆,电缆质点在水中的运动轨迹分为两种状态。状态 1:静水中,不考虑海流作用,即海水流动的作用。状态 2:有任意方向和大小的海流作用。

针对"电缆质点在水中的运动轨迹"和"电缆质点最终落到海底的位置"这两个问题,如果在"有任意方向和大小的海流作用(状态 2)"的情况下可以解决,那么在"静水中,不考虑海流作用(状态 1)"的情况下也可以解决。因为当海水流速为零时,状态 2 就是状态 1,即状态 1 仅仅是状态 2 的特殊情况。所以我们只需研究"有任意方向和大小的海流作用"情况下"电缆质点在水中的运动轨迹"及"电缆质点最终落到海底的位置"的问题。

根据微积分学、牛顿力学和流体力学等知识,建立"有任意方向和任意大小海流作用"下,电缆质点在海水中运动轨迹数学模型。该数学模型为"非线性偏微分方程组"。

$$\begin{cases} \dfrac{\partial}{\partial s}\left(T\dfrac{\partial x}{\partial s}\right) - C_D\rho_w\dfrac{d}{2}\left(\dfrac{\partial x}{\partial t} - v_x\right)\left|\dfrac{\partial x}{\partial t} - v_x\right|\sqrt{1-\left(\dfrac{\partial x}{\partial s}\right)^2} = \rho\dfrac{\partial^2 x}{\partial t^2} \\ \dfrac{\partial}{\partial s}\left(T\dfrac{\partial y}{\partial s}\right) - C_D\rho_w\dfrac{d}{2}\left(\dfrac{\partial y}{\partial t} - v_y\right)\left|\dfrac{\partial y}{\partial t} - v_y\right|\sqrt{1-\left(\dfrac{\partial y}{\partial s}\right)^2} = \rho\dfrac{\partial^2 y}{\partial t^2} \\ \dfrac{\partial}{\partial s}\left(T\dfrac{\partial z}{\partial s}\right) - C_D\rho_w\dfrac{d}{2}\left(\dfrac{\partial z}{\partial t} - v_z\right)\left|\dfrac{\partial z}{\partial t} - v_z\right|\sqrt{1-\left(\dfrac{\partial z}{\partial s}\right)^2} - (\rho-\rho_0)g = \rho\dfrac{\partial^2 z}{\partial t^2} \\ \left(\dfrac{\partial x}{\partial s}\right)^2 + \left(\dfrac{\partial y}{\partial s}\right)^2 + \left(\dfrac{\partial z}{\partial s}\right)^2 = 1 \end{cases}$$

求解区间的两端都在不断变化,即不同时刻 t,需要求解的弧长 s 的范围不断变化。①弧长的底端:随着电缆沉入海底的那部分退出计算,初始弧长 s_0 不断增大;②弧长的顶端:随着放出的电缆越来越长,顶端弧长 s_n 不断增大。

对于大多数非线性偏微分方程,其解析解的求解过程都异常复杂,方程的解很难用初等函数或级数的形式表达出来。所以根据计算数学的基本原理,将方程组离散化,并应用预估-校正法求出其数值解。该方法比牛顿迭代法更为快捷、稳定,从而可以模拟计算出电缆在海水中的运动过程以及铺设到海底的电缆轨迹。

海底高程克里金插值:根据海底若干点位实测水深数据,利用克里金插值方法,计算出海底地貌数据,为电缆下沉过程模拟提供海底处理函数,同时也为海底三维显示提供数据支撑。

海水流速克里金插值:根据一个周期内若干时刻的海水流速实测数据,反复利用三维克里金插值方法,计算出各时刻各网格节点处的海水流速插值数据,为电缆轨迹模拟及海水流速显示提供数据支持,进而开发模拟软件系统。

研究成果

应用"OBC 辅助放缆软件系统"对不同海水深度、不同海水流速、不同类型的航行路径、行驶速度以及各种不同参数,例如不同电缆直径以及电缆密度等进行模拟实验。计算准确、稳定,结果与实际较为吻合。

相关研究论文及著作如下:

[1] LI X,WU C L,CAI S H,et al,2013. Dynamic simulation and 2D multiple scales and multiple sources with basin geothemal field[J]. International Journal of Oil Gas and Coal Technology,6(1-2):103-119.

[2] LI X,ZHANG Q,LIU Y,et al,2018. Modeling social-economic water cycling and the water-land nexus: A framework and an application[J]. Ecological

Modelling(390):40-50.

[3] LI X, XIONG S Z, LI Z H, et al, 2019. Variation of global fossil-energy carbon footprints based on regional net primary productivity and the gravity model[J]. Journal of Cleaner Production(213):225-241.

[4] 李星,吴冲龙,姚书振,2009. 盆地地热场和有机质演化动态模拟原理方法与实践[M]. 武汉:中国地质大学出版社.

创新点

(1)根据微积分学、牛顿力学、流体力学及电缆沉放特征,提出并完善了"有任意方向和大小海流作用"的电缆沉放运动三维数学模型,即二阶非线性偏微分方程组。

(2)根据有限差分法,对微分方程、初始条件和边界条件离散化,采用"预估-校正"法对非线性代数方程组求解,解决了三维电缆沉放运动的大型数值计算问题,计算结果准确、稳定。

(3)根据电缆沉放运动的特点,解决了动态边界问题。

(4)研制开发了"OBC辅助放缆软件",并对各种典型及实际模型进行了模拟分析,模拟结果与实际较为吻合。

(5)成功地应用克里金插值方法对海底高程、海水流速进行了插值加密,较好地建立了海底模型和海流模型。

荆州市矿产资源规划数据库建设

项目完成人:陈兴荣　张君梅　黄　霞　童　闰　王永卿　王　楠　张经纬　陆　微　张梦雪

项目来源:荆州市国土资源局委托项目

起止时间:2015年1月1日至2017年12月31日

研究内容

本项目建成符合《矿产资源规划数据库建设指南》(国土资源部,2007年10月)、《矿产资源规划数据库标准》(DZ/T 0226—2010)和湖北省国土资源厅(现为湖北省自然资源厅)关于数据库建设最新要求的荆州市矿产资源规划数据库。研究内容主要包含矿产资源调查评价与勘查、矿产资源开发利用与保护、矿山环境保护与恢复治理的现状与规划信息,以及与规划相关的基础地理、基础地质等信息。

研究成果

荆州市矿产资源总体规划数据库建库数据包括规划文本、编制说明、规划附表、规划附图、研究报告等规划数据和资料（表1）。

表1 矿产资源规划数据库提交成果目录

一级目录	二级目录文件名及内容		三级目录及文件名约定及内容	
	内容	目录名	内容或目录名	文件名
湖北省荆州市矿产资源规划数据库	规划成果图	［成果图］	系列成果图件 MapGIS 系统库	*.MXD 及 *.MPJ 工程文件命名按照《成果要求》；图层命名按《标准》要求
	MapGIS 空间数据库	［MapGIS］	MapGIS 格式的空间数据库	按《标准》要求
	ArcGIS 空间数据库	［ArcGIS］	［Geodatabase］	
			［Shape］	
	规划文档	［文本］	规划文本（Word 格式）	
			编制说明（Word 格式）	
			规划研究报告（Word 格式）	
			其他文档资料（Word 格式）	
	规划附表	［附表］	ACCESS 格式	按《标准》要求
		［成果附表］	Excel 格式	按《成果要求》
	元数据	［元数据］	元数据采集表（Word 格式）	按《标准》要求
			元数据数据库（Access 格式）	
	其他文档	［其他文档］	建库工作报告、电子文件说明、质量检查记录表等（Word 格式）	自定义
	自编代码字典	［字典］	自定义内容（Word 格式）	自定义

（1）空间数据：MapGIS 平台下建库，ArcGIS Shapefile 或 ArcGIS Personal Geodatabase 格式数据，同时提供 MapGIS 格式的成果数据（以度为单位的地理坐标系数据，大地坐标参照系为 1954 北京坐标系）。

（2）规划文档：总体规划文本、编制说明、规划研究报告以及其他文档资料（Word 格式）。

（3）规划附表：Access 数据库文件及 EXCEL 表格文件。

（4）元数据：元数据采集表（Word 格式）及元数据数据库（Access 格式）。

（5）规划附图成果图文件：MapGIS 平台，含工程（＊.MPJ）、图层和系统库文件。

（6）其他文件：建库工作报告、电子文件说明、质量检查记录表等。

（7）自编代码字典：标明所属数据项名称。

创新点

（1）数据库成果图件类别齐全，图面要素内容完整，地图投影参数准确，较好地表达了规划成果，实现了矿产资源规划管理、规划编制与审批，以及规划实施管理的信息化、网络化。

（2）数据质量符合《矿产资源规划数据库标准》（DZ/T 0226—2010）的要求。数据位置精度达到有关成图精度要求；各数据层建立拓扑关系，符合拓扑关系逻辑一致性要求；数据库内容包含基础地理信息、基础地质信息、矿产资源规划专题信息、注记信息以及其他信息，内容完备，能满足宏观分析和显示的需要。要素属性内容正确，包括数据的分类码和要素实体的标识码，可用于进行各种方式的查询检索。

（3）数据库成果空间要素图层划分合理，空间定位准确，拓扑关系完整，空间要素对应的属性表属性内容完整、属性结构齐全；数据库附表属性库表齐全，各类编码完整，元数据表采集规范，为矿产资源规划管理信息系统建设奠定基础。

湖北省第三轮矿产资源规划"多规合一"与矿产资源政策管理研究

项目完成人：陈兴荣　李奇明　徐　翔　王永卿　赵曜洲　吴泽方
　　　　　　　王　楠　张经纬　陆　微

项目来源：湖北省地质调查院委托项目

起止时间：2015 年 10 月 10 日至 2016 年 10 月 10 日

研究内容

为贯彻落实党中央、国务院关于矿产资源管理改革等决策部署，充分发挥市场配置资源的决定性作用，更好发挥政府作用，立足矿产资源勘查开采实际，解决矿产资源管理中存在的突出问题,按照《国土资源部关于开展第三轮矿产资源规划编制工作的通知》的要求和湖北省国土资源厅工作安排,开展湖北省第三轮矿产资源规划"多规合一"与矿产资源政策管理专题研究。该专题研究将实践中一些成熟、可行的经验提炼总结,并上升到制度层面,编制完成符合《省级矿产资源总体规划编制技术规程》和湖北省国土资源厅规划主管部门的最新要求的研究报告,为实现优化空间布局、有效配置资源、正常有序推进矿产资源管理工作提供政策保障。

研究成果

(1)完善矿产资源产权制度。调整矿产资源税费制度,进一步完善利益分配机制,推进矿产资源有偿使用制度进一步完善。转变出让方式,建立健全市场化出让制度,减少政府干预,由市场遴选出让对象,规范矿业权出让制度。建好平台,拓宽矿业权流转方式,改革矿业权流转制度。在合理科学的产权制度下规范好政府、企业和市场行为,协调好国家、企业、个人利益关系,形成具有"国有所有、公平使用、合作共赢"的矿产资源产权制度管理框架。

(2)推进现代矿业市场体系建设。按照产权明晰、规则完善、运行规范的要求,建立健全矿业权市场交易体系,培育、健全、规范矿业权出让市场,重点发展矿业权转让市场,整合建立统一的公共资源交易平台,建设有效的矿业资本市场。清理、规范矿产勘查开采部门行政审批中介服务事项,加大培育力度,打造覆盖全产业链的中介服务体系,充分发挥市场配置资源的决定性作用。坚持市场交易公开、公平、公正的"三公"原则,积极稳妥地推进现代矿业市场体系建设。

(3)理顺矿产资源开发收益分配关系。厘清当前我国矿产资源开发收益分配格局,梳理矿产资源开发收益分配存在问题,改革现行的矿产资源利益分配机制,按照不同的产权主体在矿产资源开发利用中的不同贡献做出相对公平的收益安排,合理划分中央与地方的权责边界,改革矿产资源有偿使用制度,建立社区居民的权益保障和利益补偿机制,实现矿产资源开发利益协调与共享。

(4)强化矿产资源宏观管理与公共服务。在建立明晰的矿产资源产权制度基础上,将矿产资源的管理重心转移到加强宏观管理和公共服务上,加强矿产资源开发利用统计制度建设和统计监测,开展矿产资源宏观形势分析,逐步形成由矿产资源战略、规划、政策等手段构成的矿产资源宏观调控体系。同时面向社会提供公共服务,加大政策法规宣传,提高矿业权政务服务效能和地质资料信息公共服务能力,不断增强矿产资源服务经济发展能力与水平。

(5)健全完善开发利用监督管理体系。在充分认识现有矿产资源开发利用监督管理体系存在问题的基础上,紧紧抓住改革机遇,适应政府职能转变的新要求,转变监管理念,创新监管方式,构建长效机制,根本上转变过去"重审批、轻监管"的管理格局,加强矿产资源开发利用的事中与事后监管,实现矿产资源勘查开发利用与保护的全程监管,不断完善矿产资源开发利用监管体系。

创新点

(1) 推进"一张图"管矿和综合监管平台建设。矿产资源监管手段直接制约着监管效能。随着国土资源信息化水平的不断提高,以"一张图"和"三大平台"为建设重点的国土资源信息化,为矿产资源开发利用监管提供了先进的技术手段,充分利用卫星遥感、电子监控、无人机巡查等数据采集监测手段,保证了综合监管平台实现了实时、全程监管。与此同时,科技管矿不断深化,随着数字矿山、智慧矿山技术的试点推广,不仅提升了矿山智能化水平,更为信息化综合监管提供了基础数据支撑,形成了"天上看、地下控、网上管"的立体监管网络。

(2) 加强重点地区、重点企业、重点矿种的市场监测,保证矿业市场平稳运行,为战略制定和宏观调控提供依据。加强矿产资源勘查开发统计与形势分析,逐步构建统一的矿产资源形势分析决策支持系统,为国土资源形势分析和管理决策提供基础支撑。依托"一张图管矿"系统和"国土资源云",充分运用大数据、云计算等技术手段,深入挖掘矿产资源各种基础数据信息,准确掌握资源供应的总量、结构、布局、时序等特征,提高信息资源开发利用深度,加强对宏观形势的分析预判。

二维盆地模拟 FORTRAN 源代码资料包采购合同

项目完成人:向东进

项目来源:中国石油化工股份有限公司石油勘探开发研究院

起止时间:2018 年 7 月 10 日至 2020 年 8 月 30 日

研究内容

盆地模拟系统是综合考虑地质、地球物理、岩石热力学、油气地球化学、渗流力学等多种参数和各地质事件,在空间上定量地再现盆地构造发育史、沉积埋藏史、热演化史、流体压力演化史、油气生成史及运移聚集史。该系统涉及的地质问题复杂,不确定性因素多,空间尺度大、时间跨度长。

在油气勘探中,研究岩性及其分布是最重要的基础工作之一,由岩性的信息可大致确定沉积相和古沉积环境,推测古沉积体系,预测生油区及有利的储层分布区。速度是岩性预测的一个重要参数,速度分析是地震地层学研究的一个重要内容,在盆地模拟中也需要准确的速度作为模拟计算的基础数据,本系统就是针对上述实际工作的需要而开发的。

研究成果

本系统采用多层次模块,以适于不同勘探程度和不同资料拥有的盆地或地区的软件。本系统实现的主要模块有：(1)地层剥蚀厚度恢复，包含地质类比法、镜质体反射率法、声波时差法和古地温梯度法 4 个数学模型；(2)沉积埋藏压实模拟，包括沉积时期的表层堆积过程、沉积时期的下伏层沉降过程和构造期的抬升剥蚀过程 3 个数学模型；(3)古地温及生排烃模拟，包括古地温模型、生排烃模型；(4)基于地震速度的流体势分析及速度-岩性分析；(5)烃类二维二相流动模拟；(6)水动力场模拟；(7)构造应力场模拟。

创新点

上述模块中的数学模型主要是偏微分方程模型，我们利用数值法对相应模型进行求解，编制 FORTRAN 程序并整合成盆地模拟系统。这项工作成果能促进石油勘探开发工作智能化，使其决策更加科学化。

汉江蔡甸汉阳闸至南岸嘴段航道整治工程新型结构生态影响监测分析

项目完成人：向东进
项目来源：长江航道规划设计研究院
起止时间：2018 年 2 月 18 日至 2021 年 3 月 30 日

研究内容

汉江是长江最大的一条支流，发源于陕西秦岭，流经陕西和湖北 39 个县市，于武汉市小河口汇入长江，具有重要的航运价值和生态价值。近年来，航运管理部门在国家有关政策的支持下，不断加大汉江航道的整治力度，这些整治工程采取了新的工艺和材料，本项目的主要目的是监测和评估整治工程带来的环境影响。

研究成果

项目研究工作区域为汉江蔡甸汉阳闸至南岸嘴河段，具体整治工作有白鸽咀护滩工程(3 种护摊措施)和阎王咀生态护岸工程(4 种护岸方案和材料)。本项目需要进行较长时间的监测，收集大量数据，用于评估这些工程措施对汉江水体、底泥、江堤等周边环境的生态影响。我们分别在不同季节、施工前后，以及施工地点的上中下游地点采集大量水质和底泥观测数据、浮游生物数据、植被数据，利用统计学和生物数学方法，确定不同施工方案、不同材料的环境影响。经过近 4 年的认真工作，项目已经圆满完成。

创新点

研究表明:这些工程方案和材料对河流水质和底泥与微生物并未带来显著影响,新的材料稳定性较好,没有带来任何污染。同时,我们发现不同护岸方式在一定时期内对植被生长有不同效果。基于项目研究成果,我们提出了一些促进植被恢复、能较长时间维持工程效果的对策建议。项目研究成果能给航道治理工程的方案和材料选择提供理论和实践支持,为管理部门和施工单位的决策提供科学依据。

随钻条件下勘探目标评价结果动态调整软件模块测试

项目完成人:陈兴荣　王来峰　向东进　刘鲁文　邹　敏　朱燚丹
黄斯怡　李秋萍　朱　乐　徐江玲　莫莉萍　周　源
汪芳雪　熊　媛　陈园园　刘昱卓　付　聪　左　康
周　艺　田雅纯

项目来源:中国石油化工股份有限公司石油勘探开发研究院委托项目

起止时间:2020年6月10日至2021年3月31日

研究内容

本项目在结合国内外最新算法和中国石油化工股份有限公司石油勘探开发研究院最新科研成果的基础上,着力开发支持大数据下油气勘探目标、资源评价及部署决策一体化的软件平台(PetroV),力求构建更高效、更完善的软件系统。目前,PetroV软件已开发了适合国内外实际情况的勘探目标评价模块,本项目将通过解剖已有的勘探部署决策树模块、含油气性风险依赖的可采资源量计算模块、基于贝叶斯分类的空间概率评价模块,调整、推导现有概率评价模型,针对现有模块存在的问题,给出随钻条件下(部分条件确定的情况下)模型的调整思路,确保随钻条件下能够及时调整目标地质风险和可采资源量以及异常流体的评价结果。

(1)评估已有的决策树数学模型的合理性,给出针对信息价值和先验概率调整的数学模型详细推导与验证;

(2)评估已有的含油气性风险依赖及EUR不确定性计算模块,给出随钻条件下数学模型调整的思路及技术手段;

(3)评估已有的基于贝叶斯分类(有油、无油)的空间概率评价模块,在已有的考虑特征独立的基础上,进一步考虑特征依赖及概率表征的贝叶斯分类数学模型推导,解剖最新的深层网络结构设计。

研究成果

（1）针对信息价值和先验概率调整的决策树模型，探讨信息价值对勘探部署决策的影响以及逆概率调整对勘探部署决策的影响。在实际勘探部署决策过程中，面向未来（后验）而不是简单总结已经发生（先验）的不确定性，采用更为客观的机会节点后验推理模型，利用实际观测（勘探）情况调整、逆转现有条件概率模型，获取更为客观的决策期望值。

（2）基于含油气风险依赖的地质风险评价模块，推导三（四）级圈闭含油气性概率计算模型和含油气性风险依赖的概率计算模型。改进的概率树中（图1），"边际概率"作为"层圈闭"对象作为根节点；其他节点依旧对应真正的层圈闭，其状态对应的是条件概率值。此次改进更好融合不同层圈闭的边际概率和条件概率，进而能够完整地进行"完全独立""部分决定"和"完全决定"3种含油气风险依赖类型的组合概率计算。

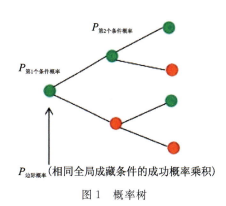

图1 概率树

不同油气聚集单元之间存在明显的含油气性风险依赖关系，决定了不同油气聚集单元以不同组合形成出现的概率也不同，存在"至少有一个次级圈闭发现""多个次级圈闭同时发现"等诸多可能情况。边际概率的大小决定了不同油气聚集单元间含油气性风险依赖关系，不同含油气性风险依赖类型决定了不同对象以何种组合形式出现，而不同油气聚集单元组合形式决定了"至少一层出现"的概率和最终油气资源量的分布。"概率组合加和"算法，本质上对最新地质上识别出的、不可切分的含油气聚集单元进行符合不同地质模型约束的取样、组合，结合不同的组合充分考虑不同地质条件约束下的体积计算参数的不确定性。该方法随机模拟给出的不确定性油气资源量分布，不同分位值对应的就是各种可能的含油气聚集单元组合情况，可以回答"大于某油气资源量值的概率是多少""该资源量主要有哪些产层组成""分别贡献了多少"等实际勘探部署问题。

（3）基于贝叶斯判别的含油气性空间分布预测。马氏距离下的贝叶斯判别评价模型根据筛选出的地质变量将探井分为油气井和非油气井两类，在此基础上分别建立多变量空间上油气藏总体和非油气藏总体与地质变量的马氏距离关系模型（图2），以此作为分类的依据，并将分类结果转换到评价区，得出油气空间分布有利区地质图，再采用贝叶斯方法将地质有利性转换为评价区油气资源存在的概率。

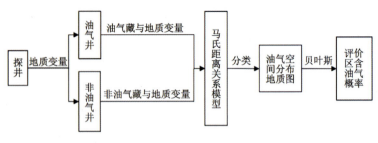

图 2 基于马氏距离的贝叶斯判别评价模型流程图

创新点

(1)在次级圈闭定量评价数学模型中,改进的概率树算法可以计算诸如"至少有一次级圈闭发现""多次级圈闭同时发现"等不同圈闭组合的概率,并能够直接给出是由哪些含油气次级圈闭组成的。以改进的概率树为基础设计的"概率组合加和"资源量计算方法,在明确哪些圈闭应该同时出现的基础上,将其他不同地质条件约束有机融合到蒙特卡洛模拟计算过程中,客观描述各个次级圈闭体积模型的不确定性。相较于经常采用的"简单加和"或"概率加权加和"算法,"概率组合加和"可获取更加符合当前地质模型的不确定性油气资源量计算结果,能够显著提升圈闭统一优选排队的合理性。

(2)运用马氏距离定量描述关键地质变量与油气藏总体和非油气藏总体的关系,使用马氏距离下的贝叶斯判别评价模型对含油气性空间分布进行预测,该方法不仅可用于资源评价也可用于油气勘探的风险分析和可视化。

面向浅层学习、深层应用的系列深度学习软件模块评估测试

项目完成人:陈兴荣　王来峰　向东进　刘鲁文　邹　敏　李秋萍
　　　　　　黄斯怡　朱燚丹　朱　乐　莫莉萍　徐江玲　周　源
　　　　　　汪芳雪　熊　媛　陈园园　刘昱卓　付　聪　左　康
　　　　　　周　艺　田雅纯
项目来源:中国石油化工股份有限公司石油勘探开发研究院委托项目
起止时间:2020 年 6 月 10 日至 2021 年 3 月 31 日

研究内容

本项目在建立一些典型的深度学习专业样本数据的基础上,跟进最新深度学习网络架构进展,编写 PYTHON 代码进行验证,为后续软件落地井震解释打下基

础。主要研究内容包括：

(1)在调研基础上给出行业内包括三维海洋地震、二维陆地地震以及 2D 合成地震数据等 10 个深度学习数据集的介绍和应用格式；

(2)阐述以卷积神经网络、循环神经网络、图神经网络和生成对抗网络为代表的主流网络架构，详述特征挖掘及映射的数学机理；

(3)针对大型稀疏矩阵近似求解方法，着重探讨梳理 SUPERLU 的分块并行算法和油藏模拟模型两种方案；

(4)跟进地震属性融合的最新技术，建立针对井震数据解释的深度学习网络架构，验证以 U-net 网络为代表的地震属性融合最新深层网络应用效果。

研究成果

(1)针对石油勘探行业的不同研究问题，收集、整理相对应的地震切片、测井曲线等样本数据集。

数据集的界定

研究方向		数据集
地震方向	地震数据的重建	开源数据集或行业标准数据集，如 Mobil Avo Viking Graben Line 12 数据集(该数据集由 $N=1001$ 个灰度地震图像组成，每个采集图像 $I \in R^{1024 \times 128}$ 由 1024 个时间样本的 128 条轨迹组成，时间采样为 4ms，采样率为 25m)
		实际地震数据剖面(某一区域的实际叠前地震数据、叠后地震数据，对原始真实数据进行人工缺失来构造训练集与测试集)
	地震数据的去噪	开源数据集或行业标准数据集，如 Mobil Avo Viking Graben Line 12 数据集
		实际地震数据(某一区域的实际含噪叠前地震数据、叠后地震数据，通过对数据集添加不同水平的噪声来构造训练集与测试集)。注意利用目前已有的去噪方法，先从实际地震数据中分别获得和未知干净数据具有相似纹理特征的估计干净数据，以及与实际噪声概率分布相似的估计噪声，通过数据增广形成训练样本集，可以有效解决基于神经网络去噪方法应用于实际地震数据中所面临的训练样本集缺少问题
	地震属性的融合	某一区域的多种地震属性切片数据，如断层纹理、最大曲率、均方根振幅属性等

续表

研究方向		数据集
测井方向	井曲线的补全	训练集与验证集需要多口井的完整的测井曲线,如自然伽马、阵列感应电阻率、中子孔隙度、横波时差和纵波时差等;测试集为缺失部分深度段的测井曲线
	井曲线的岩性识别	某个油气田的多口已确定好岩性的井数据样本,可选取自然伽马、深感应、岩性密度等多种测井特征变量
	井曲线间的融合	选择某口井作为研究数据,并选择同井段的能够反映地层特征的多条测井曲线作为样本数据
井震数据融合		地震数据体和测井数据
三维地质建模		地层网络模型、地质统计学参数、地震数据与测井曲线

(2)深度神经网络的典型网络结构包括:

①卷积神经网络,残差网络、MobileNet_v1。②循环神经网络,长短期记忆神经网络、编码-解码结构与注意力机制、Self attention 和 Transform 结构。③图神经网络,GCN 中的 GraphSAGE 和 GAT 网络。④生成对抗网络,深度卷积生成对抗网络和 GraphGan。

(3)SUPERLU 是用于大型线性方程组的分布式内存稀疏直接求解器,是基于稀疏的高斯消去法的一种创新的静态枢轴策略。静态透视比经典的局部透视的主要优势在于,它允许对数据结构和通信模式进行优先确定,能够利用并行稀疏的 Cholesky 算法中使用的技术更好地并行化大型分布式机器上的 LU 分解。

利用 SRM 进行模拟首先建立时空数据库,让模型学习油藏中流体流动现象的全过程。该数据库从仿真模型中提取,包括不同类型的数据,例如孔隙度、渗透率等不随时间变化的静态数据以及压力、相饱和度等随时间变化的动态数据。实现步骤包括训练、校准和验证过程,将时空数据库分为训练集、校准集以及验证集。神经网络根据训练集匹配提供的输出(储层模拟结果),校准集用于确定何时停止训练,验证集用于验证训练后的人工神经网络的可预测性。

(4)基于稀疏表示的自适应地震多属性融合方法,能融合每个属性所包含的大部分地质信息,能够从多个角度反映目标地质体的相关情况。将机器学习中的神经网络算法引入多地震属性断裂预测体的信息融合过程中,通过模拟人脑生物神经网络,根据一定的网络结构将多个神经元节点与处理功能连接在一起,可以处理数据不准确、数据模糊或复杂的非线性映射问题。

创新点

(1)总结 TensorFlow 开源学习包与深度神经网络模型,详述特征挖掘及映射的数学机理,厘清针对大型稀疏矩阵的深层网络结构设计思路,基于已有数据全面实践相关深度神经网络模型。

（2）将 SUPERLU 的分块并行算法和油藏模拟模型两种方案用于大型稀疏矩阵的求解。SUPERLU 方法在数值分解前执行静态数据透视，能够更好使用相关技术并行稀疏 Cholesky 代码，选择（对称）排列以最小化填充并最大化 parle-lel-ism，实现填充模式的预计算以及 2D 分布式数据结构和通信模式的优化。油藏模拟能够模拟全油田油藏模型的功能，并用于自动历史匹配，做到实时优化、实时决策和不确定性量化。通过模拟，可得到油藏内部压力分布、剩余油藏分布、饱和度分布等油藏状态，并且在此基础上有效地指导油气田开发。

基于"两圈一带"战略的湖北省县域经济差异及协调发展模式研究

项目完成人：陈兴荣　向东进　余瑞祥　王来峰　刘鲁文　严慈苗　王高产　朱思思

项目来源：湖北省统计科研计划项目

起止时间：2021 年 8 月至 2024 年 3 月

研究内容

（1）湖北省县域经济发展水平综合评价。根据科学发展观和相关经济原理，选择并构建能够反映和谐社会和"两型"社会要求的经济、社会、资源、环境发展的综合指标体系，分别采用定量赋权以及定性与定量相结合的赋权方法对湖北省县域经济发展水平进行动态的综合评价。

（2）湖北省县域经济差异时空变化分析。在对湖北省县域经济发展水平进行动态综合评价的基础上，采用 GIS 空间统计分析方法，厘清县域经济发展时空分异现状及时空发展格局变化。比较分析各县域资源禀赋和产业基础，对导致经济发展水平趋异的主要因素进行深入剖析。

（3）湖北省县域经济类型划分及其空间分区。根据各县域发展的具体情况，考虑社会、历史、地理、自然等方面因素，探索依据所处区位、主导资源、主导产业或经济发展水平等分类标准划分湖北省县域经济类型，进而以县域为基本单元对湖北省进行空间分区及主导产业选择。

（4）湖北省县域经济的核心竞争力评价。运用系统论的基本原理，兼顾评价方法的动态性和适用性，对不同类型县域经济的社会、经济、文化教育、科技、人类需求等方面综合发展水平进行量化比较分析，确定不同区域、不同类型县域的核心竞争力，并适当进行竞争力排序。

（5）湖北省县域经济协调发展模式研究。在湖北省委、省政府提出的"两圈一带"发展战略的大背景下，对基于县域的空间分区分别出台更具针对性的区域发展政策。在区域协调发展战略和政策的框架下，各县域根据自身的核心竞争力构筑特色发展模式，使不同地域、不同类型县域实现协调发展。

研究成果

（1）湖北省县域经济发展水平综合评价。根据科学发展观和相关经济学原理，选择并构建能够反映和谐社会和"两型"社会要求的经济、社会、资源、环境发展的综合指标体系，采用定性与定量相结合的赋权方法定量的表现县域经济基本竞争力所包含的主要方面，对湖北省县域经济发展水平进行综合评价。考虑到县域经济的综合发展是一个动态的过程，并非静态的一成不变的，因此，进行县域经济竞争力的评价要考虑动态性。通过比较连年因子综合得分比较高的县市，包括仙桃市，潜江市、汉川市、武汉市新洲区、宜都市等，发现第二产业占地区生产总值的比重都比较高，分析结果充分证明了湖北省县域经济的战略重点是第二产业。

（2）湖北省县域经济类型划分及其空间分区。根据各县域发展的具体情况，考虑社会、历史、地理、自然等因素，探索依据所处区位、主导资源、主导产业或经济发展水平等分类标准划分湖北省县域经济类型，进而以县域为基本单元对湖北省进行空间分区及主导产业选择。运用系统论的基本原理，兼顾评价方法的动态性和适用性，对不同类型县域经济的社会、经济、文化教育、科技、人类需求等方面的综合发展水平进行量化比较分析，确定不同区域、不同类型县域的核心竞争力，将湖北省县市大致分为四类："武汉城市圈"县市、"湖北长江经济带"县市、"鄂西生态文化旅游圈"主要发展县市、经济落后县市（图1），分类结果与湖北省提出的"两圈一带"战略构想与发展思路基本一致。

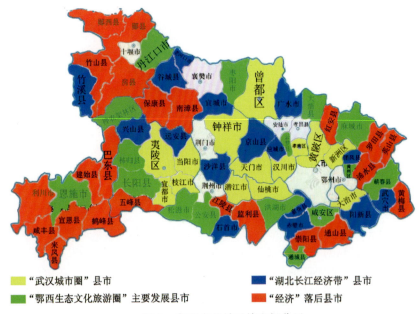

图1　湖北省县域经济空间分区

(3)湖北省县域经济协调发展模式研究。在湖北省委、省政府提出的"两圈一带"发展战略的大背景下,对基于县域的空间分区分别出台更具针对性的区域发展政策。在区域协调发展战略和政策的框架下,各县域根据自身的核心竞争力构筑特色发展模式,使不同地域、不同类型县域实现协调发展。"两圈一带"是一个有机整体,不是3个板块的简单相加,虽然将湖北省县市按照"两圈一带"的区域范围分为4个部分,但是湖北省县域经济的发展,要在"两圈一带"的整体战略思想下进行,各县市之间要充分发挥自身优势,逐步将特色经济发展为强支柱产业,同时充分利用其他县市的优势发展自身经济。无论是第二产业发达的"武汉城市圈"县市还是以第一产业为主的鄂西北落后地区都要注意经济的转型,在发展各自优势产业的同时,将发展比重向第三产业调整,实现经济转型与可持续发展。

创新点

(1)通过对湖北省各县域经济发展水平的综合评价,厘清县域经济发展时空分异现状及空间发展格局变化,剖析导致经济发展水平趋异的主要因素,划分湖北省县域经济类型并进行空间分区,评价县域经济的核心竞争力,在"两圈一带"发展战略的大背景上,构筑各县域特色发展模式。

(2)以湖北省县域经济发展状况为切入点,通过对各县、县级市经济的对比分析,从不同角度探究县域经济发展特征,发现各地区经济发展中存在的主要问题以及制约经济均衡发展的主要因素,为战略决策提供科学依据,推进湖北区域发展的整体联动。

三、几何与非线性分析研究方向

部分耗散 KdV 方程的动力学行为与定量唯一延拓性

项目完成人：王 明
项目来源：国家自然科学基金青年科学基金项目
起止时间：2018 年 1 月 1 日至 2020 年 12 月 31 日

研究内容

(1) 两点时刻能观测不等式以及能观测集的刻画；
(2) KdV 方程的解析半径估计；
(3) 吸引子的分形维数与奇异支集。

研究成果

(1) 发现了调和分析中的不确定性原理与薛定谔方程两点时刻能观测不等式联系，由此证明了 $\partial_t u = i\Delta u, u(0,x) = u_0(x) \in L^2(\mathbb{R}^n)$ 的任何解均满足

$$\int_{\mathbb{R}^n} |u(T,x)|^2 \, dx \leqslant Ce^{\frac{Cr_1 r_2}{T}} \left(\int_{|x| \geqslant r_1} |u_0|^2 \, dx + \int_{|x| \geqslant r_2} |u(T,x)|^2 \, dx \right)$$

这里的常数 C 仅仅依赖于空间维数。它告诉我们，只需要在两个时刻观测解在球外的状态，就可以恢复解的所有位置的状态。文章发表于[Journal of the European Mathematical Society 21(2019), no. 11, 3513-3572]。但它的证明非常依赖于薛定谔方程的解的积分表示，难以推广到其他色散方程。后来，通过研究线性 KdV 方程的定量解析光滑效应，证明了 $u_t + u_{xxx} = 0, u(0,x) = u_0(x) \in L^2(\mathbb{R})$ 的两点时刻能观测不等式

$$\int_{\mathbb{R}} |u_0(x)|^2 \, dx \leqslant Ce^{Ct^{-\frac{4}{3}}(r_1^4 + r_2^4)} \left(\int_{|x| \geqslant r_1} |u_0(x)|^2 \, dx + \int_{|x| \geqslant r_2} |u(t,x)|^2 \, dx \right)$$

并利用反证法得到了非线性 KdV 方程的类似结果，文章发表于[SIAM Journal on Mathematical Analysis 53(2021), no. 2, 1944-1957]。此外，我们还研究了全空间中热方程的能观测不等式，证明了热方程 $\partial_t u = \Delta u, u(0,x) = u_0(x) \in L^2(\mathbb{R}^n)$ 的解满足

$$\int_{\mathbb{R}^n} |u(T,x)|^2 \mathrm{d}x \leqslant C \int_0^T \int_E |u(t,x)|^2 \mathrm{d}x \mathrm{d}t$$

当且仅当 E 是均匀分布集,即存在常数 $\gamma>0, L>0$ 使得

$$\inf_{x \in \mathbb{R}^n} |E \cap Q_L(x)| \geqslant \gamma L^n$$

这里的绝对值表示 Lebesgue 测度。证明主要用到了傅里叶紧支撑函数的 Logvinenko-Sereda 定理、插值型唯一延拓性不等式以及电报级数法等工具。文章发表于[Journal de Mathématiques Pures et Appliquées(9)126(2019),144-194]。很多学者对这一工作进行了引用,如法国科学院院士 Gilles Lebeau[Lebeau et al, 2019]、剑桥大学 Ivan Moyano 教授、德国 Martin Tautenhahn 教授[Tautenhahn et al,2020]等。

(2)Korteweg-de Vries(KdV)方程是描述浅水波传播的重要数学模型,标准形式是

$$u_t + u_{xxx} + uu_x = 0, \quad u(0,x) = u_0(x)$$

尽管在 Sobolev 空间中的适定性结果已比较完整,但是在解析函数空间中的整体适定性仍然是待解决问题。主要原因是 KdV 方程在解析函数空间中没有能量守恒律,难以得到解的大时间估计。为此,很多数学家退而求其次,考虑解的解析半径 $\sigma(t)$ 随时间增长时的下界估计。在这一方向上,结果如下。Bona-Grujic,2003: $\sigma(t) \geqslant ce^{-a^2}$,Bona-Grujic-Kalisch,2005: $\sigma(t) \geqslant t^{-12}$,Selberg-Silva,2017: $\sigma(t) \geqslant t^{-\frac{4}{3}-\varepsilon}, \forall \varepsilon>0$,Tesfahun;2018: $\sigma(t) \geqslant t^{-\frac{4}{3}}$。受 Tao 团队 I-方法启发,我们通过建立解析函数空间中的高阶几乎能量守恒律

$$\|u(\delta)\|_{G^\sigma}^2 \leqslant \|u_0\|_{G^\sigma}^2 + C(\|u_0\|_{G^\sigma}^2)\sigma^4$$

由此得到了新的解析半径下界估计: $\sigma(t) \geqslant t^{-\frac{1}{4}}, t \to \infty$。文章发表于[Journal of Differential Equations 266(2019), no. 9, 5278-5317]。

(3)考虑了全空间 R 上弱耗散分数阶薛定谔方程

$$u_t - \mathrm{i}(-\Delta)^a u + \mathrm{i}|u|^2 u + \gamma u = f, \quad u(0,x) = u_0(x)$$

解的长时间行为。证明了当外力项 $f \in L^2(\mathbb{R})$ 时,系统的整体吸引子具有有限分形维数。这个结果去掉了 Goubet-Zahrouni[Nonlinear Differ. Equ. Appl. 2017]文中的衰减性假设 $\int_{\mathbb{R}} x^2 |f(x)|^2 \mathrm{d}x < \infty$,因此正面解决了 Goubet-Zahrouni 提出的公开问题。文章发表于[Applied Mathematics Letters 98(2019),432-437]。此外,还研究了全空间 R 上阻尼 Benjamin-Bona-Mahony(BBM)方程

$$u_t - u_{txx} - \gamma u_{xx} + \delta u + u_x + uu_x = f(x), \quad u(0,x) = u_0(x)$$

证明了系统的整体吸引子奇异支集等于外力项 f 的奇异支集,也就是说,吸引子在某点光滑当且仅当 f 也在此点光滑。文章发表于[Discrete & Continuous Dynamical Systems-B 26(2021), no. 10, 5321-5335]。

相关研究论文如下:

[1] WANG G S, WANG M, ZHANG Y B, 2019. Observability and unique continuation inequalities for the Schrödinger equation[J]. Journal of the European

Mathematical Society,21(11):3513-3572.

[2] LI Z,WANG M,2021. Observability inequality at two time points for KdV equations[J]. SIAM Journal on Mathematical Analysis,53(2):1944-1957.

[3] WANG G S,WANG M,ZHANG C,et al,2019. Observable set,observability,interpolation inequality and spectral inequality for the heat equation in Rn[J]. Journal de Mathématiques Pures et Appliquées,126(9):144-194.

[4] HUANG J H,WANG M,2019. New lower bounds on the radius of spatial analyticity for the KdV equation[J]. Journal of Differential Equations,266(9):5278-5317.

[5] WANG M,HUANG J H,2019. Finite dimensionality of the global attractor for a fractional Schrödinger equation on R[J]. Applied Mathematics Letters(98):432-437.

[6] HUANG J H,TANG Y B,WANG M,2021. Singular support of the global attractor for a damped BBM equation[J]. Discrete & Continuous Dynamical Systems-B,26(10):5321-5335.

创新点

(1)首次得到了两点时刻能观测不等式,只需要在两个时刻观测解的状态即可恢复全体数据,通常文献中均需要观测一段时间;首次得到了全空间中热方程能观测集的刻画,即某集合是能观测集当且仅当它是均匀分布集,这一结果统一了前期文献中的充分条件和必要条件。

(2)发展了解析函数空间中的 I-方法,证明了解析函数空间中的高阶几乎能量守恒律,得到了目前 KdV 方程解析半径的最佳下界估计。

(3)发展了弱耗散(特别是色散方程)的拟稳定估计方法,证明全空间中弱耗薛定谔方程的吸引子分形维数是有限的;提出了吸引子的奇异支集概念,并证明了 BBM 方程整体吸引子的奇异支集定理,给出了吸引子局部正则性的细致刻画。

分子动理学中两类可压缩模型的奇异极限问题研究

项目完成人:张腾飞
项目来源:国家自然科学基金青年科学基金项目
起止时间:2018 年 1 月 1 日至 2020 年 12 月 31 日

研究内容

本项目主要通过对微观动理学与宏观流体模型中两类可压缩模型的适定性与奇异极限问题的研究,揭示不同模型(可压与不可压、微观与宏观)于不同的尺度与边界条件下解的存在性与渐近关系。该项目主要研究以下3个方面的问题：

(1)弱可压的Stokes型流体系统于不同尺度与边界条件下的渐近性质；

(2)可压缩的宏微观耦合聚合物流体模型经典解的整体适定性；

(3)自组织粒子系统的适定性与流体动力学极限问题.

研究成果

(1)弱可压的Stokes型流体系统于不同尺度与边界条件下的渐近性质。对于Boltzmann方程的流体动力学极限问题，通过形式化的分析可知，可压缩Navier-Stokes系统并不是直接由Hilbert展开的首阶项所对应得到的方程，因此其对应的流体极限严格来讲是一种"渐近"过程。我们研究由Golse与Levermore(2002年)在证明Boltzmann方程至Stokes-Fourier系统的极限过程时提出的弱可压Stokes系统(Weakly Compressible Stokes，WCS)，证明其在不同时间尺度和不同的区域与边界条件下的极限过程。

证明了在短时间尺度下，WCS系统的解强收敛至声波系统的解；而在长时间尺度下，WCS系统的极限为不可压Stokes系统，并且在特定的一类Navier-slip边界条件下，可以得到强收敛的结果。

此成果是与武汉大学江宁教授合作完成，并发表于主流数学刊物 *Journal of Differential Equations* 上。附该文章具体信息：ZHANG T F, JIANG N, 2018. Two timescales asymptotes of the weakly compressible Stokes system[J]. Journal of Differential Equations, 264(3):2075-2112.

(2)可压缩的宏微观耦合聚合物流体模型经典解的整体适定性。聚合物溶液是一类典型的黏弹性复杂流体模型。对于微观的化学模型聚合物溶液来讲，通常将其分子结构简化为"哑铃(dumbbell)"或是"珠簧(bead-spring)"模型，两端的"珠子"通过中间的"杆"或"弹簧"(化学键力)连接而成一个整体，在数学上可以视为一个沿着其伸缩方向的向量。由于聚合物溶液中常包含多种不同尺度的分子结构，基于微观的分子相互作用以统计方法来研究则计算量常常过于庞大，而仅从流体力学方程的角度又不足以描述其真实的模型，因此对其进行数学描述也就需要兼顾不同的尺度性质，即考虑利用宏微观耦合模型。

此问题的提出建立在国际上著名的数学家林芳华、柳春与张平在2007年关于不可压宏微观耦合模型的研究基础上，而在实际中存在的模型，严格来说都是可压缩的(只是程度不同而已)。项目负责人与合作者针对可压缩的情形，首先是通过能量变分法严格推导出相应的宏观-微观偏微分系统，而后利用能量方法证明了平衡态附近小初值经典解的整体存在性，在能量估计过程中，需要建立合适的能量与耗散泛函，通过对单纯空间变量的高阶能量估计、空间变量与微观位形变量的混合高阶能量估计，以及宏观背景上的可压缩流体方程的密度与速度(动量)的能量估计，结合宏微观模型的基本能量估计，并借助各个能量泛函之间的调节参数作用，最终获得封闭的能量估计和得到所希望的先验估计，而后通过紧性收敛与连续延拓方法得到平衡态附近经典解的整体存在性.

此成果是与武汉大学江宁教授及中南财经政法大学刘亚楠老师合作完成,发表于数学领域高质量期刊 SIAM Journal on Mathematical Analysis 上。附该文章具体信息:Jiang N, Liu Y, Zhang T F, 2018. Global classical solutions to a compressible model for micro-macro polymeric fluids near equilibrium[J]. SIAM Journal on Mathematical Analysis, 50(4):4149-4179.

(3)自组织粒子系统的适定性与流体动力学极限问题。自组织粒子系统由国际上著名应用数学家 Degond 和其合作者于 2008 年提出,包含微观层次的粒子系统、平均场极限而得的自组织动理学方程,以及描述其在适当尺度下表现出的一致宏观行为的自组织流体系统。

本项目进行期间,项目组成员在之前关于此领域工作基础上,持续钻研并获得突破,对于黏性背景溶液中的自组织粒子系统,克服了坐标奇性,证明了(局部)适定性,尤其是(在广义碰撞不变量所反映的限制条件下)证明了此宏微观耦合系统从动理学层面到宏观自组织流体系统的流体动力学极限问题,并且还得到了最优的收敛速率。

此成果是与武汉大学江宁教授及华南理工大学罗益龙老师合作完成,发表在数学领域高质量期刊 Archive for Rational Mechanics and Analysis 上。附该文章具体信息:Jiang N, Luo Y L, Zhang T F, 2020. Coupled self-organized hydrodynamics and Navier-Stokes models: local well-posedness and the limit from the self-organized kinetic-fluid models[J]. Archive for Rational Mechanics and Analysis, 236(1):329-387.

创新点

(1)弱可压的 Stokes 型流体系统于不同尺度与边界条件下的渐近性质。此问题中,值得注意的是对于快速振荡声波的处理,特别是在有界情形,利用边界层渐近分析技术得到声波的 Damping 效应,从而可将弱收敛结论进一步提升为强收敛。这项工作包含了丰富的理论结果,证明过程中需要具有很强的分析技术,同时用多种不同的处理方法针对性处理不同情形,如处理周期区域快速震荡声波的滤子方法、处理一类 Navier 滑移边界的边界层渐近分析技术方法等。

(2)可压缩的宏微观耦合聚合物流体模型经典解的整体适定性。项目组所关注的聚合物溶液流体模型属于黏弹性复杂流体的研究领域。通过对其蕴含的能量变分结构进行深入挖掘,严格推导了可压缩类型的宏微观耦合偏微分方程,进而对其解的存在性理论进行分析刻画,得到平衡态附近的整体解。与不可压模型中 Deformation tensor 的行列式为单位 1 导致 Lagrangian 与 Eulerian 两种坐标转换过程中并非明显地显示出其作用不同,因此需要同时考虑宏观与微观上两种 Flow map,这在可压缩情形中是显式地表现在能量变分的过程中,对于模型的理解、适定性的分析与先验估计都有重要作用。

(3)自组织粒子系统的适定性与流体动力学极限问题。本项目主要是集中于从严格的偏微分方程理论上对此系统进行分析。此领域十几年中几乎所有的研究工作均为形式化推导模型或属数值计算与模拟方面,缺乏严格的理论分析。本项目的工作属于纯粹数学理论上的严格证明,有很强的研究特色,这也受到了该模型的提出者、国际上著名的应用数学家 Degond 及其合作者的极大关注,Degond 多次在不同场合公开提到我们的研究成果,并在文章中引用。

高维黏性辐射反应流体力学方程组的大初值整体强解

项目完成人:万　灵

项目来源:国家自然科学基金青年科学基金项目

起止时间:2019 年 1 月 1 日至 2021 年 12 月 31 日

研究内容

(1)带温度依赖型黏性系数的大初值整体对称解。关于辐射反应 Navier-Stokes 方程组的大初值整体对称解已经有了一些研究成果。在这些结果中,黏性系数都被假定为常数,从而可以推导出比容的一个精巧的表达式,进而得到比容正的一致上下界。这种方法是由 Kazhikhov-Shelukhin 在考察一维理想多方气体的情形时引入的。但对黏性系数依赖于温度的情形这种方法不再适用。能否得到当黏性系数依赖于温度时方程组的大初值对称解的整体适定性?这里的主要困难是如何控制温度依赖型黏性系数所导致的解的可能的增长。而关键点就在于如何得到密度函数和温度函数的正的一致上下界。

(2)二维大初值整体强解。高维辐射反应 Navier-Stokes 方程组的大初值局部解的适定性已经得到,但大初值整体解的结果目前还只限定于变分解。如何得到高维大初值整体弱解或强解的存在性是一个亟待解决的困难问题。对于一类密度依赖型黏性系数的情形,Vaĭgant-Kazhikhov 证明了二维等熵可压缩 Navier-Stokes 方程组存在唯一的整体强解。受这个结果的启发,我们提出对二维辐射反应 Navier-Stokes 方程组,能否对某类黏性系数的情形构造唯一的整体强解?

这里的关键是如何挖掘方程本身好的结构来克服非等熵流体所带来的分析上的困难。

研究成果

(1)对于外区域中高维可压缩黏性辐射流体,讨论其带大初值的初边值问题的全局可解性及解的性态。对于一维情形,目前已经有了比较完善的结果,所以我们主要讨论高维对称情形。

基于可压缩 Navier-Stokes 方程的讨论以及对辐射效应产生的新的非线性项的分析,我们首先考虑绝热指数充分靠近 1 的情形。我们在 Lagrange 坐标系下得到基本能量估计,再利用非线性能量方法得到了密度和温度与实间空间都无关的上下界,进一步得到了全局解的存在性和渐进稳定性。该成果已发表:WAN L, WU L X,2019. Global symmetric solutions for a multi-dimensional compressible viscous gas with radiation in exterior domains[J]. Zeitschrift für angewandte Mathematik und Physik,70(4):22.

(2)讨论可压缩微极流体,对于一维的非等熵情形,我们得到了其初边值问题的整体强解的存在唯一性。该成果已发表:WAN L,ZHANG L,2020. Global solutions to the micropolar compressible flow with constant coefficients and vacuum[J]. Nonlinear Analysis:Real World Applications(51):14.

对于二维可压缩微极流体,我们考虑带大初值和含真空情形,得到了其经典解、强解和弱解的全局存在性和大时间行为。该成果已发表:WAN L,ZHANG L, 2021. Global existence and large time behavior of classical solutions to the two-dimensional micropolar equations with large initial data and vacuum[J]. Mathematical Methods in the Applied Sciences,44(2):1971-1995.

创新点

(1)对辐射反应 Navier-Stokes 方程组的研究结果集中在黏性系数为常数的情形,而由物理实验可知黏性系数在高温下强烈地依赖于温度。另一方面,早期关于高维可压缩 Navier-Stokes 方程组大初值解的数学研究大多是关于理想多方气体的情形。本项目拟研究温度依赖型黏性系数的辐射流体的大初值解,因此本项目是一个有鲜明物理意义的全新课题。

(2)如前所述,本项目还属于新的探索领域,需要发展新的理论和方法。我们观察到可以利用非线性能量方法来克服温度型黏性系数以及辐射项所带来的困难,这是该项目在研究方法上的一个创新之处。

可压缩无黏辐射流体力学方程组的奇异极限问题

项目完成人:廖勇凯
立项登记号:20211210104
项目来源:北京应用物理与计算数学研究所委托项目
起止时间:2021 年 1 月 1 日至 2022 年 12 月 31 日

研究内容

本项目最终的研究目标是严格证明 Euler-Radiation 方程组平衡态扩散极限与非平衡态扩散极限。本项目的研究内容包括以下几个方面:

(1)在马赫数小且温度有大变差情形时,研究 Euler-P1 近似模型平衡态扩散极限与非平衡态扩散极限;

(2) 在马赫数固定时,研究 Euler-P1 近似模型平衡态扩散极限与非平衡态扩散极限;

(3) 研究 Euler-Radiation 方程组平衡态扩散极限与非平衡态扩散极限。

 研究成果

该项目目前正在开展中(2021 年 1 月—2022 年 12 月),项目负责人目前已经在数学上严格证明了:

(1) 在马赫数小且温度有大变差情形时,Euler-P1 近似模型非平衡态扩散极限;

(2) 在马赫数固定时,Euler-P1 近似模型非平衡态扩散极限;

在本项目的资助下,项目负责人目前已经发表 SCI 学术论文 1 篇。

相关研究论文如下:

[1] LIAO Y K,ZHAO H J,ZHOU J W,2021. One-dimensional viscous and heat-conducting ionized gas with density-dependent viscosity[J]. SIAM Journal on Mathematical Analysis,53(5):5580-5612.

[2] JIANG S,JU Q C,LIAO Y K,2021. Nonequilibrium-diffusion limit of the compressible Euler-P1 approximation radiation model at low Mach number[J]. SIAM Journal on Mathematical Analysis,53(2):2491-2522.

[3] LIAO Y K,WANG T,ZHAO H J,2019. Global spherically symmetric flows for a viscous radiative and reactive gas in an exterior domain[J]. Journal of Differential Equations,266(10):6459-6506.

 创新点

(1) 巧妙地处理辐射流体力学方程组里动量方程与能量方程中所耦合的辐射项及奇异项,这也是本项目研究的难点;

(2) 建立与小参数无关的关于辐射流体基本物理量(包括辐射流体的密度、速度、温度及辐射强度)的一致能量估计。

以现有的数学方法和工具暂不能完全满足项目研究的需求,因此在研究过程中需要发展新的方法和技术。

四、理论物理研究方向

突破标准量子极限的双数态的制备与研究

项目完成人：张保成
项目来源：国家自然科学基金重大研究计划重点支持项目（参与）
起止时间：2017年1月1日至2020年12月31日

 研究内容

本项目主要负责探索双数态的新型应用。具体如下：

（1）研究基于双数态的干涉仪及其测量重力的方法。我们首先研究如何使用双数态形成干涉仪，并研究此干涉仪探测重力的方法。项目组成员一是通过比较使用双数态形成的干涉仪相对于其他类型的原子干涉仪在探测重力方面的优势及其可能达到的灵敏度；二是除了研究对重力的探测外，也将研究双数态形成的干涉仪对转动，特别是地球转动的可能探测方法及其灵敏度；三是研究使用基于双数态的干涉仪检验等效原理的可能性及其灵敏度。

（2）研究双数态的纠缠情况，并研究引力或重力对双数态纠缠的影响。现在人们已经知道在空间上分离的两个原子的纠缠对引力是敏感的，即所谓的引力诱导的退相干。但是双数态内的纠缠原子在空间上并没有明显的分离，因此在引力影响下，双数态内的原子之间的纠缠是否会变化，或者如何变化，目前是不清楚的，这是我们研究的主要内容。需要注意的是，这里的研究内容是不同于第1个研究内容。第1个研究内容中基于双数态形成的干涉仪对重力的测量，可以用一个幺正的过程描述，这在以前的原子干涉仪探测重力的研究中已经使用过，因此与退相干是没有关系的。但是，我们可以借此探讨基于双数态的干涉仪探测重力时为什么没有退相干，或者是有退相干，只是被忽略掉了？

（3）研究双数态本身或基于双数态的干涉仪探测其他新奇效应的可能性。在这方面，我们将探索两个效应：一个是时空非对易效应，已经有一些实验，例如原子钟、Lamb移动等，给出了一些非对易参数的限制，我们将考虑使用双数态对时空非对易进行探测的可能性以及对非对易参数的限制；另一个是局域洛伦兹不变性的破缺，2015年已经有电子干涉的实验进行过这个方面的探测，我们将考虑使用双数态探测的可能性以及对破缺程度的限制。在这一方面,我们也将借助中国地质大学(武汉)的实验室,进行一些原理性的探索,帮助检验理论方法的可行性,促进对某些概念(因为时空非对易效应和局域洛伦兹破缺效应科学界目前尚未理解清楚,仍在探索中)的深入认识。

研究成果

本项目取得的成果主要是发表了 10 篇论文,培养硕士研究生 5 名,其中 2 名研究生获得国家奖学金。项目组成员积极开展了合作交流,成员赴美国参加国际宇宙射线会议有 1 人次,参加相对论与天体物理年会 6 人次,参加第二届量子拓扑、量子信息及演生时空量子模拟国际学术会议 1 人次,参加第十五届粒子物理、核物理和宇宙学交叉学科前沿问题研讨会 2 人次。

研究论文列表:

[1] PAN Y J,ZHANG B C,2020. Influence of acceleration on multibody entangled quantum states[J]. Physical Review A,101(6):062111.

[2] ZHANG B C,2020. The local Lorentz symmetry violation and Einstein equivalence principle[J]. Journal of Physics B:Atomic, Molecular and Optical Physics,53(23):235001.

[3] HE F F,ZHANG B C,2020. A protocol of potential advantage in the low frequency range to gravitational wave detection with space based optical atomic clocks[J]. The European Physical Journal D,74(5):1-6.

[4] ZHANG B C,LI Y,2020. A divergent volume for black holes calls for no 'firewall'[J]. Communications in Theoretical Physics,72(2):025401.

[5] LI Y,PAN Y J,ZHANG B C,2020. Change of quantum correlation for two simultaneously accelerated observers[C]//Journal of Physics:Conference Series. IOP Publishing,1707(1):012004.

[6] LI L,LI X W,ZHANG B C,et al,2019. Enhancing test precision for local Lorentz-symmetry violation with entanglement[J]. Physical Review A,99(4):042118.

[7] LI T T,ZHANG B C,LI Y,2018. Would quantum entanglement be increased by anti-Unruh effect? [J]. Physical Review D,97(4):045005.

[8] ZHANG B C,2017. On the entropy associated with the interior of a black hole[J]. Physics Letters B,773:644-646.

[9] ZHANG B C,LI Y,2017. Infinite volume of noncommutative black hole wrapped by finite surface[J]. Physics Letters B,765:226-230.

[10] LIANG C,LI G,ZHANG B C,2017. Smarr formula for BTZ black holes in general three-dimensional gravity models[J]. Classical and Quantum Gravity,34(3):035017.

创新点

（1）使用双数态检验局域洛伦兹对称性破缺效应的研究。局域洛伦兹对称性是量子场论和相对论的基本对称性，也可以说是现代物理学的基础。但是在非常高的能标下这种基本对称性是否还成立，目前没有明确的结论。量子引力的理论，例如超弦理论、圈量子引力理论等，都倾向认为在超短距离或者超高能的情况下，局域洛伦兹对称性有可能会破缺。标准模型延伸（SME）的理论提供了在低能下检验局域洛伦兹对称性破缺的方法，国际上从事精密测量的几个研究组一直在进行这方面的实验研究工作，截止目前尚未发现有破缺的迹象。一方面通过分析局域洛伦兹对称性破缺的相关理论，结合 2017 年实验中实现的 Dicke 态，理论分析和计算了使用这样的态实验检验局域洛伦兹对称性破缺的可能性。根据目前的实验精度，我们的结果表明，使用 Dicke 态的实验可能将精度较 2018 年的结果提高两个数量级（图1）。另一方面，之前的实验检验都是基于少体的量子体系，此次的方法首次将对局域洛伦兹对称性的检验推广到多体量子体系。同时，我们还分析了局域洛伦兹对称性违反和等效原理的量子形式之间的关系，并利用简谐受限的自旋 1/2 的原子系统进行分析。

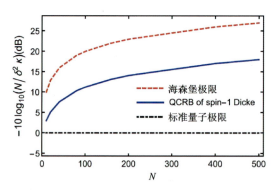

图 1　自旋 1 的 Dicke 态的量子 Cramer-Rao 极限

（2）使用双数态检验安鲁效应的研究。所谓安鲁效应，是指自由量子场的闵可夫斯基真空中加速运动的观测者将会感受到热辐射，暗示着量子场的真空定义是依赖于观测者的。它最早是在 1976 年被 Unruh 明确提出来的，也常常跟更早的 Fulling 和 Davies 的工作连在一起被称为 Fulling-Davies-Unruh 效应。虽然安鲁效应提出已有 40 多年了，但是对其进行探测还是很不容易，主要原因是加速物体所能感受的安鲁辐射的温度非常低，即加速度达到 10^{20} m/s² 时，温度才改变 1K。过去提出的建议多是通过 Unruh-DeWitt 探测器的模型来实现的。我们研究了一类特殊的原子压缩态（双数态）在加速下其纠缠的变化形式。通过计算发现原子量子态的压缩程度会随着加速度的变化而发生变化。按照 Unruh 效应，加速度增加将会导致原子量子态的压缩程度变小，但是当取特定的原子能级时，会出现相反的效应，而实验上已经实现的超过 10 000 个原子的双数态就属于后者，这种效应常常也被称为反安鲁效应。在同样的加速下,这两种情况随着原子数目增加,量子态的压缩程度都会增加,这符合精密测量已有的结论。我们同时研究了相位灵敏度在这两种情况下的变化情况(图2),并对可能进行的实验进行了可行性分析。

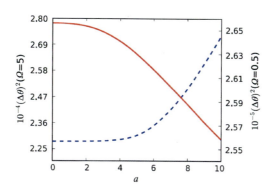

图 2 相位灵敏度随加速度的变化图

注:红色实线代表反安鲁效应的结果,蓝色虚线代表安鲁效应的结果。
Ω 是原子级,a 是加速度,$(\Delta\theta)^2$ 是相对灵敏度。

高能核碰撞中轻反原子核和奇特原子核产生及其特性研究

项目完成人:陈 刚

项目来源:国家自然科学基金面上项目

起止时间:2015 年 1 月 1 日至 2018 年 12 月 31 日

研究内容

在高能碰撞实验中,最初产生的高温高密核物质类似于宇宙大爆炸初始阶段的环境,这为研究宇宙演化早期的物质形态、寻找奇特物质和研究反物质提供了有效途径。本项目在 PACIAE 模型的基础上,从动力学原理出发,构建了一个"PACIAE+动力学约束的相空间组合模型(DCPC)",模拟高能碰撞实验中轻(反)原子核和奇特物质(超核、反超核和含奇异夸克束缚态)的产生。利用该模型产生的数据,我们做了以下工作:①研究了高能 Au-Au、P-P 和 Pb-Pb 碰撞中轻(反)原子核和奇特物质的产额、正反物质的比率、能量依赖性和中心度依赖性,发现了高能碰撞实验中轻核产生的质量标度性,在 20GeV 附近找到了一个转折点,其有可能是存在相变的迹象;②研究了高能 Cu-Cu 碰撞中奇特物质与轻(反)原子核的各种物理特性及特性差异,探讨了从部分子到轻(反)原子核的演化过程中强相互作用的物理机理;③研究了正负电子碰撞中末态粒子的分型特性,比较了反粒子与正粒子非线性特性的差异,发现反正物质有相同的分型特性。用蒙特卡洛 PYTHIA

8.219模型模拟产生质心能量为250GeV的正负电子碰撞末态粒子事件，用HBT关联方法研究了Higgs(希格斯)玻色子衰变为强子喷注的时空结构。测量得到了希格斯喷注发射源的半径和衰变周期平均值分别为：$R_{Hj}=(1.03\pm0.05)$fm, $\tau_{Hj}=[(1.29\pm0.15)\times10^{-7}]$fs。我们还利用AdS/CFT对偶对强耦合QGP的一些性质或相关物理量展开了研究，具体包括：采用了与之前不同的"减自由能"方法，研究了一些全息模型中的重夸克势，发现在这种减法下，夸克势一直是负的，并且在距离为无穷时趋于零，这与之前结论不同。

研究成果

本项目主要的研究成果是培养硕士研究生8名，博士研究生5名，发表科研论文38篇。

[1] CHEN G, CHEN H, WANG J L, et al, 2014. Scaling properties of light (anti)nuclei and (anti)hypertriton production in Au plus Au collisions at $\sqrt{s_{NN}}=200$ GeV[J]. Journal of Physics G: Nuclear and Particle Physics, 41(11): 1151028.

[2] WANG J L, LI D K, LI H J, Chen G, 2014. The energy dependence of antiparticle to particle ratios in high energy pp collisions[J]. International Journal of Modern Physics E, 23(12): 1-10.

[3] SHE Z L, CHEN G, XU H G, et al, 2016. Centrality dependence of light (anti)nuclei and (anti)hypertriton production in Pb-Pb collisions at $\sqrt{s_{NN}}=2.76$ TeV[J]. The European Physical Journal A, 52(93): 1-6.

[4] WANG M J, CHEN G, MA G L, et al, 2016. Pseudorapidity dependence of short-range correlations from a multi-phase transport model[J]. Chinese Physics C, 40(3): 034105.

[5] WANG M J, CHEN G, WU Y F, et al, 2016. Rapidity bin multiplicity correlations from a multi-phase transport model[J]. The European Physical Journal A, 52(46): 1-7.

[6] ZHANG Z Q, HOU D F, WU Y, CHEN G, 2016. R^2 Corrections to the Jet Quenching Parameter[J]. Advances in High Energy Physics, 2016: 9503491.

[7] ZHANG Z Q, HOU D F, CHEN G, 2016. Heavy quark potential and jet quenching parameter in a D-instanton background[J]. European Physical Journal A, 52(12): 357.

[8] ZHANG Z Q, HOU D F, WU Y, CHEN G, 2016. Holographic Schwinger Effect in a Confining D3-Brane Background with Chemical Potential[J]. Advances in High Energy Physics(9258106): 1-7.

[9] XU H G, LI D K, CHEN G, et al, 2017. Study on space-time structure of Higgs jet with the HBT correlation method in e^+e^- collision at $\sqrt{s}=250$ GeV[J].

European Physical Journal A,53(202).

[10] ZENG T T,CHEN G,DONG Z J,et al,2017. Study on fractal characteristics in the e^+e^- collisions at $\sqrt{s}=250$ GeV[J]. International Journal of Modern Physics A,32(22):1750124.

[11] PANADDA S,KRISTIYA T,PORNRAD S,AYUT L,EHRISTOPH H,YAN Y L,CHEN G,et al,2017. Production of K^-p and $K^+\bar{p}$ bound states in pp collisions and interpretation of the $\Lambda(1405)$ resonance[J]. Physical Review C,96:064002.

[12] ZHANG Z Q,HOU D F,CHEN G,2017. The effect of chemical potential on imaginary potential and entropic force[J]. Physics Letters B,768:180-186.

[13] ZHANG Z Q,HOU D F,CHEN G,2017. Imaginary potential of moving quarkonia in a D-instanton background[J]. Journal of Physics G:Nuclear and particle physics,44(11):115001.

[14] ZHANG Z Q,MA C,HOU D F,CHEN G,2017. R^2 corrections to holographic Schwinger effect[J]. Annals of Physics,382:1-10.

[15] ZHANG Z Q,HOU D F,CHEN G,2017. Holographic Schwinger effect with a moving D3-brane[J]. European Journal of Physics A,53:51.

[16] ZHANG Z Q,LUO Z J,HOU D F,CHEN G,2017. Entropic destruction of heavy quarkonium from a deformed AdS_5 model[J]. Advances in High Energy Physics,8910210.

[17] ZHANG Z Q,MA C,HOU D F,CHEN G,2017. Heavy Quark Potential with Hyperscaling Violation[J]. Advances in High Energy Physics,(8276534):1-7.

[18] ZHANG Z Q,HOU D F,CHEN G,2017. Heavy quark potential from deformed AdS_5 models[J]. Nuclear Physics A,960:1-10.

[19] DONG Z J,WANG Q Y,CHEN G,et al,2018. Energy dependence of light(anti)nuclei and(anti)hypertriton production in the Au-Au collision from $\sqrt{s_{NN}}=11.5$ to 5020 GeV[J]. European Journal of Physics A,54(9):1-8.

[20] LI F,ZHANG Z Q,CHEN G,2018. R^4 corrections to holographic Schwinger effect[J]. Chinese Physics C,42(12):123109.

[21] CHEN X L,WANG Y,CHEN G,et al,2018. Performance study of large area encoding readout MRPC[J]. Journal of Instrumentation,13:02007.

[22] CHEN X L,HAN D,GOUZEVITCH M,CHEN G,et al,2018. Study of MRPC performance at different temperatures[J]. Journal of Instrumentation,13:12005.

[23] ZHENG L,ZHOU D M,YIN Z B,YAN Y L,CHEN G,et al,2018. Effect of single string structure and multiple string interaction on strange particle

production in pp collisions at $\sqrt{s} = 7$ TeV[J]. Physical Review C, 98: 034917.

[24] LIU F X, CHEN G, SHE Z L, et al, 2019. Hupertritium and antihupertritium production and characterization in Cu+Cu collisions at $\sqrt{s_{NN}} = 200$ GeV [J]. Physical Review C, 99: 034904.

[25] LIU F X, CHEN G, SHE Z L, et al, 2019. Light(anti)nuclei production in Cu+Cu collisions at $\sqrt{s_{NN}} = 200$ GeV[J]. European Journal of Physics A, 55: 160.

[26] CHEN X L, HAN D, WANG Y, CHEN G, et al, 2019. The performance study of MRPCs used for muon tomography[J]. Journal of Instrumentation, 14: C06012.

[27] TOMUANG K, SITTIKETKORN P, SRISAWAD P, LIMPHIRAT A, YAN Y L, CHEN G, ZHOU D M, 2019. Production of $K^- pp$ and $K^+ \bar{p}\bar{p}$ in pp collisions at 7 TeV[J]. Physical Review C, 99: 034002.

[28] LUO Z H, WEI J B, CHEN G, et al, 2019. Equation of state and sound velocity in hybrid stars with a Dyson-Schwinger quark model[J]. Mod. Physics Letters A, 34: 25.

[29] LI F, CHEN G, 2020. The evolution of information entropy components in relativistic heavy-ion collisions[J]. European Journal of Physics A, 56: 167.

[30] NSERDIN A R, SHE Z L, CHEN G, 2020. Light (anti-) nuclei and (anti-)hypertriton production in pp collisions at $\sqrt{s} = 0.90, 2.76$ and 7 TeV[J]. European Journal of Physics P, 135: 736.

[31] XU H G, CHEN G, YAN Y L, et al, 2020. Investigation of Ω_c^0 states decaying to $\Xi_c^+ K^-$ in pp collisions at $\sqrt{s} = 7, 13$ TeV[J]. Physical Review C, 102: 054319.

[32] CHEN X L, WANG Y, CHEN G, et al, 2020. Development of Sealed MRPC with extremely low gas flow for muon tomography[J]. Journal of Instrumentation, 15: C03012.

[33] CHEN X L, WANG Y, CHEN G, et al, 2020. MRPC technology for muon tomography[J]. Journal of Instrumentation, 15: C12001.

[34] ZHOU D M, ZHENG L, YAN Y L, SONG Z H, CHEN G, et al, 2020. Impact of single string structure and multiple string interaction on strangeness production in Pb+Pb collisions at $\sqrt{s_{NN}} = 2.76$ TeV[J]. Physical Review C, 102: 044903.

[35] SHE Z L, CHEN G, ZHOU D M, et al, 2021. Predictions for production of Hypernuclei and anti-hyper-nucleiin isobaric Ru+Ru and Zr+Zr collisions at $\sqrt{s_{NN}} = 200$ GeV[J]. Physical Review C, 103: 014906.

[36] ZHANG Z,ZHENG L,CHEN G,et al,2021. Th estudy of exotic state $Z_c^{\pm}$(3900)decaying to $J/\psi\pi^{\pm}$ in the pp collisionsat $\sqrt{s}=1.96,7$ and 13 TeV[J]. European Journal of Physics C,81:198.

[37] XIE Y L,CHEN G,LASZLO P C,2021. Astudy of Lamda and Antilamda polarization splitting by meson field in PICR hydrodynamic model[J]. European Journal of Physics C,81:12.

[38] XU H G,SHE Z L,ZHOU D M,ZHENG L,KANG X L,CHEN G,SA B H,2021. Investigation of exotic state X(3872)in pp collisions at $\sqrt{s}=7,13$ TeV [J]. European Journal of Physics C,81:784.

创新点

我们构建的 PACIAE+DCPC 模型能够很好地模拟研究高能碰撞中轻(反)核物质和奇特态物质的产生;该模型受到国际同行的认可,并被国内外的同行引进使用;我们通过模型预言的结果,部分被欧洲核物理研究中心收录,作为实验的可能参考依据。研究成果发表在国际重要学术期刊上,被国际、国内同行引用 180 余次。我们构建的 PACIAE+DCPC 模型为轻(反)核物质与奇特态物质的研究提供了一种新的方法。

类引力模型中量子性质对等效原理的影响

项目完成人:张保成

项目来源:国家自然科学基金面上项目

起止时间:2014 年 1 月 1 日至 2017 年 12 月 31 日

研究内容

等效原理是广义相对论的基本原理,在量子理论中它是否严格成立对构建完整的量子引力理论至关重要。在这个项目中,首先,将通过研究类引力模型中的等效原理来研究量子性质的引入对等效原理的影响。不同于一般的将量子概念引入到引力系统的研究,一些类引力体系自身就具有量子性质,其次,将通过考察这些量子性质在获得类引力模型的过程中所起的作用来考察其对等效原理的影响。再次,将建立使用量子微扰的哈密顿方法来重新获得类引力模型,并在这个方法的基础上研究单组分以及多组分的类引力体系中的等效原理问题。此外,在这个项目中还将在霍金辐射存在的类引力模型中研究强引力场中量子性质的引入对等效原理产生的影响,并同时研究强弱引力过渡中量子性质的引入对等效原理破坏程度的变化情况。最后,分析如何用现有的类引力模型实验来检验量子性质对等效原理的影响,从而为等效原理在即将形成的量子引力理论中所扮演的角色提供有益的启示。

研究成果

本项目取得的成果主要是发表科学论文12篇。培养博士研究生1名,硕士研究生2名,本科生1名。其中,参与本项目的一位博士生获得博士学位,其博士学位毕业论文被评为湖北省优秀博士论文(其中部分成果来自项目负责人与其合作的原子干涉仪探测引力波的研究工作)。一名本科生参加"挑战杯"大学生课外学术作品竞赛,获得湖北省二等奖和全国三等奖。项目负责人曾受邀在学术会议上做报告3次,参加会议并做分组报告3次。

相关研究论文如下:

[1] ZHANG B C,2017. On the entropy associated with the interior of a black hole[J]. Physics Letters B(773):644-646.

[2] ZHANG B C,LI Y,2017. Infinite volume of noncommutative black hole wrapped by finite surface[J]. Physics Letters B(765):226-230.

[3] LIANG C,GONG L,ZHANG B C,2017. Smarr formula for BTZ black holes in general three-dimensional gravity models[J]. Classical and Quantum Gravity,34(3):035017.

[4] ZHANG B C,2016. The mass formula for an exotic BTZ black hole[J]. Annals of Physics(367):280-287.

[5] ZHANG B C,2016. Thermodynamics of acoustic black holes in two dimensions[J]. Advances in High Energy Physics:5710625.

[6] ZHANG B C,2015. Entropy in the interior of a black hole and thermodynamics[J]. Physical Review D,92(8):081501.

[7] TANG B,ZHANG B C,ZHOU L,et al,2015. Influence of separating distance between atomic sensors for gravitational wave detection[J]. The European Physical Journal D,69(10):1-7.

[8] TANG B,ZHANG B C,ZHOU L,et al,2015. Sensitivity function analysis of gravitational wave detection with single-laser and large-momentum-transfer atomic sensors[J]. Research in Astronomy and Astrophysics,15(3):333.

[9] ZHANG B C,CAI Q Y,ZHAN M S,et al,2014. Correlation,entropy,and information transfer in black hole radiation[J]. Chinese science bulletin,59(11):1057-1065.

[10] ZHANG B C,CAI Q Y,ZHAN M S,et al,2014. Comment on 'What the information loss is not'[J]. The Hadronic Journal,37(1):75.

[11] ZHANG B C,2013. Statistical entropy of a BTZ black hole in topologi-

cally massive gravity[J]. Physical Review D,88(12):124017.

[12] 张保成,蔡庆宇,詹明生,2014.原子分子体系的引力效应[J].中国科学:物理学,力学,天文学(9):879-895.

参加学术会议及报告:

[1] 张保成,On the exotic BTZ black hole,Quantum Gravity-BlackHoles-String(特邀报告),中国科学院理论物理所,2014年5月26日至2014年7月4日。

[2] 张保成,Testing for noncommutative Quantum Mechanics,Squeezing and Fisher information in spin-1 atomic condensate(特邀报告),清华大学,2016年6月22日至2016年6月23日。

[3] 张保成,量子性质对等效原理的影响,"基于原子的精密测量物理"-等效原理检验与引力(特邀报告),中国科学院武汉物理与数学研究所,2016年12月7日至2016年12月11日。

[4] 张保成,On the exotic BTZ black holes(分组报告),中国物理学会引力与相对论天体物理年会,郑州大学,2014年7月7日至2014年7月9日。

[5] 张保成,Information Loss paradox and black hole interior(分组报告),中国物理学会引力与相对论天体物理年会,湖南师范大学,2016年6月26日至2016年7月1日。

[6] 张保成,Black hole volume and spatial noncommutativity(分组报告),中国物理学会引力与相对论天体物理年会,西南交通大学,2017年6月25日至2017年6月30日。

创新点

量子和引力结合是目前物理学中的一个重大的基础问题,一直受到极大的关注。本项目在这个主题下,选择使用类引力的物理体系研究量子性质对等效原理等引力基本定律的影响。由于类引力体系不仅能够类比一般的引力性质,还能够类比像黑洞辐射这样的半经典下的量子引力效应,我们不仅研究了遵守等效原理的引力场对原子量子性质的影响,还研究了量子黑洞本身的一些问题以及在类比引力体系中如何类比黑洞的问题。主要结果包括:

(1)分析了不同物理系统作为类比引力系统的具体情况,研究了二维原生黑洞的热力学。通过仔细分析,我们得到了类黑洞参数的相应的表达式,同时我们与二维伸缩子(dilaton)黑洞比较,发现我们得到的东西其实就是二维伸缩子黑洞的原声类似(acoustic analogue)。通过定义类黑洞的质量参数,进一步分析了类黑洞的热力学行为,即它的热容情况,发现类黑洞的热容和流体速度的二次微分有密切关系,这为分析类黑洞辐射究竟模拟的是什么类型黑洞提供了重要的参考。

(2)研究了三维黑洞。使用一般的共形场理论重新计算了Cardy公式,并得到一系列修正的公式。这些修正的公式不仅适用于"奇异"黑洞熵的统计解释,也为拓扑有质量引力下的BTZ黑洞的熵提供了一个统计解释。三维奇异的BTZ黑洞有一个明显的特征,即它的角动量大于它的质量。这意味着如果通过 Penrose 过程将黑洞的有关角动量的能量提取走,将会导致宇宙监督假设的失效。但是仔细分析后发现,三维奇异的 BTZ 黑洞的总能量应该等于角动量参数相关的能量,而不是像以前大家认为的质量参数相关的能量。这不仅避免了宇宙监督假设的违反,而且还继承了广义相对论的一个基本观念,即相同的时空结构由相同的能量决定。我们还研究了三维 BTZ 黑洞的质量公式以及热力学相变(图1)。

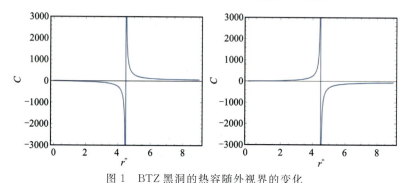

图 1　BTZ 黑洞的热容随外视界的变化

注:左右两图对应不同的参数,都表示有相变发生。r^+ 是黑洞视界半径,C 是热熔

(3)黑洞内部一直是理论很难触及的地方,我们通过对黑洞内部体积的定义,证明了黑洞内部不可能提供足够的空间存储需要统计解释黑洞熵的微观模式,在时空非对易的条件下,揭示第一个有限面积包裹的无限体积的例子(图2);我们也研究奇异 BTZ 黑洞的热力学以及在类比引力体系中类比它的可能性。所有这些研究成果,加深了对量子和引力结合时可能导致的引力定律的变化以及量子性质的变化的理解,并对将来可能产生的量子引力理论有积极的促进意义。

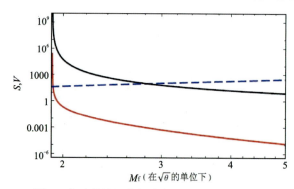

图 2　非对易黑洞的相关参量随质量的变化图

注:黑色实线代表黑洞体积,红色实线代表黑洞内部熵,蓝色虚线代表黑洞 Bekenstein-Hawking 熵。S 是黑洞内部熵,V 是黑洞内部体积,M_f 表示洞质量

(4)原子干涉仪探测引力波的研究。我们研究了使用原子干涉仪形成的不同结构探测引力波的情况,特别是使用灵敏度函数分析引力波探测的不同结构中多少个光子动量被转移,从而分析了对引力波信号以及某些噪声的影响。进一步分析了两个原子干涉仪之间的距离对探测引力波的影响。

引力波探测新方法研究

项目完成人：张保成
项目来源：国家自然科学基金应急管理项目(合作)
起止时间：2017年1月1日至2021年12月31日

研究内容

本项目的受托任务是研究引力波探测的新方法，同时探测新物理的可能性。在探索引力波探测新方法的过程中，本受托任务将研究在新的探测方法中是否能够从引力波中探测到一些新物理效应。我们将重点关注时空非对易效应。引力波源的一个重要方面是跟黑洞有关的，而黑洞则很有可能携带时空非对易的信息。那么这种信息是否可以被引力波带出来，并且能够被探测到是我们考虑新方法时一个重要的因素。为了弄清这个问题，我们将从三个方面展开研究：

第一，研究非对易黑洞的性质以及非对易黑洞之间的绕转可能产生的引力波的形式和性质，同时分析引力波在对易和非对易情况下有何异同。

第二，研究光学频率转换器是否能够探测到时空非对易的效应。我们将形成在空间坐标非对易下对激光倍频过程的描述，导出空间坐标非对易性对激光倍频过程的影响，从而得出对空间坐标非对易参数的限制，并与其他实验给出的限制进行比较。此外，还有一些理论描述了时间和空间坐标的非对易性，其非对易参数不同于空间坐标之间非对易参数的描述。由于激光倍频过程是一个涉及光波-光波相互作用的时间演化过程，时间和空间坐标不对易性也将对这个过程产生影响。我们将研究其影响，并与空间坐标之间的非对易性的影响进行比较。我们也将尝试给出时间和空间坐标非对易参数的尺度限制(据申请者调研可知，目前尚无研究对此参数的限制)。

第三，如果引力确实能够携带黑洞中的时空非对易的信息，并且光学频率转换器能够分别用于探测引力波和时空非对易效应，我们继续研究如何在基于激光频率转换器的引力波探测中获得关于时空非对易的信息，从而达到利用引力波研究量子引力的目的。同时我们也将研究在引力波探测的精密实验中有可能揭示的其他新物理效应，例如局域洛伦兹不变性破缺、超对称等。

研究成果

截至2022年共发表论文8篇，培养了博士研究生1名，硕士研究生5名，其中2名硕士研究生获得国家奖学金。项目组成员积极开展了合作交流，成员赴美参加国际宇宙射线会议1人次，参加相对论与天体物理年会7人次，参加第二届量子拓扑、量子信息及演生时空量子模拟国际学术会议1人次，参加第十五届粒子物理、核物理和宇宙学交叉学科前沿问题研讨会2人次。

研究论文列表：

[1] PAN Y J, ZHANG B C, 2020. Influence of acceleration on multibody entangled quantum states[J]. Physical Review A, 101(6): 062111.

[2] ZHANG B C, 2020. The local Lorentz symmetry violation and Einstein equivalence principle[J]. Journal of Physics B: Atomic, Molecular and Optical Physics, 53(23): 235001.

[3] HE F F, ZHANG B C, 2020. A protocol of potential advantage in the low frequency range to gravitational wave detection with space based optical atomic clocks[J]. The European Physical Journal D, 74(5): 1-6.

[4] ZHANG B C, LI Y, 2020. A divergent volume for black holes calls for no 'firewall'[J]. Communications in Theoretical Physics, 72(2): 025401.

[5] LI Y, PAN Y J, ZHANG B C, 2020. Change of quantum correlation for two simultaneously accelerated observers[C]//Journal of Physics: Conference Series. IOP Publishing, 1707(1): 012004.

[6] LI L, LI X W, ZHANG B C, et al, 2019. Enhancing test precision for local Lorentz-symmetry violation with entanglement[J]. Physical Review A, 99(4): 042118.

[7] LI T T, ZHANG B C, LI Y, 2018. Would quantum entanglement be increased by anti-Unruh effect?[J]. Physical Review D, 97(4): 045005.

[8] ZHANG B C, 2017. On the entropy associated with the interior of a black hole[J]. Physics Letters B(773): 644-646.

创新点

（1）引力波探测新方法的研究。引力波已经被LIGO探测到，但是LIGO对低频很不灵敏，一般的低频探测都需要空间探测技术。低频的探测对解释一些重要的物理规律是非常重要的。研究发现，即使是空间的探测方案，一般采用的措施仍然是压低高频部分的噪声或者将最优灵敏度向低频推动，很少或者几乎没有方法直接压低低频部分的噪声，原因是低频部分有一个很难克服的噪声——加速度噪声，贡献反比于频率的平方。基于最近的使用原子钟探测引力的空间探测方案研究了一种数据处理方式，发现可以使用双向的发射方式，将多次发射测量的结果相加，不仅统计上可以整体提高灵敏度，而且可以将最优测量频率向低频段推动。但经过仔细研究发现，当加入加速度噪声，发射的次数超过10次后，灵敏度的改善就不明显了（图1）。尽管如此，10次的重复仍然可以等效地将臂长有效缩短而不改变测量的灵敏度，这对于空间探测有相当的意义。经过基于强激光产生的引力场扰动（基本上等同于引力波的概念）的研究，探索两束平行运动的强激光相互产生的引力场扰动对彼此的影响，计算了两束激光之间产生纠缠的情况，发现纠缠产生的程度随两束激光之间的距离变小而变小。

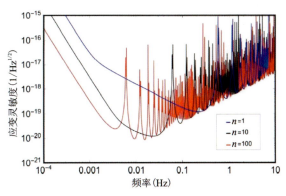

图 1　引力波探测的相位灵敏度随频率的变化图

（2）非对易时空背景下黑洞内部体积的研究。按照研究计划，一个重要任务是理解引力波信号中可能包含的新物理效应的内容，时空非对易性是重点关注的一个效应。目前测到的大部分引力波信号都是从黑洞的绕转合并中发出的，如果黑洞本身是非对易的（如果时空非对易是时空的基本属性的话，黑洞就都会包含这些非对易的信息），引力波就能够携带这些时空非对易的信息。当然，因为引力波本身是时空的扰动，它自身也一定会包含时空非对易的信息（如果时空非对易确实是时空的属性的话）。目前的研究还只是局限在非对易黑洞本身的性质上，还没有和引力波结合，这是下一步的研究内容。在半经典的框架下，计算发现坍缩黑洞的 Christodoulou-Rovelli 体积中只能包含很少量的量子模式，虽然这些模式在统计意义下也能够给出正比于黑洞表面积的熵，但是相比于黑洞熵还是小了很多。进一步的计算发现，这些跟黑洞内部体积相关的熵能够给黑洞视界附近的量子震荡提供一种热力学的解释。在此基础上，继续计算了非对易时空背景下黑洞内部的体积，发现体积本身变成无穷大了，这构成了第一个例子，即有限面积包裹的内部是个无穷大的体积。当计算非对易黑洞内部能够包含的微观模式的时候，发现黑洞内部可能容纳无穷多的模式，这个说明黑洞信息不可能存储在黑洞内部。和之前得到半经典下黑洞内部没有足够的空间存储信息一起，暗示了如果量子力学幺正性是正确的，那么黑洞信息只能存储在表面。

（3）反安鲁（anti-Unruh）效应的研究。安鲁效应是弯曲时空量子场论中的一种典型的物理效应，它本质上揭示了引力作为一种外部的环境因素对量子态的退相干的影响。但是，如果引力是量子的，它应该不仅仅导致态的退相干，也应该能增强态的相干性。先前的研究通过一种所谓的纠缠交换效应，也能够使得量子纠缠通过和真空纠缠交换从而增强。然而由于真空的平均效应等于零，这种交换都是过渡性质的，而且需要很强的外部辅助。最近，有科学家提出反安鲁效应。反安鲁效应是指处于基态的加速的二能级原子被激发到激发态的概率不随着加速度增加而增加（安鲁效应），而随着加速度增加而减少。特别地，这个效应不是过渡的，而是能够存在在稳态的条件下。2016 年提出这个效应是在 Unruh-DeWitt 探测器的背景下，它的本质是二能级原子的量子态的相干性在加速的干扰下变强了。我们重新研究这个效应,并计算了两原子之间纠缠在原子加速情况下的变化。我们研究了一个原子加速另一个原子不加速的情况以及两个原子同时加速的情况。我们发现不论两原子最初处在什么纠缠态下,反安鲁效应都能使最初的纠缠增强,但是如果原子最初不纠缠,则反安鲁效应不能凭空产生纠缠,这非常类似激光的放大效应(图2)。当然,为了避免纠缠交换作用的影响,我们一般取真空态为直积态,但是真空取纠缠态也不影响我们的结论。

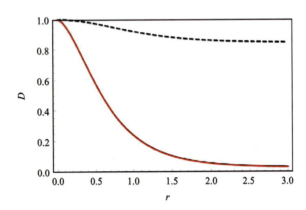

图2 量子Discord随加速度参数 r 的变化图

注:红色实线表示两个原子同时加速,黑色虚线表示一个原子加速,另一个原子不加速。
r 是加速度参数,D 是量子Discord。

结合DAMPE数据进行暗物质间接探测的本底研究

项目完成人: 吴 娟

项目来源: 国家自然科学基金委员会,中国科学院条件保障局与财务局

起止时间: 2018年1月1日至2020年12月31日

研究内容

本项目主要是利用PAMELA、AMS02、DAMPE和Voyager1的最新数据,对宇宙线的加速传播模型进行详尽的研究。具体研究内容主要包括以下方面:

(1)分析不同种类宇宙线粒子能谱对加速传播模型限制的影响。由于过去的实验在分辨能力、探测能段、探测精度等方面的不足,以往的研究可使用的次级粒子与原初粒子的能谱比的种类较少,主要就是B/C。随着反质子数据和氦核同位素数据的给出,有研究者发现电荷数 $Z \leqslant 2$ 和 $Z > 2$ 的粒子有可能在银河系中经历不同的传播过程。在本项目中,主要使用来自PAMELA、AMS02和DAMPE的最新数据进行研究,选择不同种类的宇宙线粒子对传播模型进行精细研究。比较分

析了以下几种情况对模型参数限制的异同：①仅使用 $Z\leqslant 2$ 的数据；②仅使用 $Z>2$ 的粒子能谱；③使用所有种类的观测数据。

（2）研究太阳调制的模拟。宇宙线粒子进入太阳系后由于受到太阳风的影响，在小于几个 GeV 的范围宇宙线各粒子能谱会受到太阳调制。对太阳调制的准确模拟是我们正确认识宇宙线加速传播机制的基础。在以往的研究中，通常对太阳调制的常规处理是使用 force-field 近似，这一近似太过简单。本项目利用 Voyager1 提供的星际空间的宇宙线能谱，以及 PAMELA 和 AMS02 给出的周期性氢核能谱，考虑太阳调制对磁刚度 R、电荷数 Z 的依赖性，同时结合不同时期的太阳磁场、电流片倾斜角等观测数据，对太阳调制模型进行更准确的研究，减小确定宇宙线主要传播机制时的不确定性。

（3）研究核反应截面对传播模型的影响。由于宇宙线粒子会和星际介质（主要成分是氢核 p 与氦核 He）产生反应，生成次级粒子。宇宙线中的 ^{3}He 主要来自以下反应：^{4}He$+$p$\longrightarrow ^3$He，核子（质量数 $A\geqslant 4$）$+$p$\longrightarrow ^3$He，核子（$A\geqslant 4$）$+^4$He$\longrightarrow ^3$He。除此之外，所有产生 ^{3}H 的反应也将贡献给 ^{3}He，这是因为 ^{3}H 会迅速衰变为 ^{3}He（其半衰期为 12.2 年，相较于宇宙线传播寿命非常短），这些反应有：^{4}He$+$p$\longrightarrow ^3$H，核子（$A\geqslant 4$）$+$p$\longrightarrow ^3$H，核子（$A\geqslant 4$）$+^4$He$\longrightarrow ^3$H。宇宙线中的 2H 则主要来自：^{4}He$+$p$\longrightarrow ^2$H，核子（$A\geqslant 4$）$+$p$\longrightarrow ^2$H，核子（$A\geqslant 4$）$+^4$He$\longrightarrow ^2$H，^{3}He$+$p$\longrightarrow ^2$H 以及 p$+$p$\longrightarrow ^2$H。本项目使用最新的反应截面数据，比较其与目前 GALPROP 中使用的反应截面数据在生成 ^{2}H/^{4}He 及 ^{3}He/^{4}He 结果时的差异，减小由于反应截面不准确对确定传播模型的影响。

（4）研究宇宙线加速传播机制。以几种基本的传播模型（纯扩散模型、扩散对流模型、扩散再加速模型和扩散对流再加速模型）为基础，进行模型修正和改进。我们主要考虑以下几个方面：①改进扩散过程，考虑轻核和重核在银河系中可能具有不同的扩散长度；②改进对流过程，考虑对流速度在银盘和银晕区间的不同，引入对流速度对高度的依赖性；③考虑宇宙线发射谱指数在不同能量处可能会发生拐折或是不同粒子具有不同的发射谱指数。在修正后的各种模型框架下对表征不同加速传播机制的参数空间进行约束，进一步理解各种宇宙线起源、加速和传播相关的物理过程，准确给出暗物质间接探测的宇宙线背景信号。

研究成果

（1）比较了 Coste 等计算的关于 ^{2}H 和 ^{3}He 的反应截面和 Galprop 内默认的截面数据在生成 ^{2}H 和 ^{3}He 结果时的差异，所得到的扩散指数估值存在约 20% 的误差。从拟合优度来看，Coste 的数据能更好地吻合电荷数 $Z\leqslant 2$ 的所有观测结果。

（2）比较了最常用的 force-field 模型和 Cholis 提出的太阳调制模型（简称 CM），发现对轻核数据，力场近似无法拟合 PAMELA 观测的 MeV～GeV 区间的 He 能谱，但是对重核数据，CM 模型不能很好解释 ACE 给出的 B/C。

（3）在 CM 框架下，对轻核数据分析，发现必须使用再加速机制来解释，确定的参数结果倾向于 Kolmoglov 型磁湍流谱,这一结果也能拟合重核的高能区数据。

(4)分别采用轻核和重核来研究传播模型的差异性时,发现在低能区二者给出的最佳参数值存在较大的不一致,对重核而言,需要扩散指数在几个 GeV 处存在较大拐折或是需要更强的重加速。

项目组成员共发表学术论文 5 篇,多次参加国内外学术会议并做会议报告或海报展示。

相关研究学术论文:

[1] WU J,CHEN H,2019. Revisit cosmic ray propagation by using ^{1}H,^{2}H,^{3}He and ^{4}He[J]. Physics Letters B(789):292-299.

[2] WU J,WANG Y,2021. Using $Z \leqslant 2$ data to constrain cosmic ray propagation models[C]. Proceedings of 36th International Cosmic Ray Conference-PoS (ICRC2019):Vol. 358. SISSA Medialab:155.

[3] WU J,XU W,2019. Entropy relations and bounds of regular and singular black holes with nonlinear electrodynamics sources[J]. EPL(Europhysics Letters),125(6):60002.

[4] HUANG J H,SUN T T,CHEN H,2020. Evaluation of pion-nucleon sigma term in Dyson-Schwinger equation approach of QCD[J]. Physical Review D,101(5):054007.

[5] WEI J B,FIGURA A,BURGIO G F,et al,2019. Neutron star universal relations with microscopic equations of state[J]. Journal of Physics G:Nuclear and Particle Physics,46(3):034001.

会议报告:

(1)吴娟,氢氦核同位素对宇宙线传播模型的限制,第十五届粒子物理、核物理和宇宙学交叉学科前沿问题研讨会,辽宁省丹东市,2018 年 8 月 21 日至 2018 年 8 月 27 日.

(2)吴娟,利用 $Z \leqslant 2$ 数据来约束宇宙线传播模型,中国物理学会高能物理分会第十届全国会员代表大会暨学术年会,上海,2018 年 6 月 19 日至 2018 年 6 月 24 日.

(3)吴娟,王玉,Using $Z \leqslant 2$ data to constrain cosmic ray propagation models, 36th International Cosmic Ray Conference-ICRC2019,Madison,WI,2019 年 7 月 24 日至 2019 年 8 月 1 日.

创新点

(1)利用最新的高精度宽能段宇宙线探测结果,特别是 DAMPE 即将提供的 TeV 能段的高精度数据和在以往研究中未被广泛使用的 ^{2}H/^{4}He、^{3}He/^{4}He 对宇宙线加速传播机制进行精细研究。

(2)考虑太阳调制对磁刚度 R、时间 t 以及电荷数 Z 的依赖性,替代以往研究中进行使用的较为简单的 force-field 近似。

（3）构建更合理的宇宙线加速传播模型。比较在发射谱中引入拐折和在扩散过程中考虑空间及能量依赖性的优劣，准确、可信地确定暗物质研究中的本底。

用 Dyson-Schwinger 方程方法研究高密度夸克物质状态方程并应用于计算致密星性质

项目完成人：陈　欢

项目来源：国家自然科学基金委青年科学基金项目

起止时间：2014 年 1 月 1 日至 2016 年 12 月 31 日

研究内容

本项目拟改进有限化学势下的夸克-胶子顶点与胶子传播子模型，在相应的模型下求解夸克传播子方程，计算夸克物质状态方程；结合强子物质的状态方程讨论中子星内部的强子-夸克相变与状态方程并计算相应的混杂星的内部结构。

研究成果

本项目研究了在 Ball-Chiu 顶点和 1BC 顶点下，结合化学势依赖的高斯相互作用模型，给出的冷密夸克物质的状态方程，并与彩虹近似下的结果进行了比较。利用上述模型下得到的夸克物质状态方程结果，还讨论了不同参数范围下的可能强子-夸克相变、奇异夸克物质假设，计算了对应的混杂夸克星和奇异夸克星的结构与性质，探讨了理论结果与一些天文观测现象的关联。在该项目的资助下，共发表了 SCI 检索论文 7 篇（其中包括 *Physical Review D* 1 篇，*Physical Review C* 1 篇，*European Physical Journal A* 2 篇，*Journal of Physics G* 1 篇，*Nuclear Physics A* 1 篇，*International Journal of Modern Physics E* 1 篇），主要研究成果包括：

（1）在不同夸克-胶子相互作用顶点假设下的夸克物质状态方程和混杂星结构。结合依赖于化学势的高斯型有效相互作用模型，我们计算了不同夸克-胶子作用顶点（裸顶点，1BC 顶点，Ball-Chiu 顶点）假设下的夸克传播子，并进而给出相应的夸克物质状态方程。结合 Brueckner-Bethe-Goldstone 理论给出的强子相状态方程（不含超子），我们计算了中子星内部可能的强子-夸克相变和相应的混杂星结构。结果表明，不同顶点下的混杂星的最大质量都与当前的观测相容，即可以达到当前观测到的脉冲星最大质量——2 倍太阳质量。由于现有的 Dyson-Schwinger 夸克模型中有限化学势下胶子传播子（有效相互作用模型）的不确定性，致密夸克物质状态方程和混杂星的质量半径关系甚至各组分的比例都依赖于顶点和胶子传播子随重子化学势产生的总的相互作用减弱效果，而不能区分各自的效应。这一

工作发表于 *Physical Review D* 上[Chen H,Wei J B,Baldo M,et al. *Physical Review D*,2015,91:105002.]。

（2）稳定奇异夸克物质和奇异夸克星结构。结合普通核物质相对于两味夸克物质的稳定性限制以及奇异夸克物质假设,讨论了当前的 Dyson-Schwinger 夸克模型在较大的参数（真空有效袋常数和相互作用的衰减参数）范围内是否可能得到稳定的奇异夸克物质,以及相应的奇异夸克星的结构。结果显示,稳定奇异夸克物质存在于有效袋常数较小、相互作用随化学势快速衰减的情况,相应的奇异夸克星的最大可能质量略小于 2 倍太阳质量。另外,我们还计算了在重子数守恒假设下,从中子星到奇异夸克星的转变过程可以释放出的能量,结果可达到 1053 尔格量级,这可能和天文观测上的某些巨大能量爆发现象相关。相关文章发表于 *European Physical Journal A* 上[Chen H,Wei J B,Schulze H J, *European Physical Journal A*,2016,52:291.]。

 创新点

该项目对夸克物质的状态方程的研究基于量子色动力学的 Dyson-Schwinger 方程方法,采用尽可能合理的夸克-胶子相互作用顶点和胶子传播子模型,求解有限化学势下的夸克传播子方程并进而得到夸克物质的状态方程等性质。Dyson-Schwinger 方程方法具有很好的量子色动力学理论基础,它可以包含量子色动力学的两个非微扰重要性质,这是当前的其他模型所缺乏的,使我们的模型的物理基础更加可靠。研究给出的结果与已有的脉冲星质量观测结果相容,并且对致密星质量-半径关系等给出了预测,对进一步的强相互作用性质与模型研究、致密星的研究具有积极意义。

基于最新的宇宙线观测数据对暗物质性质进行研究

项目完成人:吴　娟

项目来源:国家自然科学基金委青年科学基金项目

起止时间:2014 年 1 月 1 日至 2016 年 12 月 31 日

 研究内容

本项目主要是利用最新的宇宙线探测数据确定最优的宇宙线传播模型,在此基础上对暗物质的性质进行研究。项目的具体研究内容主要包括以下方面:

（1）分析采用单一实验数据对宇宙线传播模型限制的影响。要研究宇宙线传播机制,需结合宇宙线的次级粒子和初级粒子能谱比以及初级粒子能谱,前者对表征传播过程的参数有很强的限制作用,后者可用来确定与宇宙线加速机制有关的初级粒子发射谱。在本项目中,我们使用来自 PAMELA 和 AMS02 的最新数据进行研究。这些高精度宽能段的实验数据使我们可以仅使用来自 PAMELA 或 AMS02 的数据实现对传播加速模型的严格限制。我们主要比较分析以下三种情况对模型参数限制结果的异同:①使用来自单一的 PAMELA 实验的数据;②使用来自单一的 AMS02 实验的数据;③文献中他人研究所采用的多实验数据。

(2)研究宇宙线传播机制。以几种基本的传播模型(纯扩散模型、扩散对流模型、扩散再加速模型和扩散对流再加速模型)为基础,进行模型修正和改进。宇宙线粒子进入太阳系后会受到太阳风的影响,其主要影响能段在小于几个 GeV 的范围。本项目考虑了太阳调制对不同粒子带电符号的依赖性,减小确定宇宙线在银河系中的主要传播机制时的不确定性。此外,我们改进宇宙线受银河系磁场作用所导致的扩散过程,建立更符合实际的模型。通过拟合 PAMELA 和 AMS02 发布的次级粒子与原初级粒子能谱比以及原初粒子能谱,在修正后各种模型的框架下对表征不同传播机制的参数空间进行约束,以进一步理解各种传播机制。对比各种模型的优劣,确定最佳传播模型。

(3)研究暗物质模型,对暗物质性质进行推断。在目前的理论中,超对称(SUSY)理论是研究较多的新物理模型,它所预言的弱相互作用重粒子(WIMP)是最为主流的一类暗物质粒子候选者。而 SUSY 理论框架下又存在着很多的研究模型,如受限最小超对称模型(CMMSM)、最小超对称(MSSM)模型、次最小超对称(NMSSM)模型、唯象最小超对称(pMSSM)模型等。本申请项目将结合最新理论进展,选择合理的 SUSY 模型进行研究。本项目结合最新理论进展,选择合理的 SUSY 模型进行研究。利用 PAMELA、AMS02、Fermi 发布的有关反物质、电子和伽玛射线的测量结果,将暗物质模型和最佳宇宙线传播模型结合,分离出本底,对暗物质模型进行约束,进一步研究暗物质粒子的质量、相互作用产物、湮灭衰变概率等性质。

研究成果

(1)完成宇宙线数据分析的程序框架。在中国地质大学高性能计算集群 HPC 上成功实现了 Galprop 和数据分析软件 ROOT 的结合,可使用 ROOT 中的 TMinuit 程序进行最小 χ^2 拟合。实现 Galprop 与 MultiNest 的对接,利用贝叶斯推断进一步对特定模型的参数空间进行扫描,给出参数的后验概率及置信区间、参数直接的关联以及不同模型的优劣比较。在集群上实现了 MultiNest 的并行计算,大大提高了计算效率。

(2)在项目执行过程中对 Galprop 源代码进行了修改。引入了表征宇宙线扩散机制的参数对能量的依赖性,补充了对太阳调制的计算并考虑其对电荷符号的依赖性,利用 PAMALE、AMS02 各实验数据,对不同宇宙线加速传播模型进行了分析比较。研究发现:①仅使用最常用 B/C 并不能进行合理的模型判断。对 PAMELA 提供的各类型数据进行拟合,显示扩散对流模型能最好地解释次级粒子原初粒子的能谱比，但要同时拟合原初粒子能谱，则需假设发射谱指数存在拐折才能更好地吻合数据。如果同时考虑 ^{3}He/^{4}He 和 ^{2}H/^{4}He，模型给出的预期和实际数据存在偏差。②若考虑扩散系数各向异性，拟合得到的各向异性扩散系数和扩散同性扩散系数在半径方向相差 1~2 个数量级，且高度方向的扩散系数不确定度非常大。③进一步利用 AMS02 最新公布的 B/C 数据进行分析，得到的结果基本与仅使用 PAMELA 数据得到的结果一致。

（3）用 PYTHIA 模拟暗物质湮灭粒子谱。利用 PYTHIA 结合 GALPROP 生成暗物质湮灭产生的宇宙线中稀少成分的能谱，分析不同传播模型给出的稀少成分的本底，进一步分析暗物质性质。

相关研究学术论文：

[1] ADRIANI O, BARBARINO G C, WU J, et al, 2014. The PAMELA Mission: Heralding a new era in precision cosmic ray physics[J]. Physics Reports, 544(4): 323-370.

[2] WANG J L, L D K, L H J, et al, 2014. The energy dependence of antiparticle to particle ratios in high energy pp collisions[J]. International Journal of Modern Physics E, 23(12): 1450088.

[3] SHE Z L, CHEN G, XU H G, et al, 2016. Strange quark matter and quark stars with the Dyson-Schwinger quark model[J]. The European Physical Journal A, 52(9): 291.

[4] SHE Z L, CHEN G, XU H G, et al, 2016. Centrality dependence of light (anti)nuclei and (anti)hypertriton production in Pb-Pb collisions at $\sqrt{sNN}=2.76$ TeV[J]. The European Physical Journal A, 52(4): 93.

参与会议情况：

（1）吴娟，主持中国物理学会高能物理分会第九届全国会员代表大会暨学术年会"第四分会"，武汉，2014 年 4 月 18 日至 2014 年 4 月 23 日。

（2）吴娟，参加 34th International Cosmic Ray Conference-ICRC2015，Hague，Netherlands，2015 年 7 月 30 日至 2015 年 8 月 6 日。

（3）吴娟，2014—2016 年间多次受邀参加我国中科院"空间科学战略性先导科技专项"暗物质探测卫星（DAMPE）项目"的专家咨询会，并做邀请报告。

（4）吴娟，参加 2016 年中国天文年会，武汉，与国内同行就宇宙线前沿问题进行广泛交流。

创新点

（1）面向最新的宇宙线探测结果，利用来自单一实验的高精度数据进行宇宙线传播模型的研究，以消除以往研究中由于采用来自多个实验的数据引入的偏差。

（2）考虑太阳调制对粒子带电符号的依赖性及各向异性的扩散过程，构建更符合实际的传播模型，准确、可信地确定暗物质研究中的本底信号。

(3)面向最新的宇宙线反物质、电子及伽玛射线的测量数据,对暗物质模型进行更强的限制,对暗物质的性质进行深入的研究。

用 AdS/CFT 研究重夸克偶素熔解

项目完成人:张自强
项目来源:国家自然科学基金青年科学基金项目
起止时间:2018 年 1 月 1 日至 2020 年 12 月 31 日

研究内容

利用 AdS/CFT 对偶研究了胶子凝聚、磁场、高阶修正等对虚势和熵力的影响,并进一步研究其对夸克偶素熔解的影响;分析了重夸克势、施温格效应、纠缠熵、拉拽力、喷注淬火参数等物理量在不同背景下的行为。

研究成果

受项目资助,在 PRD 等杂志发表第一作者和通讯作者 SCI 论文 18 篇。主要是:

(1)研究了磁场、胶子凝聚等因素对重夸克偶素熔解的效应。例如:研究发现在退禁闭温度 T_c 附近,随着胶子凝聚的减少,熵力增大从而使得夸克偶素更容易熔解。同时,化学势和磁场的存在也会促进其熔解,相关成果发表在 PLB、PRD 等杂志。详情见相关研究学术论文部分第 1~4 条。

(2)分析了磁场、胶子凝聚等对夸克能量损失的影响。例如:我们发现在四种模型(拉拽力、喷注淬火参数、停在距离、瞬时能量损失)中,磁场的存在均使得夸克能量损失减小,而且在夸克速度垂直于磁场时磁效应更加明显;此外,研究发现胶子凝聚的存在也会导致能量损失减小。相关成果发表在 PLB、EPJC 等杂志。详情见代表性研究结果部分 5~8;

(3)探讨了胶子凝聚、高阶修正等对施温格效应的影响。例如:研究发现无论在零温还是有限温,胶子凝聚的存在都会使粒子的产生率减少;同时随着温度的提高,施温格效应增强。此外,我们发现化学势和 Gauss-Bonnet(GB)参数对施温格效应也会产生影响。其中化学势和正的 GB 参数增强粒子的产生率,而负的 GB 参数有相反的效应。相关成果发表在 NPB,PRD 等杂志。详情见代表性研究结果部分 9~10。

相关研究学术论文:

[1] ZHANG Z Q,HOU D F,2020. Entropic destruction of heavy quarkonium in quark-gluon plasma with gluon condensate[J]. Physics Letters B(803):135301.

分析了胶子凝聚对熵力的影响,发现在退禁闭温度附近,胶子凝聚的下降会导致熵力的增加从而促进重夸克偶素熔解。

[2] ZHANG Z Q,2020. Entropic destruction of heavy quarkonium in heavy quark cloud[J]. Physical Review D(101):106005.

研究了 SYM 等离子中反作用对熵力的效应。该反作用来源于空间中均匀分布的重夸克。计算结果表明,反作用增强熵力从而促使重夸克偶素熔解。

[3] ZHANG Z Q,ZHU X R,2019. Imaginary potential of heavy quarkonia from AdS/QCD[J]. Physics Letters B(793):200-205.

利用全息 QCD 模型考察了禁闭因子和化学势对虚势的效应。结果表明:禁闭因子的存在导致虚势降低从而减少重夸克偶素熔解。但化学势有相反的效应。

[4] ZHANG Z Q,HOU D F,2018. Imaginary potential in strongly coupled $N=4$ SYM plasma in a magnetic field[J]. Physics Letters B(778):227-232.

研究了磁场对虚势的影响。发现磁场的存在使得虚势增大从而导致重夸克偶素更容易熔解。

[5] ZHANG Z Q,2019. Effect of gluon condensate on light quark energy loss[J]. The European Physical Journal C,79(12):992.

分析了胶子凝聚对轻夸克能量损失的效应,发现其增强能量损失。

[6] ZHANG Z Q,2019. Light quark energy loss in strongly coupled $N=4$ SYM plasma with magnetic field[J]. Physics Letters B(793):308-312.

在重离子碰撞中,由于核核非对心碰撞,很有可能产生很强的电磁场。因此,考虑电磁场对各种观测量的效应很有意义。鉴于此,我们分析了磁场对轻夸克能量损失的效应,发现其增强能量损失。

[7] ZHANG Z Q,ZHU X R,2019. Effect of gluon condensate on jet quenching parameter and drag force[J]. The European Physical Journal C,79(2):107.

研究了胶子凝聚对喷注淬火参数和拉拽力的影响。发现在退禁闭温附近,随着胶子凝聚的减少,两个参数都降低,意味着能量损失减少。

[8] ZHANG Z Q,MA K,2018. The effect of magnetic field on jet quenching parameter[J]. The European Physical Journal C,78(7):532.

考察了磁场对喷注淬火参数的影响。结果表明,磁场的存在导致喷注淬火参变大从而增强能量损失。

[9] ZHANG Z Q,ZHU X R,HOU D F,2020. Effect of the gluon condensate on the holographic Schwinger effect[J]. Physical Review D(101):026017.

施温格效应和粒子的产生率密切相关。我们利用势分析考察了胶子凝聚对全息施温格效应的影响,发现无论在零温或有限温下,胶子凝聚都使粒子的产生率减少;此外,随着温度的提高,施温格效应增强。

[10] ZHANG Z Q,2018. Potential analysis in holographic Schwinger effect in Einstein-Maxwell-Gauss-Bonnet gravity[J]. Nuclear Physics B(935):377-387.

利用势分析研究了化学势和 Gauss-Bonnet(GB)参数对施温格效应的影响。

发现化学势和正的 GB 参数增强粒子的产生率。而负的 GB 参数有相反的效应。

创新点

在高能核重离子碰撞试验中,胶子凝聚、磁场等对各种观测量的效应真实存在,研究其对观测量的效应能够帮助我们理解强耦合 QGP 的一些重要性质。本项目首次提出利用 AdS/CFT 对偶研究胶子凝聚、磁场、高阶修正等对虚势和熵力的影响;此外,项目所涉及的理论推导和数值计算非常复杂,解决此问题需要理论和计算技术的重大改进。

高能重离子碰撞中重味夸克喷注的产生

项目完成人:代　巍

项目来源:国家自然科学基金青年科学基金项目

起止时间:2019 年 1 月 1 日至 2021 年 12 月 31 日

研究内容

夸克和胶子是组成我们世界的基本粒子。在通常的温度和密度下,自由的夸克和胶子并不存在,他们被强相互作用禁闭于强子中,这种现象被称为色禁闭。在高能重离子碰撞实验中,我们已经证实了强相互作用系统在高温/高密条件下发生手征对称性的恢复和夸克的退禁闭现象,从而形成夸克-胶子等离子体(QGP)这一新的物质形态,而它的性质及用以研究其性质的实验信号一直都是高能物理学界关注的重点。高能重离子碰撞初始的硬碰撞过程中产生的高横动量夸克和胶子在穿过稍后形成的 QGP 介质时会受到能量损失等修正的现象被广泛用来研究其相互作用性质。

本研究项目利用重味夸克的质量效应,以其来标记高能量粒子束(喷注),研究这样的重味喷注在热密介质中的修正性质既能够研究喷注在热密介质中传播的修正机制,也能研究喷注-介质相互作用中的质量效应。

研究成果

(1)在高能重离子碰撞中的高横动量强子产生方向,在国际上首次通过多种末态强子的核修正因子的理论预言与实验数据进行全局抽取,进一步确定了表征夸克胶子等离子体与喷注相互作用强度的喷注输运参数的范围。这项研究成果为深入理解夸克胶子等离子体的相互作用性质及其演化进一步奠定了基础,该成果发表于 *European Physical Journal C*。

（2）在高能重离子碰撞中的重味夸克喷注产生方向，建立了同时考虑轻、重味夸克在热密介质中演化的理论模型 SHELL，在国际上首次计算了双底夸克喷注在高能重离子碰撞中的动量不平衡性，该理论预言符合 CMS 实验组的测量结果，为进一步理解重味喷注的产生及其在 QGP 介质中的演化及其质量效应奠定了基础，该成果发表于 *Chinese Physical C*。

（3）在高能重离子碰撞中的重味夸克喷注产生方向，以成果（2）为基础，以相同框架成功预言了重味喷注中底介子在核核碰撞中的径向扩散效应，随后得到了 CMS 实验测量的证实，在其发表于 *Physical Review Letters* 期刊上的实验报告中本项成果作为唯一理论描述进行了报道介绍、引用。该研究成果对之后更加深入的研究重味喷注内部结构及重味夸克与热密介质相互作用中"死角效应"的观测有着重要意义。该研究成果发表于 *European Physical Journal C*。

（4）在高能重离子碰撞中的完全喷注研究方向，我们首次探索、计算了高能重离子喷注中完全喷注的事件形状的核修正效应，并对其机制进行系统分析，发现喷注事件与夸克胶子等离子体的相互作用会使得事件形状变得更为"笔状"，这是喷注淬火效应导致多喷注事件减少导致的。该项研究成果为探索完全喷注事件级观测量作为喷注淬火效应的观测量进行了重要探索并奠定了研究基础，该成果发表于 *European Physical Journal C*。

（5）在高能重离子碰撞中的完全喷注研究方向，我们计算了质子-铅碰撞中直接光子与光子标记喷注的产生及其中的冷核效应，探讨了可用于区分不同冷核效应参数化形式的观测量并提出建议，该项研究为探讨光子标记喷注的热核修正效应奠定了研究基础，该成果发表于 *Chinese Physical C*。

（6）在高能核物理领域范围内，系统综述了近年来，代巍及其所在团队在核环境中的多重散射和能量损失的理论发展方面取得的成果，该成果发表于《中国科学：物理学 力学 天文学》的"高温高密核物质形态研究"专题。

相关研究学术论文：

[1] CHEN S Y, ZHANG B W, DAI W, et al, 2020. The global geometrical property of jet events in highenergy nuclear collisions[J]. European Physical Journal C, 80(9):865.

[2] DAI W, WANG S, ZHANG S L, et al, 2020. Transverse Momentum Balance and Angular Distribution of $b\barb$ Dijets in Pb+Pb collisions[J]. Chinese Physics C, 44:104105.

[3] WANG S, DAI W, ZHANG B W, et al, 2019. Diffusion of charm quarks in jets in high-energy heavy-ion collisions[J]. European Physical Journal C, 79(9):789.

[4] MA G Y, DAI W, ZHANG B W, et al, 2019. NLO Productions of ω and K0S with a global extraction of the jet transport parameter in heavy-ion collisions[J]. European Physical Journal C, 79(6):518.

[5] 代巍,邢宏喜,张本威,等,2019.高温高密核物质形态研究专题-核环境中的多重散射和能量损失[J].中国科学:物理学 力学 天文学,49(10):102005.

[6] YAN J,CHEN S Y,DAI W,et al,2021. Medium modifications of girth distributions for inclusive jets and $Z^0+\rm jet$ in relativistic heavy-ion collisions at the LHC[J]. Chinese Physics C,45(2):024102.

[7] WANG S,DAI W,ZHANG B W,et al,2020adial profile of bottom quarks in jets in high-energy nuclear collisions[J]. Chinese Physics C,45(6):064105.

[8] MA G Y,DAI W,ZHANG B W,2019. Probing cold nuclear matter effects with the productions of isolated-γ and γ+jet in p+Pb collisions at $\sqrt{sNN}$=8.16 TeV[J]. Chinese Physics C,43(4):044104.

[9] WANG S,DAI W,ZHANG B W,et al,2020. Radial profile of heavy quarks in jets in high-energy nuclear collisions[R]. Austin:10th International Conference on Hard and Electromagnetic Probes of High-Energy Nuclear Collisions:Hard Probes.

[10] WANG S,DAI W,ZHANG B W,et al,2019. Radial distribution of charm quarks in jets in high-energy heavy-ion collisions[R]. Wuhan:28th International Conference on Ultra-relativistic Nucleus-Nucleus Collisions:Quark Matter.

[11] WANG S,DAI W,ZHANG B W,et al,2018. The Production of b\bar{b} bb-Dijets in heavy-ion collisions at the LHC[R]. Savoie:10th International Conference on Hard and Electromagnetic Probes of High-Energy Nuclear Collisions:Hard Probes.

创新点

(1)研究成果(2)和(3)中所建立的同时考虑轻、重味夸克在热密介质中演化的理论模型 SHELL 是本项目完成人主导发展的中国地质大学(武汉)拥有完全自主知识产权的理论模型,该模型的确立为进一步研究喷注与热密介质的相互作用提供了重要的理论框架。其中以该理论框架预言的重味喷注中 D 介子在核核碰撞中的径向扩散效应得到了 CMS 实验测量的证实,并作为唯一理论描述进行了实验-理论对比研究,该结果被 2020 年的 Hard Probes 大会实验组作为当年重要进展报告。

(2)研究成果(6)是在 2019 年,受到《中国科学:物理学 力学 天文学》与马余刚院士的邀请,本项目完成人与各位同行专家充分讨论、沟通,以中国地质大学(武汉)为第一作者第一单位在《高温高密核物质形态研究专题》发表的综述论文 1 篇,系统总结科学技术部"高温高密核物质形态研究"973 计划重大研究前沿项目在夸克物质的能量损失机制和强耦合特性方面所获成果,能有幸以第一作者第一单位在其中发表综述有着相当重要的科学与社会意义。

小尺度碰撞系统中的奇异性增强现象研究

项目完成人：郑　亮
项目来源：国家自然科学基金青年科学基金项目
起止时间：2020 年 1 月 1 日至 2022 年 12 月 31 日

研究内容

奇异产生增强现象是研究 QGP 物质形成与演化的重要课题，对了解热密夸克物质的性质具有重要作用。在小尺度系统中，尚无明确机制描述 QGP 物质的形成，使得对小系统中奇异性增强的解释极具挑战性。本项目旨在通过在小尺度系统中推广输运模型方法的研究，建立适用于 pp 和 pA 碰撞的输运模型，检验奇异粒子产生增强的机制，从唯象学角度在小系统环境中探寻 QGP 物质形成的信号，逐步比较包含 QGP 假设与其他 QCD 效应的贡献，构建各种有效观测量来区分不同的效应，并建立起小系统中奇异性增强现象与其他类 QGP 集体行为的联系。最终试图回答这一核心问题：高多重数 pp 和 pA 碰撞事件中产生奇异性增强的机制是什么？是否存在一个普适性的物理机制可以解释 pp 碰撞、pA 碰撞和 AA 碰撞这些不同碰撞系统中的奇异性增强行为？

研究成果

本项目在研究过程中，通过构建适用于小尺度碰撞系统的输运模型工具，开发相应唯象学研究工具，理解小系统中的集体运动行为产生原因及其相互联系，取得了一系列研究成果。

（1）对重离子碰撞物理中广泛使用的多相输运模型 AMPT 进行了改进，包括更新了模型系统演化初始条件所依赖的初态部分子分布函数，增加了重味夸克的硬产生过程以及与碰撞系统中心度相关的喷注动量转移尺度和强子化横动量依赖因子变化特征，使得 AMPT 模型对于小系统、重味粒子产额的特性得到了较大的改善。相关成果总结发表于 Physical Review C 101（2020）034905，Physical Review C 104（2021）014908。与此同时，参与撰写了 AMPT 模型最新发展情况的综述文章，对以上改进工作进行了系统化的讨论。如图 1 所示，改进后的 AMPT 模型可以合理描述较大能量范围内的粲夸克产生截面。

（2）研究了电子-原子核 eA 碰撞中这类电子参与的小尺度碰撞系统集体运动特性。eA 碰撞中类实光子碰撞过程在 CGC 理论框架下有可能产生类似于 pA 碰撞中的集体流特征。基于色玻璃凝聚模型 CGC 计算了未来电子-离子对撞机 EIC 上的椭圆流 v2 大小，并探讨了实验中进行相应测量的可能性。相关结果发表于

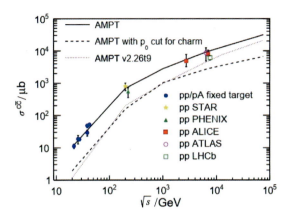

图 1　charm 夸克产生截面随能量变化关系

Physical Review D,2021,103:054017。

（3）基于 PYTHIA8 初始条件,构建了适用于 pp 碰撞的多相输运模型,并引入了亚核子尺度的空间涨落效应。研究表明,PYTHIA8 初始条件的引入可以有效改善多相输运模型对 pp 碰撞系统中粒子动量分布的多重数依赖特性,同时亚核子层次的空间涨落特性被发现与 pp 碰撞中出现的椭圆流现象存在较强的关联,揭示了 pp 碰撞中集体流行为的产生依赖于核子内部空间涨落与系统演化过程对初始空间涨落的响应。相关结果发表于 *European Physical Journal*,2021,81:775。如图 2 所示,基于 PYTHIA8 初始条件的输运模型可以给出 pp 碰撞中初始几何不对称度随系统多重数和碰撞参数的变化特征。基于该模型的计算结果表明只有在考虑核子内部空间结构涨落的情况下,才会存在明显的双强子长程关联现象。

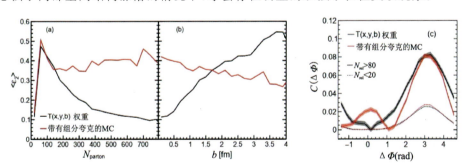

图 2　空间各向异性随粒子数和碰撞参数的变化关系（左图）,
高多重数质子碰撞事件中的近端长程关联现象（右图）

相关研究论文如下：

[1] ZHENG L,ZHANG C,SHI S S,et al,2020. Improvement of heavy flavor production in a multiphase transport model updated with modern nuclear parton distribution functions[J]. Physical Review C,101(3):034905-034915.

[2] ZHANG C,ZHENG L,SHI S S,et al,2021. Using local nuclear scaling of initial condition parameters to improve the system size dependence of transport

model descriptions of nuclear collisions[J]. Physical Review C,104(1):014908-014919.

[3] SHI Y,WANG L,WEI S Y,XIAO B W,ZHENG L,2021. Exploring collective phenomena at the electron-ion collider[J]. Physical Review D,103(5):054017-054024.

[4] ZHENG L,ZHANG G H,LIU Y F,et al,2021. Investigating high energy proton proton collisions with a multiphase transport model approach based on PYTHIA8 initial conditions[J]. The European Physical Journal C,81(8):755-768.

创新点

本项目在研究手段的拓展和研究成果的物理意义方面都具有创新性与前瞻性,具体包括以下各方面:

(1)本项目的研究手段是建立一个普适的输运模型去研究不同碰撞系统下的奇异性产生现象,这一模型的完成将会为我们研究不同碰撞体系的集体行为和微观物理过程提供一个系统的研究框架,使得碰撞系统的普适性研究能够在一个规范化的框架下完成,进而为我们研究 QGP 物质的形成与物理性质提供新的唯象学模拟工具。

(2)本项目对奇异性增强的微观动力学过程进行输运模型的研究可以同时对 QGP 物态形成的效应和 QCD 弦相互作用的效应进行相同初始条件下的比较,从而系统化地研究 QGP 物质演化与密度依赖的 QCD 弦相互作用这两种非常不同的物理效应在实验观测量上体现出的相似性与差异性。

北京谱仪Ⅲ实验上轻介子形状因子的测量

项目完成人: 康晓琳
项目来源: 国家自然科学基金青年科学基金项目
起止时间: 2021 年 1 月 1 日至 2023 年 12 月 31 日

研究内容

本项目利用北京谱仪Ⅲ采集的大统计量的 J/ψ 事例的辐射衰变 $J/\psi \to \gamma\eta/\eta'$,系统地研究轻介子 η/η' 的电磁跃迁形状因子。

研究成果

η/η' 是最轻的赝标介子八重态和单态混合的产物,其衰变蕴含着丰富的物理内容,对检验手征微扰理论和理解低能区强相互作用有着非常重要的作用。虽然 η/η' 已经被发现 50 多年,主要衰变模式已被实验所测量,但还远远没有完全了解这些粒子的性质,比如 η/η' 混合,η' 中是否含有胶子成分等问题,其稀有衰变也为检验基本对称性和寻找超出标准模型的新物理提供了良好的研究场所。由于 QCD 在低能区的非微扰特性,η/η' 的衰变过程主要由矢量介子主导模型、色散积分等唯象模型描述。这些模型需要通过大量实验结果检验并对参数范围作出限制。

在此项目的支持下,利用北京谱仪Ⅲ采集的 100 亿 J/ψ 事例的辐射衰变 J/ψ→γη/η',建立了 $\eta\to\pi^+\pi^-\pi^0$ 和 $\eta\to\pi^0\pi^0\pi^0$ 衰变过程的达利兹图分析程序,精确测量了各个过程的衰变振幅,图 1 和图 2 中黑色的点为实验数据,红色直方图为拟合结果在不同达利兹变量 X、Y、Z 的投影。该工作已经完成,正在北京谱仪Ⅲ国际合作组内部审核阶段,将提交到物理学权威期刊 *Physical Review D*。该测量结果对相关手征微扰理论的发展提出了更高阶的要求,同时也为其他相关的唯象模型提供了实验检验和有力的输入。$\eta\to\pi\pi\pi$ 的测量结果被理论学家作为输入来计算标准模型中重要的参数——u-d 夸克的质量差。

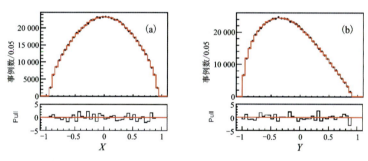

图 1 $\eta\to\pi^+\pi^-\pi^0$ 中达利兹变量 X(a) 和 Y(b) 的分布,黑色的点为实验数据,红色的直方图为拟合结果

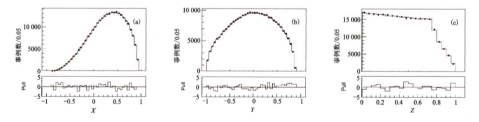

图 2 $\eta\to\pi^0\pi^0\pi^0$ 中达利兹变量 X(a)、Y(b) 和 Z(c) 的分布,其中黑色的点为实验数据,红色的直方图为拟合结果。下面为实验数据和拟合结果的 pull 分布

目前,利用北京谱仪Ⅲ采集的 100 亿 J/ψ→γη 事例的辐射衰变 J/ψ→γη/η',已经完成衰变过程 $\eta/\eta'\to\eta e^+e^-$ 和 $\eta'\to\omega e^+e^-$ 的事例选择和本底分析,正在提取这些衰变过程的形状因子以及对可能的系统误差进行研究。图 3 为 η 和 η' 信号区间内 γe^+e^- 的不变质量谱分布。

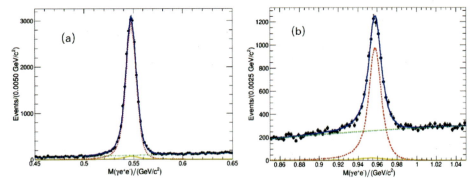

图 3 (a)η 信号区间和(b)η′信号区间内 γe⁺e⁻ 不变质量谱分布,其中黑色的点为数据,蓝色的曲线为拟合结果

参加学术会议:

1. 参加第 50 届多粒子动力学国际研讨会,2021 年 7 月 12 日至 7 月 16 日,https://scipost.org/preprints/scipost_202111_00057v1/

2. 参加第 10 届手征动力学国际会议,2021 年 11 月 15 日至 2021 年 11 月 19 日,Proceeding of Science(CD2021)021

创新点

(1)充分利用北京谱仪Ⅲ实验优势。近些年来,随着技术的不断发展,相关实验的精度也不断提高。特别是费米实验室和 J-PARC 正在运行的 g-2 实验,使轻赝标介子形状因子的研究至关重要。美国 CLAS12 和 GlueX 实验开始运行以及正在建设中的德国 PANDA 实验,都将对赝标量介子的研究列入其物理目标。CLAS12 和 GlueX 实验利用 Photo production 过程产生 η′样本的截面比较低,本底比较高。北京谱仪Ⅲ实验拥有世界上最大的 J/ψ 事例样本,利用其辐射衰变可以产生世界上最大 η′样本和有一定竞争力的 η 样本,且北京谱仪Ⅲ探测器性能优异,本底少,在 η/η′领域的研究中具有得天独厚的优势。

(2)物理目标明确,研究方案可行性强。该项目旨在利用北京谱仪Ⅲ实验获取的高统计量 J/ψ 数据,系统地研究赝标量介子 η/η′的电磁达利兹衰变过程,进而提取它们的跃迁形状因子,物理目标非常清晰。北京谱仪Ⅲ实验利用 2009 年和 2012 年采集的 J/ψ 事例成功观测到 η′→γe⁺e⁻、ωe⁺e⁻ 和 π⁺π⁻e⁺e⁻ 信号,并测量了 η′→γe⁺e⁻ 的跃迁形状因子。本项目将通过增加统计量,对可能的 η/η′的电磁达利兹衰变过程进行系统的研究,测量其跃迁形状因子,具有很强的可行性。

(3)具有重要物理意义。η/η′介子作为夸克模型中最轻的赝标介子八重态和单态混合的产物,对检验手征微扰理论和理解低能区强相互作用有着非常重要的作用。赝标量介子 η/η′跃迁形状因子精确、系统的研究对理解介子的性质及其内在的夸克和胶子结构有重要的作用。此外,η/η′的跃迁形状因子的精确测量将对于改善谬子反常磁矩理论值的误差估计尤为重要。谬子反常磁矩的理论值和实验值之间的 3～4 倍标准偏差的差异是目前超出标准模型新物理的最强线索,吸引了全世界在理论粒子物理和实验方面的研究人员的广泛关注。

利用流体力学模型研究 Λ 超子极化的实验与理论的分歧

项目完成人: 谢宜龙

项目来源: 国家自然科学基金委青年科学基金项目

起止时间: 2021 年 1 月 1 日至 2023 年 12 月 31 日

 研究内容

Λ 超子极化效应是探测高能碰撞产生的 QGP 系统的集体旋转运动的有效探针。最近,STAR 实验组测量了在质心能量为 7.7-200GeV 的 Au+Au 碰撞中的 Λ 超子极化,实验结果与理论预测存在分歧之处:正反 Λ 超子的极化分裂,实验中 Λ 超子极化的横动量空间分布的符号与理论模拟结果正好相反。近期对于正反 Λ 超子的极化分裂现象涌现诸多解释机制,本项目拟将其中三种机制融合进统一的模型中——PICR(3+1)维流体力学模型,并研判每种机制的贡献程度,以便将它们区分开。此外,我们将研究本项目所使用初态模型的特殊性质,因为此初态模型(+PICR 流体力学模型)已被证明能得到与实验相符的纵向极化的四极矩结构;在此基础之上,我们也计划探索纵向极化四极矩结构对于能量和冻结时间的依赖性,以及研究纵向的热涡量和温度涡量。本项目的开展有助于厘清 Λ 超子极化的实验与理论的分歧,更加深入理解 QGP 系统的集体旋转运动。

 研究成果

已发表 1 篇一区文章:[Xie Y L, et al, *European Physics of Journal C*, 2021, 81(1)],在文章中我们将详细研究了三种机制中的介子场机制,发现这种解释机制能产生较大的极化分裂效应,这一工作为后续融合其他机制奠定了基础。同时,计划撰写另一篇文章,内容为研究高能碰撞系统的纵向涡度的四极矩结构。

[1] XIE Y L, CHEN G, LASZLO P C, 2021. A study of Λ and Λ- polarization splitting by meson field in PICR hydrodynamic model[J]. The European Physical Journal C, 81(1):1-7.

[2] XIE Y L, WANG D J, LASZLO P C, 2020. Fluid dynamics study of the Λ polarization for Au+Au collisions at $\sqrt{sNN}=200$ GeV[J]. The European Physical Journal C, 80(1):1-6.

参加线上国际学术会议并作报告:

(1) Workshop on Spin and Hydrodynamics in Relativistic Nuclear Collisions。

(2)10th International Conference on New Frontiers in Physics(ICNFP2021)。

创新点

(1)对于正反 Λ 超子的极化分裂现象,将新近出现的 3 个解释机制融合进统一的模型中(PICR 流体力学模型),综合性地研究这三种机制在不同碰撞能量下的各自贡献度,以期将这三种机制区分开来。

(2)对于 Λ 超子纵向极化四极矩结构的实验和理论的矛盾,我们的研究路线是寻找合适的初态模型,建立初态与末态极化之间的关联,并研究 Λ 超子纵向极化四极矩结构的能量依赖性。此外,我们开发了新的初态模型,可以与旧的初态模型进行对比研究。

综上,本项目的研究旨在解决 Λ 超子极化研究领域中的一些前沿问题,弥合理论与实验之间的差异,具有高度的研究价值和创新性。

基于强耦合 N＝4SYM 等离子体中夸克物质能量损失的研究

项目完成人:张自强

项目来源:国家自然科学基金应急管理项目

起止时间:2016 年 1 月 1 日至 2016 年 12 月 31 日

研究内容

在高能物理中,喷注淬火是探测夸克胶子等离子体(QGP)的重要探针之一。而喷注淬火参数是描述喷注淬火现象很重要的物理量,也是在实验中可定性测量的,有关该参数的理论计算和实验测量是近年来高能核物理的热点课题之一。本项目利用 AdS/CFT 对偶研究强耦合 N＝4SYM 等离子体中喷注淬火参数,具体是计算喷注淬火参数 R^2 修正。结果表明:喷注淬火参数依赖于 R^2 修正,该修正可以增强或者减弱喷注淬火参数。

研究成果

[1] ZHANG Z Q, HOU D F, WU Y, et al, 2016. R^2 Corrections to the Jet Quenching Parameter[J]. Advances in High Energy Physics,(2016):9503491.

Stringy effects 的存在导致弦论中含有一些高阶修正,在利用 AdS/CFT 研究一些物理量时通常需要考虑此类修正。研究结果表明,R^2 修正可以增大或者减小喷注淬火参数,即喷注淬火参数依赖于 R^2 修正(图1)。

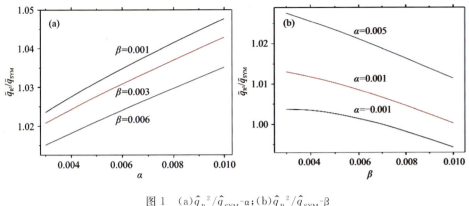

图 1　(a)$\hat{q}_R^2/\hat{q}_{SYM}$-α；(b)$\hat{q}_R^2/\hat{q}_{SYM}$-β

[2] ZHANG Z Q, HOU D F, WU Y, et al, 2016. Holographic Schwinger effect in a confining D3-brane background with chemical potential[J]. Advances in High Energy Physics, 9258106.

在 LHC 和 RHIC 的重离子碰撞实验中，夸克往往产生于强耦合 QGP 中，因此考虑 medium 或者化学势对夸克的影响很有必要。研究结果表明，化学势能够减弱 Schwinger 效应或者降低 pair production rate(图 2)。

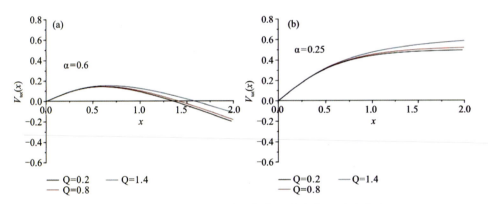

图 2　化学势与距离(x)的关系曲线(α 为定值，Q 为变化的)
(a)α=0.6；(b)α=0.25

[3] ZHANG Z Q, HOU D F, CHEN G, 2016. Heavy quark potential and jet quenching parameter in a D-instanton background[J]. The European Physical Journal A(52):357.

在有限温度下 D3-D(-1)理论和 QCD 理论的很多性质非常类似。研究各种物理量在 D3-D(-1)理论中的行为可以帮助我们了解 QCD。研究结果表明，瞬子密度可以压低重夸克势以及增强喷注淬火参数(图 3、图 4)。

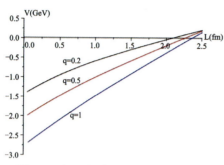

图 3　V 与 L 的关系曲线（I=0.1GeV）

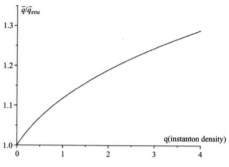

图 4　$\hat{q}_R^2/\hat{q}_{SYM}$ 与瞬子密度（q）的关系曲线

（温度为定值 $T=300$Mev）

[4] ZHANG Z Q, WU Y, HOU D F, 2016. Melting temperature of heavy quarkonium with a holographic potential up to sub-leading order[J]. Chinese Physics C, 40(6):064101.

重夸克偶素的熔解是强耦合 QGP 形成的一个重要信号。本工作利用全息势模型来研究重夸克偶素的熔解温度。研究结果表明：在考虑夸克势的次领头阶修正后，溶解温度会降低（图 5）。

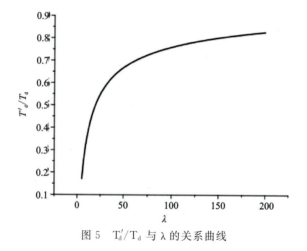

图 5　T_d'/T_d 与 λ 的关系曲线

创新点

弦论的高阶修正会影响喷注淬火参数，因此在理论计算中需要考虑。此外，高阶修正研究也可帮助了解强耦合 QGP 的一些重要性质，为重离子碰撞实验研究提供有价值的理论参考。

五、凝聚态与材料物理研究方向

基于趋肤效应电阻及电阻过剩噪声分析的无损检测

项目完成人：杨　勇

项目来源：国家自然科学基金面上项目

起止时间：2012年1月1日至2015年12月31日

研究内容

金属材料失效的问题关系国家和人民生命财产安全，也关系产品质量、生产成本。无论是空难，还是列车出轨，很多事故都由金属材料失效引起，要减少此类事故，就必须采用有效手段检测金属早期的失效状况。

金属的各种失效中断裂的危害最大，断裂大多由疲劳引起，疲劳的主要现象是裂纹，而裂纹经常最早出现在材料的表面。可见监测金属表面的裂纹状况是研究金属失效、评价材料残余寿命的重点。电子显微镜、金相显微镜等是普遍采用的研究金属疲劳的工具，但是它们都是有损检测方法，除非是为了研究，很多情况下，特别是对在役的金属材料的裂纹的检测只能是无损检测（NDT），因此完善和研究新的金属NDT方法具有重要意义。

为解决导体材料整体老化的快速无损检测（NDT）问题，关键是要凸显金属材料表面的裂纹状况。本项目创新地采用高频激励待测金属材料，在趋肤效应的作用下，电流集中流过缺陷密度最大的金属材料的表面，从而放大了表面缺陷对表面电流的影响，通过分析表面电流来高灵敏地获取材料早期损伤信息。项目主要基于两个途径尝试解决金属材料损伤的NDT。

一个途径是根据材料电阻过剩噪声与材料缺陷密切相关的理论，和高频下趋肤效应将电流强制集中在导体表面的物理规律，以及材料缺陷和裂纹更多更早出现在材料表面这一事实。用自制专用信号源、甚低源阻抗超低噪声微弱信号检测系统，配合谱分析和互谱分析等微弱信号检测技术的方法，对直接加载有不同强度和频率交流电的待测材料，测试趋肤作用下材料电阻的过剩噪声。分别用疲劳试验机疲劳周次、显微图像分析的裂纹统计分类分级数据等表征材料疲劳度，分析疲劳度和电阻过剩噪声、激发频率的关系，并揭示相关规律。

另一个途径是根据材料电阻与材料缺陷密切相关的理论,高频下趋肤效应将电流强制集中在导体表面的物理规律,以及材料缺陷和裂纹更多更早出现在材料表面这一事实,用自制专用高频功率信号源、高频微欧计、锁相放大器等微弱信号检测系统,配合微弱信号检测技术的方法,对直接加载有不同强度和频率交流电的待测材料,测试趋肤作用下材料电阻因表面损伤导致的微小变化。分别用疲劳试验机疲劳周次、显微图像分析的裂纹统计分类分级数据等表征材料疲劳度,分析疲劳度和高频电阻变化、激发频率的关系,并揭示相关规律。

具体研究内容有:

(1)研究信号的有效激发、有效提取。研究专用宽频功率信号源,低噪声信号耦合,超低噪声低源阻抗匹配前置放大,宽频锁相放大,过剩噪声的锁放、谱和互谱估计测量,屏蔽抗干扰等问题。

(2)研究宽频作用下小电阻及小电阻微小变化的有效测量。涉及从超低频(如1Hz 左右)到 MHz 频率范围内小电阻高灵敏度测量问题。进行超低频测量是为高频测量的数据处理提供参照。采用低频是为了将虚阻抗的影响降至最低,同时又减少接触电阻电势和热电势等的干扰。由于商品宽频 LCR 电桥并非针对小电阻和所需频带优化设计,一般来说不能直接最好地满足本项目的测量要求(但肯定是最省事的选择,在作为一般测量和相对标准用时必备)。因此,要正式建立新的NDT 方法就应该寻找所需频带的最佳的电阻测量方案。

(3)研究电阻和电阻过剩噪声与材料裂纹、缺陷、应力等的关系。在研究内容(1)和(2)的基础上,配合疲劳机、万能材料试验机、裂纹微区分析、尝试真空渗透裂纹荧光整体评测等方法表征疲劳度,并研究疲劳前后同一材料在同一外力作用电阻和噪声下的变化规律。

(4)研究不同频率、强度、电加载方向和部位时,材料电阻和电阻过剩噪声与材质、形状、裂纹尺寸、纵向深度、横向位置、分布密度、少量大裂纹与大量小裂纹、环境状况等的实验规律及敏感程度。用实验、理论和计算机辅助等法寻找高效提取更多有用信息的途径。

(5)由于材料学研究很多与表面有关,而趋肤效应及本项目的研究方法正好可以凸显材料的表面,本项目还研究材料镀层厚度、表面硬度、应力、磁导率等全新测量方法。

研究成果如下:

(1)杨勇,魏有峰,汤型正,等. 基于趋肤效应电阻的无损检测方法[P]. 中国:201110105101.1,2012.12.19.(发明)。

采用趋肤效应方法获取材料整体损伤程度,不需要逐点逐区测量,不受表面油漆、涂层等覆盖物影响,提高检测效率。

(2)杨勇,安虹宇,杨文璐,等. 一种基于趋肤效应的铁磁导体相对磁导率检测方法及系统,2018.1.30,中国,ZL201610227687.1(发明)。

采用趋肤效应方法测量材料磁导率,避免常规方法需要制作样环、绕制线圈的麻烦,也避免了线圈法只能测量低频,样环法只能测量高频的问题。

(3)杨勇,杨一萌,杨文璐,等.一种基于趋肤效应电阻过剩噪声的无损检测系统及方法,2018.4.17,中国,ZL201610017512.8(发明)。

采用趋肤效应方法获取材料整体损伤程度,不需要逐点逐区测量,不受表面油漆、涂层等覆盖物影响,相比电阻法过剩噪声法避免了分布电感的影响,更适合较大尺寸的工件损伤的测量。

(4)杨勇,罗中杰,宋俊磊,等.一种钢铁表面非铁磁质金属覆膜厚度测量方法及系统,2019.11.5,中国,ZL201710585688.8(发明)。

采用趋肤效应方法获取材料整体镀层厚度,不需要逐点逐区测量,不受表面油漆、涂层等覆盖物影响,针对同规格工件的镀层厚度测量有较高检测效率。

(5)杨勇,杨远聪,杨文璐,等.一种基于趋肤效应的样品表面覆膜无损检测方法及系统,2020.7.28,中国,ZL 201610017513.2(发明)。

采用趋肤效应方法获取材料整体镀层厚度,不需要逐点逐区测量,不受表面油漆、涂层等覆盖物影响,提高检测效率。

(6)杨勇,杨文璐,杨远聪,等.一种基于趋肤效应的铁磁性导体表面硬度测量方法及系统,2020.4.7,中国,ZL201610958136.2(发明)。

采用趋肤效应方法获取材料表面硬度,不受表面油漆、涂层等覆盖物影响,提高检测效率。

(7)杨勇,王华俊,杨文璐,等.一种基于趋肤效应的铁磁质导体材料应力测量方法及系统,2018.1.5,中国,ZL201610371436.0(发明)。

采用趋肤效应方法测量钢丝钢缆的应力,不受表面油漆、涂层等覆盖物影响,灵敏度比常规应变法高几十倍。

另有相关实用新型专利约 10 项,相关硕士论文 8 篇,相关期刊论文几篇。

创新点

(1)采用交流趋肤效应作用下的材料电阻及电阻过剩噪声来表征材料的老化。采用交流电直接加载于样品,在趋肤效应作用下,缺陷较多的导体表面的电流密度加大,等效为强制性突出了表面缺陷的电阻和电阻的过剩噪声效应,提高信噪比。经改变频率,配合计算可以在一定程度上获取不同深度的缺陷信息。与常规的过剩噪声采用直流电压测试的定义不同,本项目测量的是交流等效电压驱动下的"过剩噪声"。在概念上有所扩展。

(2)采用甚低源阻抗匹配方法实现微弱信号高信噪比提取。认识到了所检测的信号的特点是阻抗不同的甚低源阻抗的微弱信号,而国内外绝大多数商品化的超低噪声前置放大器并不能最有效地检测此信号。国内本领域也鲜有文献研究这一问题。本项目拟采用并联多个超低噪声放大器输入级和/或采用超低噪声阻抗匹配变压器的方法实现该信号的更有效提取。

(3)解决新问题。①从工件整体上高效检测材料相对较早期的老化(微小裂纹),防患于未然;②采用比较法时几乎不受材料形状、空间位置的限制,可免去换探头、样品检测前后一系列复杂处理的麻烦;③通过改变频率,配合计算有可能在一定程度上实现材料不同深度层的缺陷检测;④高效获取整体损伤、硬度、镀层厚度、磁导率等信息,避免逐点逐区测量;⑤大幅度提高应力测量灵敏度。

固体中弹性波零折射率超常材料的特性研究

项目完成人:刘丰铭

项目来源:国家自然科学基金面上项目

起止时间:2017年1月1日至2020年12月31日

研究内容

(1)利用各向异性零密度超常材料实现多声源的鲁棒交叠效果;
(2)得到利用声学超常材料实现多极辐射增强的严格解析模型;
(3)实现利用轨道角动量的声波分路器;
(4)深亚波长实心迷宫状棒对声音的超散射;
(5)超越体模量的超常流体。

研究成果

在该基金支持下,已发表第一或通讯作者SCI论文5篇,包含 *Physical Review Letters* 1篇,*Physical Review Applied* 2篇,*Physical Review B* 1篇,*Applied Physics Letters* 1篇,另外在 *Applied Physics Letters* 上发表合作论文3篇。

[1] LIU F M,WANG Z Y,KE M Z,et al,2020. Metafluids beyond the Bulk Modulus[J]. Physical Review Letters,125(18):185502.

[2] LIU F M,ZHANG S,LUO L C,et al,2019. Superscattering of sound by a deep-subwavelength solid mazelike rod[J]. Physical Review Applied,12(6):064063.

[3] LIU F M,LI W P,PU Z H,et al,2019. Acoustic waves splitter employing orbital angular momentum[J]. Applied Physics Letters,114(19):193501.

[4] LIU F M,LI W P,KE M Z,2018. Rigorous analytical model for multipole emission enhancement using acoustic metamaterials[J]. Physical Review Applied,10(5):054031.

[5] LIU F M,LI W P,WANG Y,et al,2018. Realizing robust overlapped effect of multiple sound sources via anisotropic zero density metamaterials[J].

Physical Review B,98(9),094303.

创新点

（1）利用各向异性零密度超常材料实现多声源的鲁棒交叠效果。我们发现当环形声学超常材料的密度张量的方位角方向分量接近零时，多个分离的声源可以相互重叠，看起来像只有一个声源。超常材料环内不同声源发射的能量可以结合在一起，从而增强全向辐射。解析和数值结果表明，这种理想的组合性能与声源的数量和位置都无关，甚至出现在超常材料环内的障碍物也不能改变它，显示出极好的鲁棒性。所提出的方案对于全向声源、高分辨率超声和信号调制等方面的应用具有潜在价值。

（2）得到使用声学超常材料实现多极辐射增强的严格解析模型。我们提出了一个严格的解析模型来理解利用声学超常材料来实现声音的增强多极辐射。二维柱面声学超常透镜结构被用来作为演示结构。利用辐射阻抗理论得到了提高辐射效率的解析表达式。分析结果表明，利用该结构只需一个单极声源就可获得增强的多极辐射。分析与仿真以及实验结果吻合都很好，从而验证了解析模型的适用性。因此，我们的解析模型为分析和合成新的声源增强辐射系统提供了一个直观、有效的工具。

（3）实现利用轨道角动量的声波分路器。我们提出了一种基于声涡流的轨道角动量的声分配器，并进行了实验验证。结果表明，由于具有周期性旁管阵列的螺旋形波导对于具有相反轨道角动量拓扑荷的声涡流的布拉格散射带隙不同，该波导可用于实现具有相反轨道角动量拓扑荷的声涡流的不同传输谱。因此，可以将具有相反螺旋性的两个这种复合波导组合在一起，以分离与轨道角动量相关的声流。我们对声涡流分离器的研究可能会为基于声轨道角动量的声通信中的解复用研究提供一条途径。

（4）深亚波长实心迷宫状棒对声音的超散射。我们设计了一个迷宫状的实心超结构棒来实现声波的超散射。由于这种超结构棒中多个通道的共振模式的近似简并，这些共振模式的散射贡献可以重叠，因此可以打破亚波长结构的单通道散射极限，从而在深亚波长范围内实现极强的声波散射。我们还提供了一个声波超散射现象的实验证明。我们的研究提供了一种增强声波与物体相互作用的方法，这将有可能应用于声学天线、声吸收以及声传感器等实际应用中。

（5）超越体模量的超常流体。我们发现由周期性的薄壁空心圆柱体浸入天然流体组成的新型超常流体不仅可以提供可设计的等效质量密度和体模量，而且还可以提供一个全新的等效参数，该参数在波速中表现为类似于固体的剪切模量，描述了超构流体对声波四极散射分量的响应。为了验证理论的正确性，我们对该新型超常流体进行了能带结构计算，我们的理论确实能够再现通过有限元方法严格计算得出的能带结构。进一步，通过利用由该新型超常流体支撑的横波带，入射的横波可以通过嵌入在固体中的超常流体平板而无需进行模转换，如图1所示，这超出了声音在流体中传播的传统观点。该工作扩展了超常流体的概念,在超常材料领域具有重要意义。

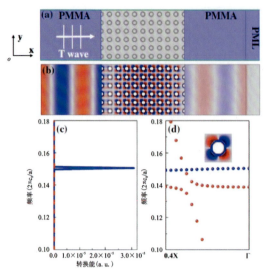

图1 横波通过超构流体平层的现象

对由不同共振单元或含人工结构固体板构建的声学超表面(acousticmetasurface)的研究

项目完成人:彭　湃
项目来源:国家自然科学基金青年科学基金项目
起止时间:2017年1月1日至2019年12月31日

研究内容

(1)研究使用不同的共振单元构建声学超表面。研究气泡在水中的共振对声波位相的影响,用由气泡和水组成的共振单元取代亥姆霍兹共振腔构建声学超表面;参考在工作中使用的结构,研究固体基体中由气泡和水组成的共振单元产生的共振对弹性波位相的影响;研究在负质量密度超材料的工作中所使用的"三组元"共振单元产生的共振对弹性波位相的影响;研究在负切模量声学超材料的工作中使用的"四极子"共振单元产生的共振对弹性波位相的影响;研究用不同的共振单元构建能够操控声波或弹性波的声学超表面;研究用该声学超表面分别操控纵波和横波,以及纵波和横波之间的模式转换。

(2)研究利用含人工结构固体板构建声学超表面。在对由固体板产生反常透射的研究工作中,按材料不同分为两类:由钢板放置在水/空气中构成的高声阻抗比体系和由环氧树脂板放置在水中构成的低声阻抗比体系。在高声阻抗比体系中,研究在钢板表面或者内部刻蚀人工结构后,在反常透射频率附近透射波的位相变化;在低声阻抗比体系中,研究含人工结构的环氧树脂板在反常反射频率附近反射波的位相变化。研究影响位相变化的主要因素,重点研究由固体板的几何形状和材料造成的影响。

(3)探索声学超表面的相关器件设计。探索理论上利用声学超表面实现声学幻象的可行性。分别考虑物体和观察者在声学超表面两侧和同侧的情形,研究能否利用声学超表面建立真实物体的声场和幻象的声场之间的联系,并尝试用声学超材料"修复"两者强度和位相差异。最后尝试用反演方法验证幻象功能的效果。

研究成果

(1)用三组元共振单元和四极子共振单元构建了新的声学超表面。该成果进一步完善了声学超表面的体系。传统的声学超表面多采用理想的刚性材料,它对于固-气体系是一种很好的近似,但难以适用于固-液,或固-固体系。我们采用的共振单元由真实固体材料构成,并且可以工作于水下或地下。

(2)提出了超表面的物理模型。该成果(模型)可以概括已有的大部分声学超表面并预测新的声学超表面。我们验证了部分预测,发现许多用于超材料的结构单元以及它们的复杂组合都可以用于构建声学超表面。该模型进一步开阔了制作超表面的思路。传统的声学超表面的结构单元都借鉴声学超材料的结构单元,我们在模型的指导下设计出新的结构单元,其仅为无内部结构的单层板,易于制作而且有较好的应用潜力。

(3)设计了可调节的声学超表面。传统的声学超表面由不同的结构单元组成,并且内部结构固定,导致工作频率通常为单频,且只针对特定入射波角度。我们设计的可调节声学超表面是一类新的超表面,由完全相同的结构单元组成,便于批量制造和组装。结构单元包含可旋转的内核,通过旋转内核随时按需求改变工作频率和适用角度等,具有更好的适用性。

(4)设计了可以同时操控振幅和位相的超表面。传统的声学超表面并不能实现所有的位相+振幅的组合,我们用一种理论上最简单的方式改进了传统的声学超表面并实现任意位相+振幅的组合,从而实现任意操控声场。我们演示了"声学幻象"的效果:让一个点源发出的声场变得和给定障碍物的散射声场一样,从而观察者无法区分是否存在障碍物。

(5)设计了可以操控弹性波的极化方向的固体超表面。我们用固体超表面实现了低频下纵横波之间100%的能量转换,这是传统的基于刚性材料的超表面无法做到的。我们设计的固体超表面尺寸约为纵波波长的百分之一,并且具有良好的适应性,对于不同的固体背景都能保持90%以上的转换率。本研究成果有助于解决水下吸声(例如声呐)方面的问题。

(6)研究了作用于表面波的表面材料。通过设计不同的几何形状的"三组元"

共振单元得到低频下较宽的表面波带隙。本研究成果有助于预防地震灾害。

相关研究学术论文：

[1] LI P,HU W P,PENG P,ZHOU X F,ZHAO D G,2022. Elastic topological interface states induced by incident angle[J]. International Journal of Mechanical Sciences(225):107359.

[2] XU Z H,LI P,LIU M Y,DU Q J,GUO Y F,PENG P,2022. An ultra-thin acoustic metasurface composed of an anisotropic three-component resonator[J]. Applied Physics Express(15):27004.

[3] ZOU H Z,XU Z H,HU Y,DU Q J,PENG P,2022. Reflected continuously tunable acoustic metasurface with rotatable space coiling-up structure[J]. Physics Letters A(426):127891.

[4] DU Q J,LI F,XU R,XU Y,YANG H W,PENG P,2021. A novel aseismic method using seismic metasurface design with mound structures[J]. Journal of Applied Physics(130):215101.

[5] LI P,DU Q J,XU Z H,XU Y L,WANG Q,PENG P,2021. Stepped acoustic metasurface with simultaneous modulations of phase and amplitude[J]. Applied Physics Express(14):127001.

[6] LIU F M,PENG P,DU Q J,KE M Z,2021. Effective medium theory for photonic crystals with quadrupole resonances[J]. Optics Letters(46):4597-4600.

[7] ZENG Y,PENG P,DU Q J,WANG Y S,BADREDDINE A,2020. Sub-wavelength seismic metamaterial with an ultra-low frequency bandgap[J] Journal of Applied Physics(28):14901.

[8] ZOU H Z,XU Z H,LI P,PENG P,2020. An ultra-thin acoustic metasurface with multiply resonant units[J]. Physics Letters A(7):126151.

[9] ZENG Y,XU Y,YANG H W,MUHAMMAD M,XU R,DENG K K,PENG P,DU Q J,2020. A Matryoshka-like seismic metamaterial with wide bandgap characteristics[J]. International Journal of Solids and Strcutures(185):334-341.

[10] LI P,CHANG Y F,DU Q J,XU Z H,LIU M Y,PENG P,2020. Continuously tunable acoustic metasurface with rotatable anisotropic three-component resonators[J]. Applied Physics Express(13):25507.

[11] XU Y L,CAO L Y,PENG P,BADREDDINE A,YANG Z C,2019. Spatial waveguide mode separation for acoustic waves in a meta-slab composed of subunits with graded thicknesses[J]. Journal of Applied Physics(126):165110.

[12] XU Y L,CAO L Y,PENG P,ZHOU X L,BADREDDINE A,YANG Z C,2019. Beam splitting of flexural waves with a coding meta-slab[J]. Applied Physics Express(12):97002.

[13] XU Y,XU R,PENG P,YANG H W,ZENG Y,DU Q J,2019. Broadband H-shaped seismic metamaterial with a rubber coating[J]. Europhysics Letters(127):17002.

[14] ZENG Y,XU Y,DENG K K,PENG P,YANG H W,MUHAMMAD M,DU Q J,2019. A broadband seismic metamaterial plate with simple structure and easy realization[J]. Journal of Applied Physics(125):224901.

[15] LIU M Y,LI P,DU Q J,PENG P,2019. Reflected wavefront manipulation by acoustic metasurfaces with anisotropic local resonant units[J]. Europhysics Letters(125):54004.

[16] XU Y L,PENG P,2015. High quality broadband spatial reflections of slow Rayleigh surface acoustic waves modulated by a graded grooved surface[J]. Journal of Applied Physics(117):35103.

[17] PENG P,XIAO B M,WU Y,2014. Flat acoustic lens by acoustic grating with curled slits[J]. Physics Letters A(45):3389-3392.

[18] PENG P,QIU C Y,LIU Z Y,WU Y,2014. Controlling elastic waves with small phononic crystals containing rigid inclusions[J]. Europhysics Letters(106):46003.

[19] PENG P,SHAREFA A,ZHANG X J,LI Y,WU Y,2013. A lumped model for rotational modes in periodic solid composites[J]. Europhysics Letters(104):26001.

[20] PENG P,MEI J,WU Y,2012. Lumped model for rotational modes in phononic crystals[J]. Physical Review B(86):134304(6).

[21] PENG P,QIU C Y,DING Y Q,HE Z J,YANG H,LIU Z Y,2011. Acoustic tunneling through artificial structures:From phononic crystals to acoustic metamaterials[J]. Solid State Communications(151):400-403.

[22] PENG P,QIU C Y,HAO R,LU J Y,LIU Z Y,2011. Acoustic transmission enhancement through a stiff plate drilled with subwavelength side openings [J]. Europhysics Letters(93):34004.

[23] HE Z J,JIA H,QIU C Y,PENG S S,MEI X F,CAI F Y,PENG P,KE M Z,LIU Z Y,2010. Acoustic Transmission Enhancement through a Periodically Structured Stiff Plate without Any Opening [J]. Physical Review Letters(105):74301.

[24] KE M Z,LIU Z Y,CHENG Z G,LI JING,PENG P,SHI J,2007. Flat superlens by using negative refraction in two-dimensional phononic crystals[J]. Solid State Communications(142):177-180.

彭湃,刘正猷,2021. 拓扑声子晶体[J]. 物理实验,41(5):1-9.

获得授权专利:

(1)彭湃,李攀.一种基于固体板的反射声波位相调控装置[P].实用新型专利,ZL201922232226.5。

(2)彭湃,李攀.一种可同时调控振幅与位相的声学超表面[P].实用新型专利,ZL201822183474.0。

(3)彭湃,邹浩祯.一种可调局域反射波位相的反射型梯度声学装置[P].实用新型专利,ZL201921647422.2。

(4)彭湃,常云帆.一种可同时调控振幅与位相的声学超表面[P].实用新型专利,ZL201920953343.8。

创新点

(1)提出新的声学超表面的设计方案,把声学超表面对波的操控能力从声波扩展到弹性波范围。

(2)将使用含人工结构的固体板构建声学超表面,并利用固体板的几何和材料特性调节声学超表面的性能,从而获得内部结构更简单的声学超表面。

(3)将设计具有高性价比的声学器件,更低成本地实现例如声学伪装、声学幻象等功能。

实用新型专利证书

实用新型专利证书

高温相 LiCoO₂ 纳米片阵列的低温熔盐制备及其倍率和循环性能研究

项目完成人：汪　海
项目来源：国家自然科学基金青年科学基金项目
起止时间：2019 年 1 月 1 日至 2021 年 12 月 31 日

研究内容

钴酸锂 LiCoO₂ 作为最早商业化的锂电池正极材料，它能够提供 3.8 V 的高电压，且电压基本不随锂离子在 Li$_{1-x}$CoO₂ 材料中的嵌入和脱出程度而变化，平台稳定，因而一直沿用至今，目前占据了国内大部分的正极材料市场份额。以 LiCoO₂ 为正极材料组装成锂电池进行高倍率的充放电时，由于大量锂离子的快速嵌入和脱出，其结构的动力学稳定性、容量的衰减、电池的发热以及整体的安全性，都会成为影响锂电池实际应用的致命因素。锂电池大倍率充放电性能的途径之一是提升锂离子在固相电极材料中的传输速度。LiCoO₂ 锂离子扩散系数为 10^{-8} S/cm～10^{-10} S/cm，低于锂电池负极材料、电解质等其他组分，限制了其作为锂电池正极材料时的大功率性能。本项目由拟通过低温熔盐的方法构建钴酸锂纳米阵列结构，以期提高 LiCoO$_2$ 作为电极材料的离子输运、大倍率充放电性能以及电化学反应的动力学速率。具体内容有：

(1) Co(OH)$_2$ 纳米片阵列的可控生长。LiCoO$_2$ 纳米片阵列的整体结构是由 CoOOH 纳米片阵列决定的，而 CoOOH 是由 Co(OH)$_2$ 氧化得到，所以实现 Co(OH)$_2$ 纳米片阵列的可调控制备是关键。拟在三维镍网或者碳布基底上实现 Co(OH)$_2$ 纳米片阵列的生长，需通过调控生长液硝酸钴溶液的浓度和电化学生长过程中电流密度的大小或者是电压的大小，来实现对 Co(OH)$_2$ 纳米片阵列的可控控制，得到可控阵列长度(3～6μm)、片层厚度(10～100nm)、疏密度及与基底结合紧密的阵列薄膜结构，分析影响其生长的关键因素，同时根据最后测得的 LiCoO$_2$ 纳米片阵列的电化学性能，找出影响电化学性能的关键结构参数，筛选出最优的实验参数。

(2) 利用(1)中得到的 Co(OH)$_2$ 纳米片阵列作为进一步实验的反应前驱体，通过氧化得到 CoOOH、接着熔盐中离子交换得到高温相的 LiCoO$_2$ 纳米片阵列。研究在共融熔盐里离子交换过程中熔盐的成分、比例、反应温度(150～250℃)、反应时间(10～600min)对 LiCoO$_2$ 纳米片阵列形貌、结晶性、电化学性能的影响，找出并分析影响的关键因素，同时分析其生长机理。

(3) 研究不同合成条件下 LiCoO$_2$ 纳米片阵列的电化学性能，包括充放电行为、交流阻抗谱、高倍率下充放电性能、循环寿命等。拟设计 Co(OH)$_2$ 纳米片阵列的结构参数-熔盐反应中的实验参数-LiCoO$_2$ 纳米片阵列的电化学性能的正交试验，探究阵列结构、形貌、LiCoO$_2$ 结晶性对电化学性能的影响，揭示阵列结构的动力学优势。

研究成果

本项目深入分析了高温相钴酸锂纳米阵列的制备过程以及相关不可逆相变的容量衰减机理，采取理论与实验相结合的研究思路，优化实验方案并探索了基于熔盐法制备钴酸锂正极材料的策略，旨在建立低温合成的方法，结合纳米阵列的优势稳定离子传输速率，协同提升高温相钴酸锂电化学性能的优化机制，实现钴酸锂正极材料下充放电过程的循环稳定性。项目主要研究成果如下：

(1) 我们在 220℃的低温下合成得到了高温相 LiCoO$_2$ 纳米片阵列的制备，阵列厚度 4～6μm，平均厚度在 100nm。结果如图1所示。图1(a)、(b)分别是前驱体 Co(OH)$_2$ 的低倍和高倍扫描式电子显微镜(SEM)图，可以看出，Co(OH)$_2$ 前驱体纳米片均匀垂直的生长在基底上。图1(c)、(d)是进行了氧化和阳离子交换后 LiCoO$_2$ 纳米片阵列的形貌，可见纳米片局部出现了碎化，但整体仍然保持。图1(c)中嵌入的图1(e)是从集流体上刮下来的粉末的X射线衍射(XRD)图谱，与 LiCoO$_2$ 一致。其中峰 I(003)/(104) 的衍射强度比值较高，说明了该方法制备得到的 LiCoO$_2$ 层状结构发育好，Li、O、Co有序度高。

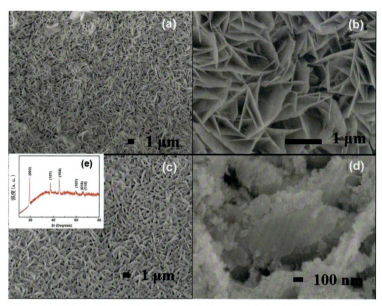

图 1　前驱体 Co(OH)$_2$ 的低倍(a)和高倍 SEM 图(b),图(c)和图(d)是进行了氧化和阳离子交换后 LiCoO$_2$ 纳米片阵列的形貌。图(c)中嵌入的图(e)是从集流体上刮下来的粉末的 XRD 图谱

(2)在前期的 Co(OH)$_2$ 的制备过程中,我们比较了水热法和电沉积法制备出的 α-Co(OH)$_2$ 和 β-Co(OH)$_2$ 对最后合成出的钴酸锂的结构的影响,发现与水热法相比,电沉积法制备出的 Co(OH)$_2$ 的阵列更加致密,分散得更加均匀,并且最后合成出的钴酸锂的阵列形貌也更均匀同时也更加致密。

(3)在选择氧化的条件时,我们采用了电化学氧化的办法来氧化 Co(OH)$_2$。与传统的水浴通氧氧化和添加氧化剂氧化的方法相比,我们的氧化方法简便,安全并且更加彻底。这可以通过电化学工作站扫氧化还原峰可以清晰地观察到。当扫完 5 圈后,氧化过程基本完成。可以看到基本没有氧化峰,说明离子的价态已经是最高价态,不能继续被氧化,所以氧化过程完成。

(4)本项目以沙漠玫瑰状钴酸锂材料为灵感,直接在导电基底(碳布、镍网等)上合成了纳米阵列结构的钴酸锂材料。Chen 等(2008)在 KOH、LiOH、CsOH 碱性熔盐中,以 Co(NO$_3$)$_2$ 为前驱体在 220℃ 的低温下通过熔盐法得到了沙漠玫瑰形貌的高温相的 LiCoO$_2$ 颗粒结构,在大倍率充放电性能明显优于商用的 LiCoO$_2$。在该研究中,220℃ 低温下得到了高温相的 LiCoO$_2$,主要过程为 Co^{2+} 首先在碱性环境下生成 Co(OH)$_2$,接着被氧化成 CoOOH,CoOOH 中的氢离子和锂离子在熔盐中进行阳离子交换,沉淀生成得到 LiCoO$_2$。中间产物 CoOOH 为 R-3m 对称的六方相结构,与高温相的 LiCoO$_2$ 是一致的,同时熔盐为阳离子交换提供了快速的离子移动能力,因此通过阳离子交换得到的 LiCoO$_2$ 合成速度快,结晶性好,Li、O、Co 排列更有序。然而,该方法并不能直接适用于 LiCoO$_2$ 阵列的制备,如果以二价或三价钴阵列为前驱体,直接在 200℃ 的碱性熔盐下进行氧化和离子交换反应,会将二价钴或者三价阵列溶解掉,因为 $Co(NO_3)_2$ 粉末在碱性熔盐中生成 $LiCoO_2$ 的反应过程是溶解—氧化—离子交换—沉淀的过程,阵列直接浸入熔盐则会直接被溶解掉,难以得到 $LiCoO_2$ 阵列结构。

(5)采用混合熔融盐降低了反应所需要的熔点。深入研究了熔盐的组成、配比及其对生成 $LiCoO_2$ 晶体结构和电化学性能的影响。阴阳离子均可能在熔盐反应中,附着在反应物表面,抑制某一晶面的生长,从而较大地改变生成 $LiCoO_2$ 纳米片阵列的形貌和电化学性能。经过一系列的研究与探索,探究共融熔盐组成、比例,反应温度、时间对生成阵列形貌、结晶性、电化学性能的影响,筛选得到最佳电化学性能的 $LiCoO_2$ 纳米片阵列的实验参数。目前探究出最适宜作熔盐的体系比是硝酸锂与硝酸钾的混合熔盐,与此同时,发现当硝酸钾的质量与硝酸锂的质量之比为 3∶2 时,混合熔盐融化的温度最低。

(6)实验发现,硝酸盐共融熔盐可以有效的进行离子交换,将 CoOOH 纳米片阵列转换成 $LiCoO_2$ 纳米片阵列并且保持整体阵列形貌,整个阳离子转换过程仅需 15min 即可。为了使熔盐的体系更快,更自发的让 H^+ 离子与 Li^+ 发生质子交换,使 Li^+ 嵌入到 CoO_2 层状结构中,探究了一系列的碱的用量,其中包括氢氧化钾、氢氧化锂等。当硝酸盐的体系总质量 10g 时,碱的用量从 0 一直增加到 2g。研究发现,往熔盐体系里添加 0.2g 的氢氧化锂的效果最佳,这可能是由氢氧化锂本身的电子结构所决定。氢氧化锂与氢氧化钾同属于强碱并且都是强电解质,不同的是氢氧化锂属于共价键晶体,电子结构只有两层,氢氧化钾属于离子键晶体,在熔融状态下更容易分离重组,这样不利于 $LiCoO_2$ 纳米片阵列的生长。

(7)在熔盐状态下的离子交换体系不同于水溶液状态下的离子交换体系,反应状态不能一下全自动反应,所以我们提出一种二次熔融盐法,即升温—保温—降温到室温—再升温—冷却的方法,温度的不断变化导致分子运动的更无序,促进离子交换的过程,纳米阵列的生长也更加充分。图 2(a)是直接熔盐后的钴酸锂的高倍 SEM 图,图 2(b)是通过二次熔盐法合成的 SEM 图。从图 2(a)我们可以看出直接熔盐合成出的钴酸锂局部出现阵列状的结构,但是伴随着很多碎片。而改变升温的方法后,从图 2(b)可以清晰地看出合成的钴酸锂材料具有较完整的阵列结构,并且没有破损没有碎片。所以通过二次熔盐法可以把质子交换反应进行得很彻底。

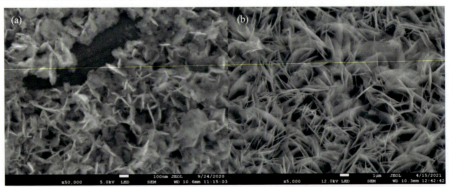

图 2　(a)一步熔盐法合成的钴酸锂;(b)二步熔盐法合成的钴酸锂

（8）在材料的后处理上，放弃了传统的用去离子水直接冲的方式，而采用热水反复煮，因为生成的钴酸锂粉末不溶于水，而熔盐体系里的硝酸盐溶于水，加热后的水更加快速地使可溶的盐溶解到水中，而反复更换水是为了避免溶液达到饱和状态，依附在基底上的熔盐无法除净。采用这种后处理的方法可以既不破坏阵列表面的状态，又可以快速高效地除去不必要的杂质。

（9）在本工作所有的合成工艺路线中，电沉积法合成的氢氧化钴阵列材料的片状较大，氧化后变成CoOOH纳米片。从高倍的SEM图上可以看出阵列结构依然存在，但是纳米片变薄，二次熔盐后得到的钴酸锂纳米阵列材料单个呈片状且形状规整，相互堆叠在一起呈阵列状，这种结构有利于锂离子的嵌入/脱出过程。组装成水系的锂离子电池，用饱和的硫酸锂作为电解液，在1.2V截止电压下以0.1~5A/g进行恒流充放电循环时，二次熔盐法合成的钴酸锂材料表现出较好的电化学性能。在0.1A/g的电流密度下放电比容量为150mAh/g，远高于高温固相法和溶胶凝胶法制钴酸锂正极材料的放电性能。从水系电池的库仑效率来看，熔盐法合成的钴酸锂正极材料有明显优势。

（10）与商用的钴酸锂颗粒相比，纳米阵列结构状的钴酸锂材料脱锂均匀且更易分离。在电池工装结构中，采用的是无黏结剂和无极片的结构。钴酸锂粉体和导电剂以及电解液相互混合，在其中增加了泡沫镍，泡沫镍既发挥了导电骨架的作用，又保证了一定程度的压实和吸液润湿作用，在充分保证导电性的同时，有利于减小极化，提高充电过程的均匀性和效率。

相关研究论文如下：

[1] ZHANG M Y, ZHOU L N, WANG H, et al, 2022. Rapid In-Situ Growth of Oxygen-defects Rich Fe(OH)$_3$@Co(OH)$_2$@NF Nanoarray as Efficient OER Electrocatalyst[J]. Chemistry Letters(51):440-444.

[2] HUANG X M, LI Z W, WANG H, et al, 2022. Optimized cyclic and electrochemical performance by organic ion N(CH$_3$)$_4^+$ pre-inserted into N(CH$_3$)$_4$V$_8$O$_{20}$ cathode and hierarchy distributive Zn anode in aqueous zinc ion batteries[J]. Electrochimica Acta(412):140160.

[3] QI P C, WANG H, TANG Y W, et al, 2022. Ammonia-induced N-doped NiCoO$_2$ nanosheet array on Ni foam as a cathode of supercapacitor with excellent rateperformance[J]. Journal of Alloys and Compounds(895):162535.

[4] WANG H, JING R P, WANG Q B, et al, 2021. Mo-doped NH$_4$V$_4$O$_{10}$ with enhance delectrochemical performance in aqueous Zn-ion batteries[J]. Journal of Alloys and Compounds(858):158380.

[5] WANG H, XIONG Z L, JIN S M, et al, 2019. Carbon growth process on the cobalt-based oxides[J]. Fullerenes, Nanotubes and Carbon Nanostructures(27):823-829.

参加了全国电化学大会、全国固态离子学会议暨新型能源储存与变换材料及技术国际论坛、全国新能源与化工新材料学术会议暨全国能量转换与存储材料学术研讨会等。

创新点

（1）通过低温熔盐法在导电基底上实现 $LiCoO_2$ 纳米片阵列的生长，在目前已知的文献中并未见相关报道。同时阵列的结构参数可控，研究其对 $LiCoO_2$ 纳米片阵列电化学性能的影响，为该材料的进一步研究提供借鉴，也为其他锂离子电池正极的结构设计提供了新的思路。

（2）通过简单的电化学生长，氧化和熔盐离子交换的方法得到 $LiCoO_2$ 纳米片阵列，合成时间短、温度低、能耗低，有广泛的应用前景。

六、光学与光电子技术研究方向

可探测地震前兆次声波的光纤声传感装置的研究

项目完成人：周俐娜　刘　滕　江致兴
项目来源：国家自然科学基金青年科学基金项目
起止时间：2017 年 1 月 1 日至 2019 年 12 月 31 日

 研究内容

地震预测的低成功率使之成为世界公认的科学难题，随着学科之间的交叉融合，学科边界也越来越模糊，各国都在寻找新方法对地震前兆信号进行多场测量，获取高精度、高覆盖率、近实时的观测数据，为大地"诊脉"。近年来，各台站和研究机构观测到了很多震前次声信号，频率成分大部分集中在 0.001～0.01Hz 区间，强度可达 10～200Pa。这些观测资料引发了我们利用次声信号进行地震预报的设想。

光纤声传感器与基于电器件的声传感器相比，前者对信号的远距离传输衰减小，对电磁干扰不敏感，重量轻、体积小，便于实现分布式测量，极具发展前景。而膜片式非本征法布里-珀罗干涉型（EFPI）光纤声传感器由于灵敏度高备受研究关注，这类传感器最重要的部件即是声压敏感元件，其材料的选择、结构的设计是研究的重点。本课题的研究围绕薄膜设计与制作展开，理论分析表明，要提高传感器的灵敏度，应同时提高敏感薄膜的形变量并减小光在 FP 腔中的传输损耗。在此基础上，我们提出将弹性模量大且反射率高的金属薄膜（硬膜）置于弹性模量小的薄膜（软膜）中心处做成双层复合薄膜，制成新的压力敏感元件。

本项目的具体研究内容包括：针对光纤 FP 腔结构，设计制作出对极低频气压信号敏感的高反射率压力传感薄膜和传感器探头，搭建实验平台对传感器进行性能测试。

 研究成果

（1）提出了一种新型双层复合型材料敏感薄膜结构，利用现有的微纳加工技术，摸索出一整套较为成熟的 MEMS 工艺流程（图 1），成功制作出所设计的薄膜；

并在显微镜下利用三维精密调节架,完成了薄膜与毛细管的对准与粘接,成功制作出探头(图2)。

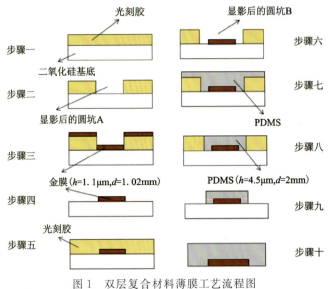

图1 双层复合材料薄膜工艺流程图

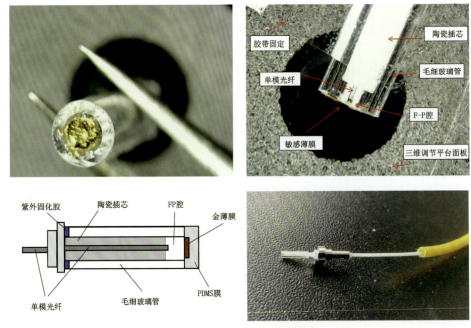

图2 探头正面、侧面、原理图和整体外观

(2)搭建了实验平台对传感器进行了灵敏度和线性度性能测试,测试平台见图3。在不同声压下,反射光谱进行了平移(图4)。测试结果表明,所制备的敏感薄膜在0~500Pa的压力范围内应变灵敏度可达到0.279nm/Pa,线性度达到99.8%,重复性良好。

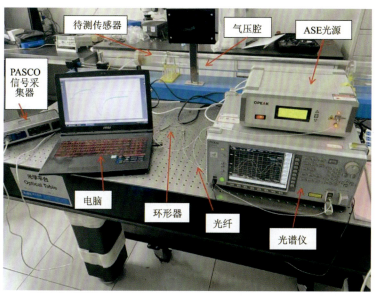

图 3 传感器测试平台

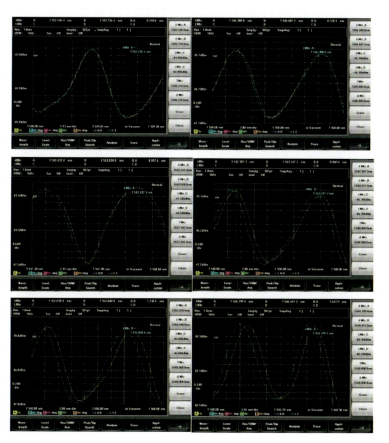

图 4 不同声压下的反射光谱的平移

(3) 获得授权专利：

①周俐娜，江致兴，刘滕. 基于 MEMS 工艺的内嵌式双层压力敏感膜、FP 腔光纤声传感器[P]. 实用新型专利，ZL 202020069572.6。

②江致兴，周俐娜，刘滕. 基于 MEMS 工艺的外凸式双层压力敏感膜、FP 腔光纤声传感器[P]. 实用新型专利，ZL 202020068877.5。

创新点

现有 EFPI 光纤声传感器的压力敏感膜均为单层材料制成，为提高灵敏度，所选材料弹性模量越小越好，而弹性模量特别小的材料（如硅胶，橡胶等）反射率低，且由于形变造成的几何偏折损耗也很大。本课题的创新点在于提出一种双层压力敏感薄膜结构，同时提高薄膜的形变量并减小光在 FP 腔中的传输损耗，并摸索出金属-PDMS 两层复合薄膜的完整版 MEMS 制作工艺与传感器探头制作方法，为进一步研究打下基础。

磁共振与超宽谱异质纳米光学天线的制备及其非线性增强效应

项目完成人：丁思静
项目来源：国家自然科学基金青年科学基金项目
起止时间：2020 年 1 月 1 日至 2022 年 12 月 31 日

研究内容

(1) 设计并制备电复合模式双共振纳米光学天线，并研究其对荧光和二次谐波的增强。研究利用异质纳米结构实现磁-电复合模式双共振，包括金属-金属和金属-介质两种异质结构类型。其中，金属-介质复合纳米天线集成了等离激元天线的强局域场增强和介质天线低损耗的优点（图 1）；金属—金属异质纳米天线集成了三维空腔和纳米尖端两个结构优势，既具有传统纳米天线的电模式等离激元共振近场增强，又具有独特的磁模式产生的远场发射增强（图 2）。

(2) 制备超宽谱响应多频共振纳米光学天线，调控其二次谐波和三次谐波的能量分配，并获得激发和发射波长都位于生物窗口范围的高效二次谐波超宽谱响应多频共振纳米天线可以同时支持多种非线性光学效应（包括二次谐波、三次谐波、多光子荧光和四波混频），有助于研究影响多种非线性效应能量分配的内在物理机制，从而在具体应用中对特定的非线性效应进行优先增强。

相关研究论文如下：

[1] DING S J, MA L, ZHOU T, et al, 2021. Highly efficient one-photon upconversion with cooperative enhancements of photon and phonon absorption in

chlorophyll plexciton hybrids[J]. Applied Physical Letters,118(22):221104.

[2] Ding S J,Ma L,Feng J,et al,2021. Surface-roughness-adjustable Au nanorods with strong plasmon absorption and abundant hotspots for improved SERS and photothermal performances[J]. Nano Research,15(3):2715-2721.

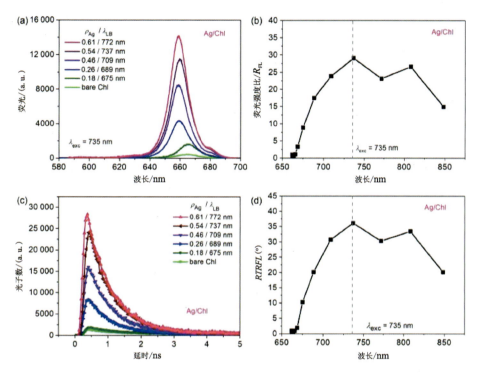

图 1　Ag/Chl 异质结构的反斯托克斯荧光谱和时间分辨荧光谱

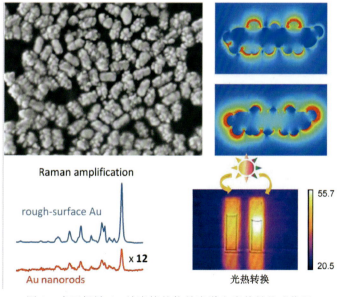

图 2　表面粗糙 Au 纳米棒的拉曼光谱和光热转换成像图

创新点

（1）本项目研究拟采用化学法将金属（Au、Ag、Cu 等）纳米颗粒生长在 Au 纳米杯开口上，从而得到电和磁双模式匹配的三维空腔型异质金属纳米天线，当其双模波长调到与基频和倍频场共振时可以使其二次谐波得到极大的增强。结合 Au 等离激元的电共振和 XS_2（X＝Mo，Re，W）介质球的磁共振构成复合型纳米光学天线通过调节电共振和磁共振波长，一方面可以用磁共振增强简单贵金属纳米结构（Au 纳米球、Au 纳米棒等）的二次谐波，另一方面也可以用等离激元增强 XS_2（X＝Mo，Re，W）介质球的激子共振型二次谐波。

（2）本项目研究方案拟利用贵金属合金和多分枝非对称纳米结构实现超宽光谱等离激元共振和二次谐波增强并且探讨二次谐波和三次谐波竞争的物理机制。特别是该类非线性光学天线的高效二次谐波的激发和发射波长都位于生物窗口，从而具有独特的应用价值。

量子轨道调控固体高次谐波辐射的理论研究

项目完成人：杜桃园
项目来源：国家自然科学基金青年科学基金项目
起止时间：2020 年 1 月 1 日至 2022 年 12 月 31 日

研究内容

高次谐波是当前产生阿秒相干光源的主要途径，阿秒相干光源在超快光物理、材料科学技术和生物成像等领域有重要的应用价值。近年来，超快激光驱动固体产生的高次谐波具有一系列不同于气体高次谐波的特性。这些特性的发现有望用于突破气体高次谐波产率低的瓶颈，但对气体高次谐波产生的物理图像在固体谐波中的适用提出了挑战。本项目将基于固体理论研究固态物质内的准粒子超快动力学，以便实现对固体谐波辐射的量子相干调控。首先在动量空间研究准粒子间的散射、电子-空穴的复合和载流子非平衡输运在高次谐波光谱中呈现的特性和规律。在此基础上，研究激光脉冲的不同峰值时刻电离电子波包间的量子轨道干涉。最后在实空间采用万尼尔态研究准粒子超快动力学的物理图像，并进一步揭示固体高次谐波的产生机制。本项目将实现涵盖时空的四维空间调控谐波辐射，产生高效的、短波长相干光源。此外，本项目还将构建全新的光学方法探测固态物质内准粒子间的相互作用。

研究成果

（1）建立能够描述电子与电子/声子散射、电子-空穴束缚作用的一般理论，并完善量子轨道干涉模型。研究时间尺度存在量级差异的电子-电子与电子-声子散射以及电子-空穴间的相互束缚（激子效应）调控量子轨道的机理。数值求解半导体布洛赫方程并与相关实验结果相比较，揭示和区分激子效应和两类超快散射过程对固体高次谐波光谱的影响。进一步研究不同激光半周期隧穿电离的电子波包之间的量子轨道干涉、在动量空间非平衡电子态弥散为多个量子轨道间的干涉、准粒子间的散射过程与激子效应对量子长短轨道间干涉的调控。提取并分析它们对高次谐波辐射的影响，提出增强谐波产率的新方案，探索光谱学方法研究固态物质中载流子的超快动力学。

（2）构建万尼尔态描述电子散射、电子-空穴间的束缚和量子轨道干涉过程的实空间物理图像。研究电子-电子/声子散射、电子-空穴碰撞复合过程、量子轨道干涉在实空间中的物理图像，建立固体高次谐波产生机制在动量空间和实空间之间的关联。

相关研究论文如下：

[1] DU T Y, 2021. Control of high-order harmonic emission in solids via the tailored intraband current[J]. Physical Review A, 104(6): 0-063110.

[2] WANG G, DU T Y, 2021. Quantum decoherence in high-order harmonic generation from solids[J]. Physical Review A, 103(6): 0-063109.

[3] DU T Y, 2021. Observing quantum-path interference and Van Hove singularity in polarization-resolved high-harmonic spectroscopy[J]. Optics Letters, 46(9): 2007-2010.

[4] DU T Y, DING S J, 2019. Orientation-dependent transition rule in high-order harmonicgeneration from solids[J]. Physical Review A, 99(3): 0-033406.

[5] DU T Y, 2019. Probing the dephasing time of crystals via spectral properties of high-order harmonic generation[J]. Physical Review A, 100(5): 0-053401.

创新点

（1）激子传输与解离过程对电子-空穴复合的影响。在单电子近似下，目前的理论方法忽略了电子-电子、电子-声子散射和电子-空穴库仑吸引作用（激子）。本项目引入额外作用项描述准粒子间的散射，并构建激子模型用于分析准粒子间的散射和激子传输与解离对量子长短轨道和碰撞复合过程的影响。

（2）实空间下万尼尔态描述电子散射、激子传输和量子轨道干涉。本项目解决了在不同晶格之间强局域化的价带万尼尔态和弱局域化的导带万尼尔态彼此之间跃迁的理论描述，并考虑了电子散射、电子-空穴碰撞复合和量子轨道干涉过程。在此基础上，构建实空间与动量空间物理图像的对应关系。

金属-半导体异质纳米结构的超快能量转移及其在光催化中的应用研究

项目完成人：丁思静
项目来源：浙江省青山湖科技城联合基金探索项目
起止时间：2020年1月1日至2022年12月31日

研究内容

（1）设计尺寸精确可控的空腔金纳米星和金铜合金纳米星并研究其宽谱响应等离激元共振特性：①以硫化铅纳米星为生长模板，在此基础上生长金纳米壳，刻蚀硫化铅模板从而得到高质量空腔金纳米星结构，实现对空腔金纳米星尺寸的精确可控，研究其宽谱等离激元随尺寸的变化规律；②制备高质量的尺寸精确可控的金铜合金纳米星结构，研究该纳米结构中宽谱等离激元的变化特性（图1和图2）。

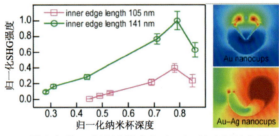

图1　Au纳米杯的二次谐波强度和Au-Ag纳米杯的电场分布图

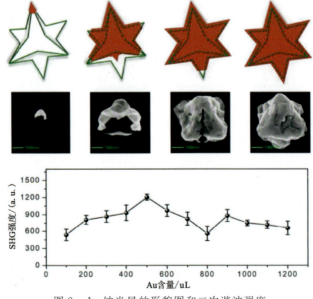

图2　Au纳米星的形貌图和二次谐波强度

(2)制备星状金属-半导体异质纳米结构并研究其超快共振能量转移：①在空腔金纳米星上生长 CdSe 纳米晶体,在金铜合金纳米星上生长 CdS 纳米晶体,从而得到 Au-CdSe 和 AuCu-CdS 星状异质纳米结构；②采用飞秒激光技术,研究以上两种星状金属-半导体异质纳米结构中的超快能量转移动力学特性。

(3)研究星状金属 5 半导体异质纳米结构对光催化反应的增强：1)对比研究空腔金纳米星和金铜纳米星光催化降解 4-NP 的速率和降解 MB 的速率,重点研究两种纳米结构中能量转移和等离激元热电子对光催化降解效率的增强；2)对比研究以上两种金属-半导体异质纳米结构的光催化产氢效率,重点研究异质界面超快电荷转移对光催化产氢效率的增强。

相关研究论文如下：

[1] DING S J, ZHANG H, YANG D J, et al, 2019. Magnetic plasmon-enhanced second-harmonic generation on colloidal gold nanocups[J]. Nano Letters, 19(22):2005.

[2] ZHOU T, DING S J, WU Z Y, et al, 2021. Synthesis of AuAg/Ag/Au open nanoshells with optimized magnetic plasmon resonance and broken symmetry for enhancing second-harmonic generation[J]. Nanoscale, 13(46):19527-36.

创新点

(1)具有宽谱响应的星状金属纳米结构的优化制备：与常规金属纳米结构相比,星状金属纳米结构(包括空腔金纳米星和金铜合金纳米星)具有非常宽的等离激元共振峰,其响应范围覆盖可见光区和近红外区,对提高太阳光的利用效率具有重要的应用价值,特别是空腔金纳米星对光催化具有更强的增强效应。

(2)金属-半导体异质纳米结构中界面上的电荷转移和等离激元磁模式共振能量转移：一方面,利用等离激元磁模式的宽谱响应和强散射特性增强异质结中半导体的光吸收效率；另一方面,在异质纳米结构生长过程中,通过调节生长环境有效降低金属-半导体异质结的界面能从而实现高效电荷转移,有效结合这两种转移机制将极大地提高其光催化效率。

光纤次声传感器的研制

项目完成人：周俐娜
项目来源：陕西万里达铁路电气化器材有限公司（横向项目）
起止时间：2013 年 11 月 10 日至 2015 年 11 月 10 日

研究内容

火山爆发以及地震、海啸、台风等都会引起自然次声波,次声探测在预防自然灾害方面有很多潜在的应用。光纤次生传感器由于易于进行长距离测量且抗电磁干扰而具有应用前景，典型光纤声传感器利用光学干涉原理，将声波信号转换为光谱或光强的变化并输出。基于迈克尔逊干涉、马赫泽德干涉、Sagnach 环的传感器先后被提出，但由于都是利用光纤轴向应变来进行探测，其灵敏度一般较低。基于法布里-珀罗干涉仪（FPI）原理的光纤声传感器利用声压敏感薄膜取代光纤作为敏感元件，极大地提高了传感器的灵敏度。

在光纤 FPI 次声传感器的相关研究中，敏感薄膜设计是国内外研究热点之一。本项目针对光纤 FPI 次声传感系统，设计了一种用于低频次声探测的双层复合薄膜（图 1），将一层弹性模量大、反射率高的金属薄膜

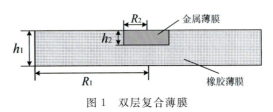

图 1　双层复合薄膜

嵌入到一层弹性模量小的橡胶薄膜上，用于减少腔损耗和提高薄膜形变量，进一步提高传感器灵敏度。对于所设计的薄膜，利用 ANSYS 软件对不同尺寸和金属材料下的薄膜形变量和频相特性进行了模拟和分析。另外，为了搭建测试系统，本项目设计制作了一个气压变化腔，模拟次声波引起的低频气压变化。

研究成果

（1）利用控制变量法，分别改变橡胶薄膜厚度、直径、金属薄膜厚度、直径、金属膜材料等参数，模拟薄膜在均匀受压下的静态响应和在次声频段的动态响应。部分模拟结果如图 2 所示。

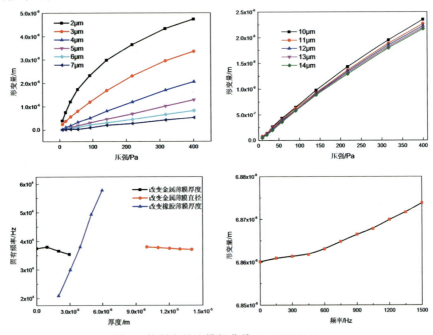

图 2　控制变量法模拟曲线（部分模拟结果）

结果表明,薄膜在低频次声波段具有非常高的应变灵敏度(nm/Pa 数量级)。在同等压强载荷下,对形变量影响最大的是橡胶薄膜厚度,而金属薄膜厚度、金属薄膜材料、金属薄膜直径对薄膜形变量影响较小,橡胶薄膜厚度大于 4 μm 时线性度较好;且薄膜形变仅发生在橡胶模层上,中间的金属膜层几乎无形变。薄膜在低频次声波段具有高的应变灵敏度和平坦的频响曲线。

(2)次声波传播过程中引起相应区域气压发生周期性变化。为了模拟次声波引起的气压变化,为次声传感器提供信号源,我们设计制作了一个周期性气压变化腔,将注射器出气口与密闭空腔连接,利用步进电机带动丝杆运动,从而带动注射器活塞的运动,改变密封腔中的气压值。用单片机对步进电机进行控制来调节活塞的往返运动周期和丝杆行进距离,以获得预设的气压变化频率和气压变化量,如图 3 所示。该气压腔气压变化频率从 0.001Hz 到 0.1Hz 可调(与地震前兆次声频率吻合),气压变化区间为 0~1000Pa。在腔内安装压差计进行监测气压,结果符合设计要求,如图 4 所示。

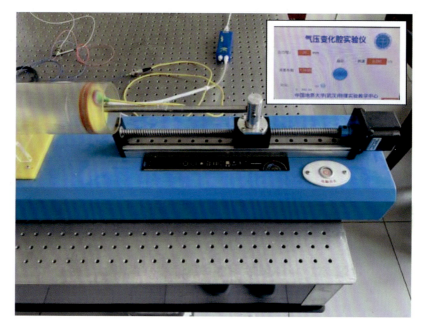

图 3　周期性气压变化腔

(3)获得授权专利:

①江致兴,刘滕,周俪娜."用于 FP 腔光纤声学传感器的内嵌式双层敏感膜"实用新型专利[P].实用新型专利,ZL 201920514760.2。

②刘滕,江致兴,周俪娜."用于 FP 腔光纤压力传感器的镀层式双层敏感膜"实用新型专利[P].实用新型专利,ZL 201920522783.8。

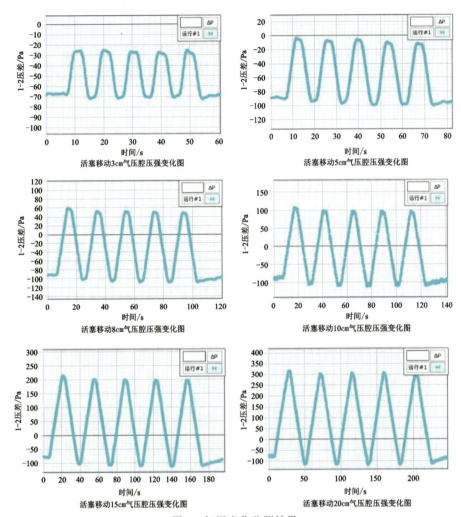

图 4　气压变化监测结果

创新点

提出一种基于 FPI 光纤声传感器的双层压力敏感薄膜结构,同时减少腔损耗和提高薄膜形变量,并用 ANSYS 软件用控制变量法对薄膜在均匀受压下的静态响应和在次声频段的动态响应性能进行了模拟,研究结果可为薄膜制作以及光纤FPI 次声传感器性能优化提供参考。设计制作了一个周期性气压变化腔,为进行低频次声探测提供模拟声压信号。

七、固体地球和矿物物理研究方向

含铁后钙钛矿的热传导特征研究：对 D″层热结构的启示

项目完成人：何开华
项目来源：国家自然科学基金面上项目
起止时间：2015年1月1日至2018年12月31日

研究内容

本项目主要借助第一性原理，并结合晶格动力学计算方法，对下地幔中的三种主要矿物（方镁石、钙钛矿及后钙钛矿）含铁时的晶格热导率进行了计算研究，也对其地质意义进行了讨论。研究工作的主要内容有以下几方面：

（1）对铁方镁石中含铁的浓度、自旋转变对热导的影响进行了研究，并对这种影响的物理机制进行了探讨。另外，对高自旋态与低自旋态共存时的热导率也进行了研究，得到了一些有意义的结果，并与实验结果符合较好。

（2）对含铁钙钛矿在高自旋状态下的热导率进行了计算，比较了含铁与不含铁时的热导率差异。对含铁后钙钛矿在高自旋状态下的热导率进行了计算，并与含铁后钙钛矿的热导率进行了对比。

（3）利用 Voigt-Reuss-Hill（VRH）平均方法对下地幔平均热导率（20vol% MgO+80vol% Pv/PPv）进行了计算，并给出热导率关于温度和压强的分布函数，为探讨 D″层的热结构提供基础资料和定量约束条件。

研究成果

近年来，该领域的相关研究学者对下地幔矿物热导率的研究无论在实验测量还是在理论计算方面取得了一些重要的进展，但是这些进展主要局限于纯净的方镁石和钙钛矿。因为在高温高压下测量含铁矿物的热导率还具有很大的挑战，因此有关含铁矿物的热导率的报道甚少，仅有的一些报道也是在低压或低温下测得，然后通过经验公式外推到高温高压条件下，这样会忽略在高温高压条件下的一些重要的物理过程而导致产生较大的误差甚至错误。我们利用第一性原理结合晶格动力学直接计算在高温高压条件下下地幔矿物的晶格热导率,能够为地球内部热结构提供理论参考。本项目的主要研究成果有以下几个方面:

(1)方镁石的热导率。该领域相关研究学者的研究表明,含铁方镁石在高温高压条件下会存在高自旋(HS)向低自旋(LS)的转变,因此在本项目的研究中考虑了自旋转变对热导率的影响。计算结果如图 1 所示,有两个非常重要的特征值得注意,一是含铁使得热导率大幅降低,并且热导率会随着铁浓度的增加而持续降低;二是自旋转变(HS→LS)使得热导率增加。高自旋态与低自旋态混合存在的区域会导致地震波速的突然变化,但是对热导率的影响不清楚,我们从理论出发研究了该区域的热导率分布。图 2(a)为 300 K 时的晶格热导率随压力的关系变化。很明显,在自旋共存区内,热导率会大幅减小,然后会再随着压力的增加而增加。Ohta(2017)与 Hsieh(2018)在低温下的实验工作也得到同样的结论。实验只测得了在 300K 的数据,我们给出了在高温下的热导率变化情况[图 2(b)],可以看出随着温度的升高,热导率突然减小的区域会向高压方向偏移,并且减小的区域的压力范围会增大。另一个值得关注的是混合自旋(MS)在核幔边界时(CMB)的声速降低,所以导致 CMB 处热导率降低,那么也会对 CMB 边界总的热导率产生较大的影响。

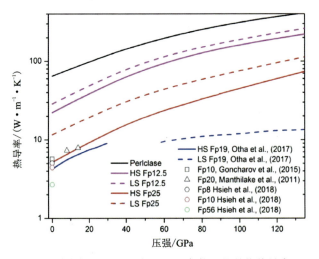

图 1　铁方镁石(Fp25)在 300 K 条件下的晶格热导率

(2)含铁钙钛矿(Pv_x)的晶格热导率。钙钛矿在下地幔中的体积含量最高,其性质对地球内部特征起着决定性的作用。Fe^{2+} 进入 Pv 采用直接替换 Mg^{2+} 的方式。计算结果表明含铁的钙钛矿热导率也出现了大幅降低(图 3)。如在 CMB 条件下,Pv12.5 和 Pv25 的热导率分别为 $3.591 W \cdot m^{-1} \cdot K^{-1}$ 和 $3.496 W \cdot m^{-1} \cdot K^{-1}$,而同样条件下不含铁的 Pv 的晶格热导率为 $6.013 W \cdot m^{-1} \cdot K^{-1}$。这 40% 的减小量与前人的实验报道一致。在较低的压力下,晶格热导率与温度的关系比较好地服从 T^{-1} 关系,但是在较高压力下时,晶格热导率与温度的关系比 T^{-1} 要稍微强一点。在核幔边界条件时,我们的计算工作也揭示了铁的浓度对晶格热导率影响较小,如 Pv12.5 和 Pv25 与纯净钙钛矿相比分别减小了 40% 和 42%,这与分子动力

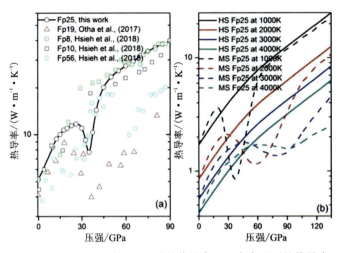

图 2 (a)MS-Fp25 在 300K 时的热导率;(b)在高温下的热导率

学模拟结果类似。同时,在较低的温度下,我们发现浓度对热导率的影响还是很明显的,如在 135GPa、300K 时,Pv12.5 和 Pv25 的晶格热导率分别为 60.93W·m^{-1}·K^{-1} 和 30.27W·m^{-1}·K^{-1}。

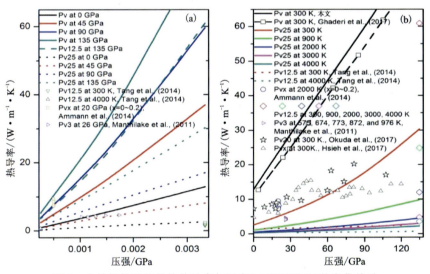

图 3 含铁钙钛矿的晶格热导率与温度(a)和压强(b)的变化关系

(3)含铁后钙钛矿的晶格热导率。我们的第一性原理计算结果和该领域相关研究学者的分子动力学结果与此实验报道吻合,并且理论计算结果要略大于实验报道结果。图 4(a)给出了 90GPa 和 135GPa 下晶格热导率与温度的关系。首先可以看出含铁的后钙钛矿晶格热导率会大幅减小,同时我们也可以发现在高温时,晶格热导率对压力的依赖性会减小。如 PPv25,在 CMB 条件下的晶格热导率为 1.33W·m^{-1}·K^{-1},此值与不含铁的后钙钛矿相比减小了约 84%,减小的幅度与含铁方镁石类似。我们通过计算得到纯净后钙钛矿的热导率要比钙钛矿的高,但是含铁时的热导率两者间的关系就显得比较复杂。图4(a)中可以看出Pv25的晶格热导率要比PPv25的热导率要大一些,这与不含铁时两种矿物的热导率恰好相反。从不含铁时PPv晶格热导率要高一些,到含铁量为25%时PPv要低一些来看,两者对浓度的依赖性有较大的差距。图4(b)揭示了两种矿物的晶格热导率对含铁浓度的依赖关系。很明显,后钙钛矿的晶格热导率对铁浓度的依赖性要强于钙钛矿。计算结果表明,在铁浓度接近18%时,含铁后钙钛矿的晶格热导率会比含铁钙钛矿的小。在4000K时,Pv25与PPv25的晶格热导率分别为2.27W·m^{-1}·K^{-1}和1.33W·m^{-1}·K^{-1}。最近的实验工作也推断出类似的结论。

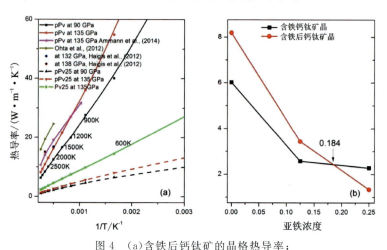

图4 (a)含铁后钙钛矿的晶格热导率;
(b)含铁钙钛矿与含铁后钙钛矿晶格热导与铁的浓度的关系

(4)下地幔平均热导率。根据下地幔各种矿物的组成以及它们的相对体积含量,下地幔总的晶格热导率可以被估计出来。在本项目中根据热解地幔组分(其中包含80%的钙钛矿,20%的方镁石),采用VRH求平均方法来计算下地幔总的晶格热导率(图5)。计算得到的总的晶格热导率从位于过渡带底部的2.131W·m^{-1}·K^{-1}缓慢增加到一个位于D″顶部的最大值4.953W·m^{-1}·K^{-1},紧跟着的是急剧减小直到CMB处,此处的晶格热导率为2.092W·m^{-1}·K^{-1}。由图5可以看到,MS-Fp的剧烈的不规则的深度依赖关系其实对总的晶格热导率影响并不大,仅仅是在750km~1500km间有一弱的不规则变化。为了比较,我们也计算了LS-Fp25与HS-Pv25组合的晶格热导率,结果表明,相对于LS-Fp25+HS-Pv25,因为MS的影响,MS-Fp25+HS-Pv25的晶格热导率下降了约27.9%。下地幔总的晶格热导率的变化非常接近于钙钛矿的晶格热导率变化,主要是因为后钙钛矿有较大的体积含量以及因为MS的影响方镁石的热导率也下降了。

相关研究论文如下:

[1] DONG K F,JIAO Y Y,HE K H,et al,2021. Low Magnetic Damping of Epitaxial NiFe(100) Thin Films Grown on Different Substrate[J]. Journal of Magnetism and Magnetic Materials(523):167615.

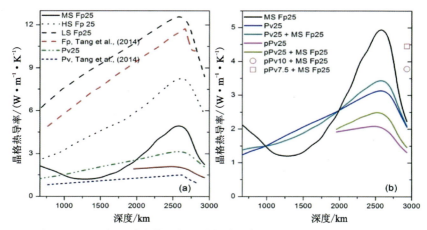

图 5 (a)下地幔三种含铁矿物的晶格热导率;(b)下地幔总的晶格热导率

[2] WANG J J,DENG M H,HE K H,et al,2020. Structural,elastic,electronic and optical properties of lithium[J]. Materials Chemistryand Physics(244):122733.

[3] SONG Y L,HE K H,SUN J,et al,2019. Effects of iron spin transition on the electronic structure,thermal[J]. Scientific Reports(9):4172.

[4] 马超杰,吴潇,马阳阳,2020. 铁的自旋转变对菱镁矿热力学性质的影响[J]. 高压物理学报,34(2):022201.

[5] 何开华,2017. 第一性原理计算在纳米材料和矿物材料中的应用[M]. 武汉:湖北科学技术出版社.

项目负责人参加了 2015 年在旧金山召开的 AGU 会议;参加了 2016 年在四川大学召开全国高压科学会议并作报告;参加了 2020 年 JPGU 线上会议并作报告。

创新点

(1)系统研究了含 Fe 对核幔边界三种矿物的热导率的影响,特别是方镁石的晶格热导受自旋转变及混合自旋的影响,其实验数据较少。我们从理论上分析了含 Fe 方镁石的热导率,发现其他自旋转变区有一异常减小的现象,与地震波数据相似,证实了在 300K 条件下的实验报道,同时我们也将计算数据推广到核幔温压条件。

(2)揭示了 Fe 浓度对 Pv-$MgSiO_3$ 和 PPv-$MgSiO_3$ 的影响。不含铁时,PPv-$MgSiO_3$ 的晶格热导率比 Pv-$MgSiO_3$ 的要大。随着 Fe 的低浓度增加,PPv-MgSiO_3 的热导率急剧减小,而 Pv-$MgSiO_3$ 随浓度的变化要小一些,因此当含 Fe 浓度在 18% 左右时,发现 PPv-$MgSiO_3$ 的热导率要比 Pv-$MgSiO_3$ 的小。因为晶格热导数据相对较少,本工作为地幔热结构的建立提供了理论支撑。

基于多源信号监测的华南地区不规则体漂移和闪烁特性研究

项目完成人:左小敏
项目来源:国家自然科学基金面上项目
起止时间:2016年1月1日至2019年12月31日

研究内容

(1)基于华南地区风云二号静止气象卫星、多站点GPS(Global Position System)闪烁监测和电离层总电子浓度(Total Electron Content,简称TEC)观测资料,联合分析我国华南地区电离层闪烁发生的时空分布规律,研究电离层闪烁对太阳活动、地磁活动的响应情况。

(2)分析风云静止卫星发生闪烁的典型事件,对比同一时间段的三亚甚高频(Very High Frequency,简称VHF)相干散射雷达的回波观测资料,分析不同尺度不规则体出现的相关性,并利用相关分析推算电离层不规则体的运动方向、漂移速度和空间出现范围等参量。

(3)利用密集的GPS多站观测等资源,对我国低纬电离层不规则体漂移运动进行多站多路径分析,研究电离层不均匀体的发展演变过程特性,与以上得到的结果相比较。

(4)利用掩星观测数据,研究电离层F层不规则体、偶发E层(Sporadic-E layers,简称Es)的出现和变化特征,分析F层不规则体、Es与闪烁现象之间的相关性及产生机理,进一步了解该地区电离层闪烁产生和发展的特征规律。

研究成果

(1)华南地区电离层闪烁发生的时空分布规律以及电离层闪烁对太阳活动的响应情况。

华南地区处在磁赤道异常区的驼峰附近区域,其电离层闪烁出现率和严重程度较磁赤道和极区显著,在全球范围内是电离层闪烁衰落出现最频繁、影响最严重的地区之一。利用中国广州和茂名两地的GPS电离层监测数据,对华南地区闪烁出现较为严重的年份——2011年7月至2012年6月发生的电离层闪烁进行了统计分析。结果表明,两站监测到的闪烁活动都表现出春秋强、冬夏弱的季节分布规律,在时间上主要发生在当地的20:00—24:00;从空间分布来看,两站监测到的闪烁活动在2011年秋季出现的区域比较分散,而在2012年春季,闪烁出现的空间区域较为集中,主要在茂名台站上空,而广州台站上空略偏南的区域出现的闪烁最为频繁。

基于子午工程北大深圳站(22.59°N,113.97°E)电离层 GPS 双频接收机在 2011 年 1 月 1 日至 2017 年 12 月 31 日连续 7 年的长时间序列闪烁和 TEC 观测数据,我们分析不同太阳活动条件下华南赤道异常北驼峰区观测到的 GPS 卫星 L 波段电离层闪烁事件时空分布特征及其对通信的影响。结果表明,GPS 闪烁事件几乎都发生在夜间,且主要发生在春分、秋分所在月份;在不同太阳活动条件下,夜间 GPS 闪烁事件都主要发生在北驼峰区域靠近磁赤道的一侧,且 GPS 闪烁事件存在明显的东—西侧天区不对称性,即在台站西侧天区发生的闪烁事件明显偏多;在不同太阳活动条件下,弱闪烁事件伴随的 TEC 耗尽和卫星失锁事件比例相对较低,强闪烁事件则大部分伴随着 TEC 耗尽和卫星失锁事件的发生。

先前的研究以及以上对 GPS 卫星闪烁的统计研究都表明,闪烁活动在两个分点月份(包括春季和秋季)显著增加。一个有趣的现象是,2012 年和 2013 年度的春季,风云二号卫星(简称 FY-2 卫星)链路上的卫星信号都显得相当平静,表现出明显的春秋不对称(图 1)。我们也对比分析了广州站观测到的同一时间间隔内 GPS 卫星的同步闪烁数据。图 2 显示了 2011 年 7 月至 2013 年 6 月期间的 GPS 幅度闪烁统计特性。如图 2 结果显示,GPS 卫星的闪烁主要出现在春季和秋季,即 2—4 月和 8—10 月。FY-2 卫星闪烁的春秋不对称现象还需进一步研究和验证。

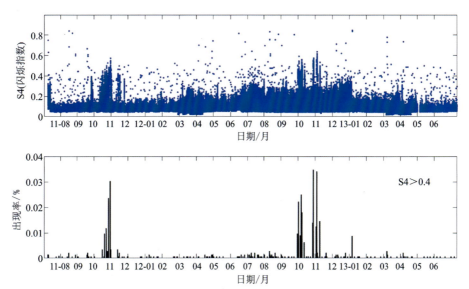

图 1　2011 年 7 月—2013 年 7 月期间风云二号卫星链路上的卫星信号闪烁情况

(2)不同尺度不规则体出现的相关性,并利用相关分析推算电离层不规则体的运动方向、漂移速度和空间出现范围等参量。

包括广州在内的华南地区,闪烁出现频繁,从科学上对研究电离层空间天气具有特殊的意义,是开展电离层闪烁监测的理想地点。2009 年起,国家卫星气象中心自主研发了"基于风云二号卫星业务遥测信号的电离层闪烁监测仪",并在广州气象卫星地面站投入使用。

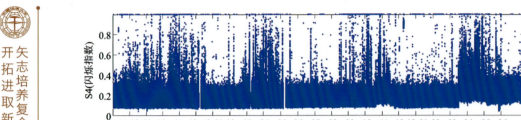

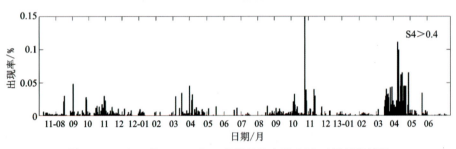

图 2　2011 年 7 月—2013 年 7 月期间的广州 GPS 卫星闪烁情况

基于此，我们重点分析了风云静止卫星发生闪烁的典型事件，对比同一时间段的三亚 VHF 相干散射雷达的回波观测资料，分析了不同尺度不规则体出现的相关性，并利用相关分析推算电离层不规则体的运动方向、漂移速度和空间出现范围等参量。得到的具体结果如下。

利用风云二号卫星和三亚相干散射雷达的 2011 年和 2012 年秋季的联合观测数据，对比分析了 112 天的有效观测数据。结果发现有以下几类情况：①雷达没有探测到不规则体，静止卫星没有监测到闪烁，两者非常一致。这样的天数有 52 天。②雷达探测到了明显的不规则体，静止卫星链路也发生了显著的闪烁，且几乎所有的雷达探测到的羽状不规则体都出现在卫星闪烁之前，这样的天数有 41 天。③雷达探测到了不规则体，但是静止卫星没有监测到闪烁，这样的情况有 16 天。④雷达没有探测到不规则体，但静止卫星出现了弱闪烁，这样的情况有 3 天。

这说明大部分情况下，静止卫星和三亚雷达的观测结果一致性比较好。虽然气象卫星的 L 波段闪烁对应的不规则体尺度和 VHF 相干散射雷达所观测的不规则体尺度不同，但是大量研究表明两者是共存的。因为三亚位于卫星穿刺点的西边，当雷达探测的羽状不规则体和卫星闪烁同一时段出现时，羽状不规则体总是出现在卫星闪烁之前，所以可以推测不规则体是东向偏移的。我们分析了一个出现在 2011 年 10 月 24 日夜间的一个典型闪烁事件(图 3)。从雷达回波图上能明显看到 4 团依次出现的羽状不规则结构，对应风云二号卫星信号出现了四次间断的闪烁。可以猜测，不规则体结构依次通过了风云二号卫星链路，造成了信号的闪烁。根据它们出现的时间延迟，推测出不规则体漂移的速度大概为几十到一百米每秒。结合闪烁持续的时间，我们可以推测不规则体的东西空间尺度是几百千米。

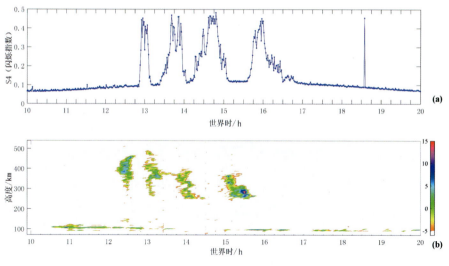

图 3　2011 年 10 月 24 日夜间的一个典型闪烁事件

（3）利用多源观测资源，对我国低纬电离层不规则体漂移运动进行多站多路径分析，研究电离层不均匀体的发展演变过程特性。

图 4 显示了 2011 年 10 月 24 日从茂名、广州、深圳三个台站自西向东依次叠加在华南地区地图上观测到的、与 FY-2（星号）的电离层穿刺点（ionospheric pierce point，简称 IPP）接近、几乎沿子午线的 PRN 21（400 千米 IPP）GPS 卫星的轨道。所有三个卫星链路上都发生了显著的闪烁，可以很明显地看到不规则结构从西向东依次地影响了各卫星链路。14：10UT（世界时）时，FY-2 卫星链路发生闪烁，持续约 45 分钟[图 3（a）中的第三个峰结构]。在广州和深圳连续观测到分别于 1435UT 和 1445UT 开始的 PRN 21 卫星链路的闪烁。结果表明，不规则波向东漂移速度明显。随着不规则向东漂移，该结构先后影响了 GPS-PRN 21 与茂名站的电离层链路、FY-2 卫星链路、PRN 21 与广州站间链路、PRN 21 与深圳站间链路。值得注意的是，在广州和深圳观测到的 1430UT 到 1530UT 期间的 S4 指数的两个时间序列变化情况非常相似，延迟时间为 10 分钟，如图 5 所示，由此可以推算不规则体的漂移速度为 100m/s 左右。

因为广州和深圳观测站相隔较近，在空间分布特征上，广州和深圳的卫星轨迹的覆盖面基本上是相同的，深圳台站的观测区域略低于广州台站。比较两地区的闪烁观测数据，广州地区的闪烁活动分布比较均匀，主要集中在观测点上空仰角 30°～50°，方位角 90°～240°的范围内；深圳地区的闪烁活动主要分布于仰角 30°～50°，方位角 0°～210°的范围内和仰角 70°～90°、方位角 0°～300°的范围内。总的来说，广州地区和深圳地区闪烁活动最为频繁的范围是仰角 30°～50°，方位角 90°～210°。对多个典型闪烁时间进行相关性分析，不规则体的漂移速度平均为每秒几十米，方向由西向东。

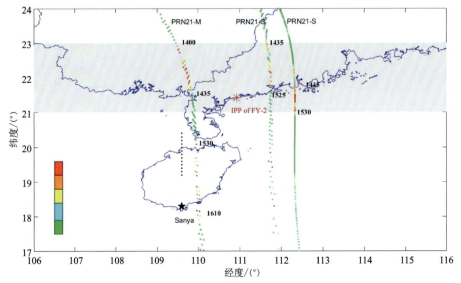

图 4　2011 年 10 月 24 日 PRN 21(400 千米 IPP)GPS 卫星轨道

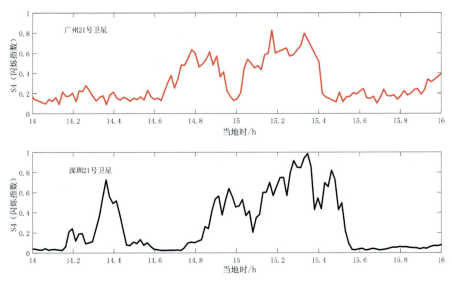

图 5　广州和深圳观测到的 1430UT—1530UT 期间的 S4 指数对比

(4) 利用掩星观测数据，研究 F 层不规则体、偶发 E 层的出现和变化特征，分析 F 层不规则体、Es 与闪烁现象之间的相关性及产生机理。

低纬近赤道区电离层不规则体(包括各类扩展 F 和 Es 等)的研究在最近 20 多年已经取得了很大进展，但对于不规则体的变化规律和物理形成机制依然没有很好的认识，与不规则体密切相关的闪烁现象的研究也还不够深入。赤道扩展 F (ESF)不规则体常表现为以"泡"状形式向上翻涌的等离子体结构，主要出现在晚上，偶尔也有发生在白天的事例。偶发 E 层(Es)是就出现时间而言，在 E 区高度上，不定时的出现电离增强的薄层结构，覆盖面积数百或数千平方千米。由于偶发

E 电离层很薄,通常表现为半透明性质,它本身在一个很宽的频率范围内反射电波,同时也有部分能量透射过去,从其上部的电离层反射回来。关于偶发 E 层的形成机制至今尚未完全被认识。有文献表明,白天的闪烁现象可能与偶发 E 层的出现有关。由于电离层 Es 对无线电波有较强的折射和反射作用,对电离层 Es 的认识缺失可能使得某些无线电系统信号受到严重的干扰和遮蔽。华南以及南海地区的通信更多依赖于通过电离层的短波或者穿越电离层的卫星通信,对该区域电离层 Es 现象的深入研究有利于更好地保障在该地区开展的经济和国防活动。

近年来,COSMIC(Constellation Observing System for Meteorology Ionosphere and Climate)卫星成功发射,使得全球范围内的电离层探测资料突破性地增多,特别是全球海洋上空的电离层资料得到了极大的丰富。掩星方法对电离层的探测不再受到台站分布的影响,同时天气等影响因素也被大大减弱,而且掩星探测数据的一个优点是它可以给出高度分层信息,这是传统地基探测数据一般给不出的。由于大气层折射率垂直方向的变化,GPS 信号穿过地球电离层和中性大气层时,信号的相位和信噪比可能会出现剧烈的抖动,一般认为,信号剧烈变化是由位于 GPS 掩星射线近地点附近的不规则结构造成的。

通过对 COSMIC 掩星数据的统计分析,发现 F 层不规则体主要出现在低纬地区;春分和秋分时期出现最频繁;在时间上,不规则体主要发生在晚上 18:00 至凌晨 3:00 这段时间,白天发生次数明显很少;每天的出现规律比较随机,逐日变化明显。这个统计结果与用其他观测手段得到的结果基本一致。

我们还利用 2007—2017 年的长期 COSMIC 掩星数据研究了赤道 F 层不规则体出现的长期变化特征。这一完整的太阳周期数据表明,太阳活动对 F 层不规则体的发生率和高度的影响是显著且复杂的。较高高度上(大于 500km)不规则体的发生率随太阳活动的增加而增加。在较高高度出现的电离层不规则体出现的平均高度和高度标准差与太阳活动的依赖性并不明显。

掩星观测数据也是分析电离层偶发 E 层的时空分布特征的有利手段。得到的主要统计结果如下:对 2007 年 6 月到 2008 年 6 月的掩星观测数据分析表明,Es 主要发生在夏半球中纬度地区,一年中夏季半球的出现率最高,冬季半球的出现率最低。春秋季 Es 的出现率在南北半球都有出现,但比夏季的 Es 出现率要低一些。不管什么季节,Es 的出现率在地磁赤道地区都存在一个明显的低谷区域,形成一条沿地磁赤道的空白带。北半球夏季 Es 出现率存在明显的远东异常现象,在北美地区,Es 出现率相比于同纬度其他地区明显要弱一些(图 6)。对 Es 出现的周日变化的研究发现,北半球中纬地区 Es 出现率存在明显的双峰效应,双峰一般出现在当地时间的上午 10 时和晚 18 时左右。在低纬地区 Es 出现率从双峰变为单峰,一般出现在当地时间的 18 时左右。这些特性很可能和大气潮汐的周日变化具有相关性。另外,Es 现象主要出现在 90~120km 的高度范围内,但 Es 出现的最大优势高度在 105km 高度左右。

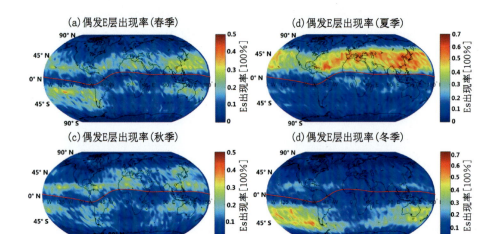

图 6 2007 年 6 月—2008 年 6 月掩星观测到的 Es 出现率分布

我们继续对电离层突发 E 层的时空分布特征进行分析,并重点探讨其物理形成机制。得到的主要结果如下:从离子的基本动力学方程出发,利用经验风场模式分别计算了 2007 年夏季和冬季时期离子在白天时段的平均离子垂直汇聚强度(Vertical Ions Convergence,简称 VIC)的全球分布情况(图 7),结果表明,在夏季半球,VIC 的峰值主要发生在中纬度,而在北美地区,VIC 明显低于同纬度的其他地区。冬季半球的 VIC 值比夏季半球低得多。此外,VIC 数值在赤道附近接近 0。其分布结果和利用掩星数据统计得到 Es 出现率的全球分布情况很相似。进一步分析得出,VIC 数值和 Es 出现率随经度的变化情况很一致,其相关系数在北半球中纬度和南半球中纬度分别为 0.80 和 0.84。其结果揭示了风场在 Es 形成中起到的重要作用。另外,基于传统风剪切理论,开发 Es 的一维汇聚模式,成功模拟了 Es 在垂直方向上的汇聚过程。

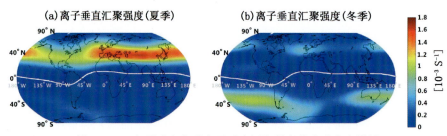

图 7 2007 年夏季和冬季离子垂直汇聚强度的全球分布模拟

相关研究学术论文:

[1] ZUO X M, YU T, XIA C, et al, 2016. Coordinated study of scintillations recorded by Chinese FY-2 geostationary meteorological satellite and VHF coherent radar observations over south china[J]. Journal of Atmospheric and Solar-Terrestrial Physics(147):41-49.

[2] QIU L H, ZUO X M, YU T, et al, 2019. Comparison of global morpholo-

gies of vertical ion convergence and sporadic E occurrence rate[J]. Advances in Space Research(63):3606-3611.

[3] YU T,ZUO X M,XIA C L,et al,2017. Peak height of OH airglow derived from simultaneous observations a Fabry-Perot interferometer and a Meteor Radar[J]. Journal of Geophysical Research:Space Physics,122(4):4628-4637.

[4] 参编中华人民共和国气象行业标准《地基电离层闪烁观测规范》(QX/T 491-2019)。

参加了2018年和2019年的亚洲大洋洲地球科学学会(Asia-Oceania Geosciences Society,AOGS)国际年会,进行了学术交流。

 创新点

利用气象静止卫星监测到的闪烁对不规则体的漂移特性进行分析,并结合GPS和VHF散射雷达观测数据进行研究是本项目的主要特色和创新点。

利用GPS卫星信号进行闪烁监测和对不规则体漂移特性进行反演一直是比较传统而有效的方法,它的优势是能获得较大的监测空间范围,但其不利的方面是GPS卫星相对地球运动,无法对某一特定地点的闪烁进行长时间的监测。静止卫星观测表现出其独有的优点:①静止卫的信号路径固定,当不规则体沿纬向漂移穿越信号路径时,卫星信号对不规则体的内部和边缘先后进行探测,使我们有机会对其精细结构进行研究;静止卫星的探测结果与相干散射雷达的回波探测结果互相印证了不规则体空泡的间断分布特征,并进一步推算不规则体空泡的空间分布范围。②与处于全天空运动中的GPS卫星比较,利用静止卫星信号进行不规则的漂移速度分析在计算上要简单得多。近年来的研究表明,F层不规则体的出现与大尺度波结构具有很强的关联性。VHF雷达观测到的准周期出现的羽状结构之间的距离和大尺度波的波长很接近。静止卫星观测到的准周期闪烁现象也是一个有力的旁证,利用静止卫星观测数据研究准周期闪烁现象也具有明显的优势。对典型闪烁事件进行联合分析,实现优势互补,揭示和了解该地区出现的不规则体的产生和发展的特征规律,为开展有效的区域空间天气监测和预警,开发适合华南地区区域特征的电离层闪烁预警模型奠定基础。

超材料调控地震波传播行为研究及模型设计

项目完成人:杜秋姣

项目来源:国家自然科学基金面上项目

起止时间:2020年1月1日至2023年12月31日

 研究内容

该项目提出了一种新思路,设计地震超表面来控制表面波在地表的传播路径,以达到保护关键建筑物的目的。该地震超表面是由具有不同倾角的三维土丘单元组成,通过调整单元结构的排布来提供所需的位相分布,从而改变地震表面波的传播方向。所设计的地震超表面对表面波实现了3种不同的控制效果:分束、任意凸轨迹传播和波前聚焦。通过计算透射波场的位移分布,以验证地震超表面的这3种控制效果。

研究成果

我们构造了3种由具有不同倾角的土丘组成的非共振地震超表面,重新塑造波前,使地震表面波沿所需路径传播。也就是说,此超表面可以控制地震表面波的传播轨迹,来实现对原始传播路径上目标物体的保护。

超表面的结构单元是由一个倾斜角度为 α 的楔形凸起结构和一个深度为 h 的凹槽组成,类似于三棱镜放置在基底上。考虑阻抗匹配和实际应用,选择土壤作为基底材料和凸起结构的材料,因此凸起结构被视为土丘。我们通过调整土丘的倾斜角度来改变地震波的传播路径长度,从而使透射波的相移可以覆盖 2π,如图1所示。

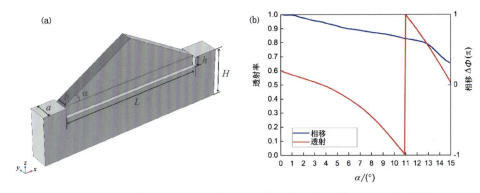

图1 (a)地震超表面的凸起土丘单元;(b)单胞的相移(红线)和透射率(蓝线)与倾斜角度 α 的关系

注:横坐标角度,单位为度;纵坐标透射率,没有单位

根据所需实现的功能来确定透射角度,然后由广义斯涅耳定律计算出沿地震超表面的位相分布函数,虽然位相分布函数是连续的,但是应用中需要将连续的位相分布离散成若干份,离散单元数目可以根据实际需求制定。然后,选择合适的结构与离散后的位相分布进行匹配,并按照规律排列组成对应的地震超表面。我们设计了3种地震超表面分别实现地震波的分束、任意凸轨迹弯曲传播和聚焦,采用有限元方法计算地震表面波传播的位移场分布,证明了地震超表面3种控制波的有效性,如图2所示。

地震超表面体现出来的波控制效果不仅可以对原有路径上的目标进行保护,还可以对地震波信息和能量进行收集利用或者进行集中消震。既然地震波的传播

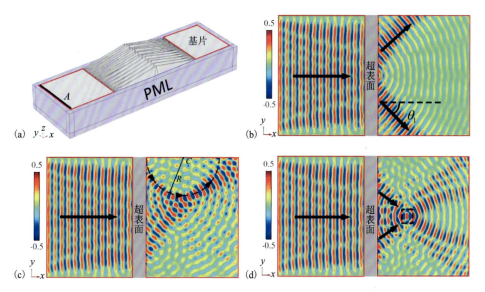

图2 (a)超表面的三维结构示意图;(b)~(d)地震表面波分束、
凸轨迹弯曲传播和聚焦的效果图

轨迹仅取决于沿地震超表面的位相分布,理论上可以根据任意目标函数实现对地震波的任意控制。

相关研究论文如下：

[1] DU Q J,FAN L,XU R,et al,2021. A novel aseismic method using seismic metasurface design with mound structures[J]. Journal of Applied Physics,130(21):215101.

[2] 杜秋姣,徐阳,许蕊,2020. 一种用于控制地震表面波的超表面结构[P]. 实用新型专利,201921806013.2

创新点

该地震超表面是通过改变波传播路径的长度来实现位相调制,相对于基于坐标变换理论的隐身斗篷,具有结构简单、设计灵活和调控功能多样的优势。这种设计思路不仅提供了一种新的主动抗震方法,而且可以用于能量收集、无损测试和信号调制等方面。该成果已授权实用新型专利(见右图)。

高压下镁基 Mg-Nb-H 富氢化合物结构演化与物性理论研究

项目完成人：卢　成
项目来源：国家自然科学基金国际合作与交流项目
起止时间：2021 年 4 月 1 日至 2023 年 3 月 31 日

研究内容

镁基合金储氢量大、体积小、无污染，可广泛应用于国防和民用领域；同时镁基富氢化合物已初步表现出良好的超导电性，有望成为一种潜在的室温超导体。本项目以镁基 Mg-Nb-H 富氢化合物为研究对象，系统开展新型镁基储氢材料和镁基高温超导材料的基础理论研究，以揭示镁基 Mg-Nb-H 富氢化合物微观结构和物性，为研发具有高储氢密度的镁基储氢材料和具有高超导转变温度的镁基高温超导材料提供新的思路和方法。本项目的主要研究内容：① 探明镁基 Mg-Nb-H 富氢化合物的结构演化规律。采用基于粒子群优化算法的晶体结构预测方法对镁基 Mg-Nb-H 富氢化合物在常压下的稳定组分和结构进行预测；确定结构演化规律和相变序列。② 揭示镁基 Mg-Nb-H 富氢化合物的成分、结构与储氢性能和超导电性的关系，阐明新型镁基 Mg-Nb-H 富氢化合物的吸、放氢反应机理；研究高压下镁基 Mg-Nb-H 富氢化合物的超导电性，探明体系的高温超导机制。本项目的研究为未来实验合成和设计新型镁基储氢材料提供了理论基础，同时对进一步认识镁基富氢化合物的高温超导机制也具有重要的科学意义。

研究成果

近几十年来，科研工作者们一直努力寻找有效的途径去打破 MgH_2 的结构稳定性，进而解决氢输运问题。项目组利用第一性原理计算和 CALYPSO 结构预测软件，对 Mg_7NbH_n ($n=16\sim25$) 体系的晶体结构进行了详细的结构搜索，并对体系的电子性质和吸/放氢行为做了详细的研究。在常压下发现了 $P\bar{4}2m$-Mg_7NbH_{16} 和 P41-Mg_7NbH_{19} 两个稳定的新相。通过形成能、声子谱、XRD 以及分子动力学模拟计算，发现常压下 $P\bar{4}2m$-Mg_7NbH_{16} 相在温度高于 100K 的温度时会转变为实验报道的 $Fm\bar{3}m$ 相。此外，研究还发现在 75 GPa 压强下 $Fm\bar{3}m$ 相是一个潜在的超导体，经过进一步的电声耦合计算结果表明其超导转变温度为 2.7 K。基于计算得到的声子频率，我们预测了在有限温度下 $P\bar{4}2m$-Mg_7NbH_{16} 相和 P41-Mg_7NbH_{19} 相的放氢行为。计算结果显示（图 1、图 2），对于 $P\bar{4}2m$-Mg_7NbH_{16} 相和

P41-Mg$_7$NbH$_{19}$相,直到将MgH$_2$中的H完全释放之后,NbH才开始释放氢,且当分解产物中出现亚稳态的铌氢相时,放氢温度基本保持不变,这与实验报道的MgNbH$_2$结果一致,进一步证实了在镁铌富氢体系放氢的过程中,确实存在铌氢通道。特别有趣的是,通过Crystal Orbital Hamilton Populations(COHP)和Bader电荷以及电子局域函数计算分析,研究发现在镁铌富氢体系持续加氢有助于加强Nb—H化学键,同时削弱Mg—H化学键,非常有利于MgH$_2$热力学性能的改善。计算结果表明,四方相Mg$_7$NbH$_{19}$具有非常优异的储氢性能,在室温条件下(273 K)就可以完成6.7 wt%氢的释放,这为未来设计和合成新型室温储氢材料提供了重要的理论基础,有望对今后的室温储氢材料实验研究和产业化提供有用的技术指导。

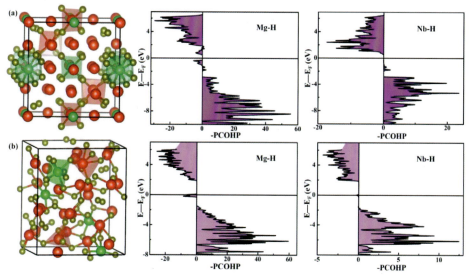

图1 (a)P$\bar{4}$2m-Mg$_7$NbH$_{16}$相的晶体结构和—COHP计算结果;
(b)P41-Mg$_7$NbH$_{19}$相的晶体结构和—COHP计算结果

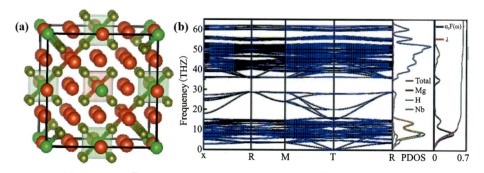

图2 (a)Fm$\bar{3}$m-Mg$_7$NbH$_{16}$相的晶体结构;(b)Fm$\bar{3}$m-Mg$_7$NbH$_{16}$相的
声子谱、声子态密度和Eliashberg函数

相关研究论文如下：

[1] DOU X L, KUANG X Y, LU C, et al, 2021. Ternary Mg-Nb-H polyhydrides under high pressure[J]. Physical Review B(104):224510.

[2] CHEN B, LEWIS J C, LU C, et al, 2021. Phase stability and superconductivity of lead hydrides at high pressure[J]. Physical Review B(103):035131.

[3] ZHOU W L, JIN S Y, LU C, et al, 2021. Theoretical study on the structural evolution and hydrogen storage in NbH_n ($n=2-15$) clusters[J]. International Journal of Hydrogen Energy, 46(33):17246-17252.

[4] ZHANG L L, JIN S Y, LU C, et al, 2022. Structural evolution and hydrogen storage performance of Mg_3LaH_n ($n=9-20$)[J]. International Journal of Hydrogen Energy, 47(12):7884-7891.

创新点

发现了首个能释放 6.7wt% 氢的三元室温储氢材料 Mg_7NbH_{19}。

铁的价态和自旋对 D'' 层后钙钛矿中地震波速的影响机制

项目完成人：何开华

项目来源：国家自然科学基金青年科学基金项目

起止时间：2012 年 1 月 1 日至 2014 年 12 月 31 日

研究内容

（1）考虑矿物在各个方向所受的压力可能不一样，通过模拟计算比较研究了后钙钛矿（$PPv-MgSiO_3$）在静水压力和单轴压力作用下对地震波速的影响，还探讨了地震波速各向异性在单轴压力作用下的变化，并与观测结果进行比较。

（2）在前人的理论研究中，一般在模型中只考虑了一个 Fe 原子来探讨其影响。为了模拟不同 Fe 含量的影响，我们通过改变超晶胞中 Fe 的个数来达到改变 Fe 浓度的效果，进而考虑了多个 Fe^{2+} 在 $PPv-MgSiO_3$ 中的占位情况，得到稳定的含 Fe 的 $PPv-MgSiO_3$ 结构，在此结构的基础上研究了 Fe^{2+} 的自旋态、浓度、结构等对地震波速的影响。

（3）考虑地球深部可能存在氧逸度较低区域的存在，在本项目研究中选取含有氧空位的模型（亚稳结构），并且通过比较焓值，预测了含 Fe^{3+} 时可能会存在中间自旋态。

研究成果

（1）静水压力和单轴压力对后钙钛矿 $MgSiO_3$ 中地震波速的影响。采用第一性原理计算研究了 PPv-$MgSiO_3$ 在高压下（D″层，静水压力和单轴压力）的弹性性质和地震波速特征进行了研究。首先通过计算钙钛矿 $MgSiO_3$（Pv-$MgSiO_3$）和 PPv-$MgSiO_3$ 两种结构的总能及正交晶系的力学稳定性判据验证了 PPv-$MgSiO_3$ 在高压下的稳定性，所得晶格常数与前人的实验值及计算结果符合很好。在静水压力的作用下，PPv 结构的晶格常数比率（b/a，c/a）呈现出比 Pv 结构更复杂的变化；同时计算得到的弹性常数在各方向的差异较大，并且随压力变化明显，因此上述两方面结果都揭示出 PPv-$MgSiO_3$ 具有较大的各向异性（图1）。计算得到了地震波速在静水压力和单轴压力作用下的变化情况，在高压作用下，PPv-$MgSiO_3$ 的地震波速要大于 Pv-$MgSiO_3$，符合地震观测到的结论。在静水压力和单轴压力的作用下，地震波最大和最小速度的传播方向都有可能会发生转变。分析了压力作用对地震波速各向异性的影响，在静水压力作用下，压缩波的各向异性基本保持不变，而剪切波各向异性增强。当单轴压力作用在 a 或 c 轴上时，能够得到增强的各向异性，而恰好相反，压缩 b 轴时，各向异性有减小的趋势。

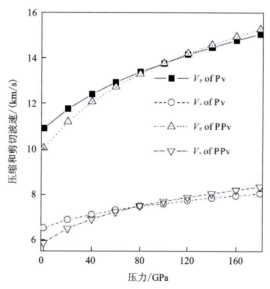

图1　Pv-$MgSiO_3$ 与 PPv-$MgSiO_3$ 中压缩和剪切波速与压力的关系图

（2）Fe^{2+} 对 PPv-$MgSiO_3$ 弹性性质以及地震波的影响。计算结果表明 Fe^{2+} 在 0～160GPa 的压力范围内始终保持高自旋状态，并且与 Fe^{2+} 的浓度无关，但在高压作用下有向中间自旋态或低自旋态转变的趋势。对于含有多个 Fe^{2+} 的情况，通过比较不同位置的能量（焓）以及结合力学稳定判据，给出了 Fe^{2+} 的占据位置，结果表明，Fe^{2+} 倾向于以最紧密的方式替换 PPv 中的 Mg^{2+}。所得弹性波速揭示无论压缩波还是剪切波，Fe^{2+} 的进入都会降低其波速，而 D″层超低声速区（ULVZ）的形成可能正是由 Fe 的含量的增加所导致。已有地震观测数据显示，D'' 层存在明显的横向各向异性，压缩波的水平极化分量明显大于其垂直极化分量，即 $V_{sH} > V_{sV}$，而我们计算结果证实了以 b 轴和 c 轴为对称轴时可以得到与观测一致的结论。随着 Fe^{2+} 的浓度的增加，在高浓度区可以产生很强的横向各项异性，因此，富 Fe 区可能是形成 D'' 层强各项异性区域和超低声速区的主要原因之一（图 2）。

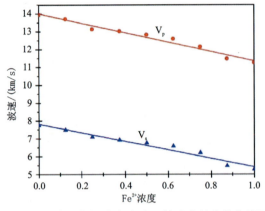

图 2　压缩波和剪切波波速随 Fe^{2+} 浓度的变化曲线图

（3）后钙钛矿相 $MgSiO_3$ 的含 Fe^{3+} 机制以及弹性性质的研究。应用基于密度泛函的第一性原理方法计算了含铁后钙钛矿相 $MgSiO_3$ 结构的自旋、弹性以及地震波速等性质。其中含铁机制为铁原子占据硅位并且引入氧空位：$2Si^{4+} \Leftrightarrow 2Fe^{3+} + V_O$。结果显示，在低压下铁原子的中间自旋状态最稳定，但在高压时转变为低自旋状态（图 3）。这种转变会引起 $PPv\text{-}MgSiO_3$ 的体积的压缩以及弹性常数的变化，从而引起弹性波速的减小。通过在 120GPa 条件下与纯的 $MgSiO_3$ 相比，由于铁原

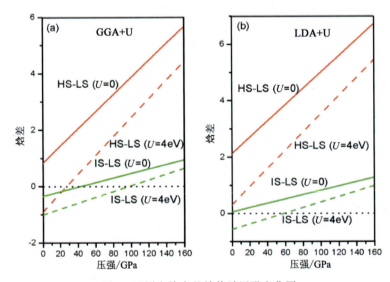

图 3　不同自旋态的焓值随压强变化图

子以及氧空位的加入，压缩波还是剪切波波速都有了明显的下降，这可能预示着这种含铁方式与下地幔 D″层的超低声速区的形成有关，而同时这种结构对 PPv-MgSiO$_3$ 的各项异性的影响不是很明显。压缩波的各向异性与剪切波的各向异性在低压时随着压强的增加呈现明显的下降趋势，而在高压区域近似于恒定值，随压强变化不明显，这一特征也与以前报道的纯的 PPv-MgSiO$_3$ 的各向异性特征一致。

相关研究论文如下：

[1] GAO B Z, HE K H, CHEN Q L, et al, 2015. First-principles study of spin transition and seismic properties of ferric iron-bearing post-perovskite with oxygen vacancy[J]. Physical and Chemistry of Minerals, 42(2):163-169.

[2] 何开华，陈琦丽，王清波，等，2013. 静水压力和单轴压力对后钙钛矿 MgSiO$_3$ 中地震波速的影响[J]. 地球科学，38(3):501-507.

[3] 高本州；何开华；陈琦丽，等，2015. 含铁后钙钛矿（Fe$_x$Mg$_{1-x}$）SiO$_3$ 的自旋、结构以及地震波特性的第一性原理研究[J]. 高压物理学报，29(5):356-362.

创新点

(1) 系统地研究了不同 Fe 含量对 PPv-MgSiO$_3$ 的弹性及地震波速的影响。结果表明，随着 Fe 的含量增加，压缩波与剪切波波速都减小。

(2) 研究了一种同时含有氧空位和 Fe 的亚稳 PPv-MgSiO$_3$ 结构及其物理特性，发现含有氧空位的结构在地幔温度、压力条件下存在稳定的中间自旋态，并讨论了其地震波速特征。

超材料对地震波传播的控制理论研究及地震波隐身衣模型设计

项目完成人：杜秋姣
项目来源：国家自然科学基金青年科学基金项目
起止时间：2015 年 1 月 1 日至 2017 年 12 月 31 日

研究内容

声子晶体和声学/弹性波超材料已成为声子学领域一个极具研究价值的方向，相关研究内容正在持续增加，而且许多概念和基础研究正在向工程应用转化。如声学"斗篷"、声学"二极管"、声学超表面、新型声学功能材料等方向的研究成果受到了声学隐身、减振降噪、地震保护、超声成像、结构健康监测等工程领域的广泛关注。超材料在建筑物防震方面的应用是解决建筑物加固防震困难的一种新思路。项目设计的超材料能够控制并减弱地震波，低成本实现建筑物的防震减灾。此研究方向处于初期阶段,所以项目主要是进行理论论证和数值模拟。主要工作包括:①利用固体物理学中的平面波展开法,研究地震面波和体波在周期排布共振结构中传播的带隙特性。当地震波的频率处于禁带范围,实现地震波能量的衰减。②针对共振型地震超材料带隙窄的问题,通过改变其柱结构的纵横比和转动惯量的大小来调整能带的位置,设计了一种工字型地震超材料,实现了更宽的带隙。③引入分形结构,设计了一种宽带地震波超材料,该超材料利用分形结构自身的自相似特性,拓宽地震表面波衰减域。④用有限元法进行数值计算,优化模型参数。我们设计的新型减振体系,即可用作单独的隔振设施,又可以作为建筑物下面的承重部分,不会影响建筑物的整体性和承载能力,能实现被保护建筑物的整体振动极大衰减。

研究成果

(1)设计一种宽带隙工型柱体地震超材料模型。与圆形柱体地震超材料和矩形柱体地震超材料的带隙特性进行对比研究,发现在相同的高度和占空比的条件下,所提出的工型地震超材料可以产生更宽的带隙,其单元结构和能带结构图如图1所示。计算通过有限数量的工型柱阵列的透射谱,并分析两个不同带隙中的表面位移场,进一步探索了带隙的产生机制。结果表明,低频带隙是由于工型柱的局部共振产生,而高频带隙是由于布拉格散射产生,如图2所示。

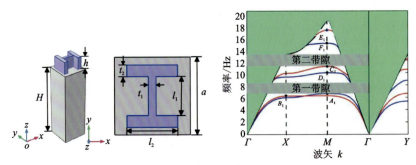

图 1 工型地震超材料结构单元和能带结构图

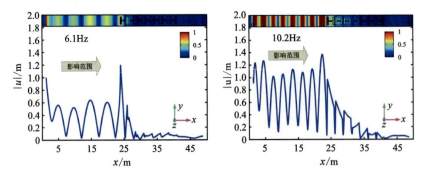

图 2 (a)频率为 6.1Hz 的表面波沿 ΓX 方向传播的波形图;
(b)频率为 10.2Hz 的表面波沿 ΓX 方向传播的波形图

引入分形结构实现多个频带内地震表面波屏蔽。H型钢柱是一种常见的抗震建筑构件,由于其承载能力强、截面尺寸小、重量轻、成本低和耐用性高而被广泛应用于建筑工程中,所以我们选择H型钢柱作为母体构造了一种分形地震超材料,单元结构图和对应的能带结构如图3所示。这里,我们用数值模拟来研究带隙特性和产生机理,结果表明H型分形地震超材料具有较宽的带隙,能够很好阻挡低频地震表面波的传播,随着分形阶数的增大,在高频段将产生新的带隙,同时低频带隙中心频率逐渐降低。通过计算地震表面波透射谱,证明在该地震超材料的作用下,在带隙内的地震瑞利波和拉夫波显著衰减,如图4所示。

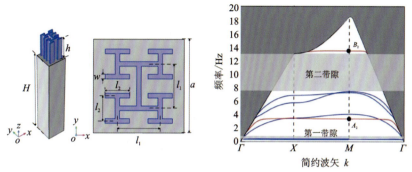

图3 H型分形结构地震超材料单元结构和能带结构

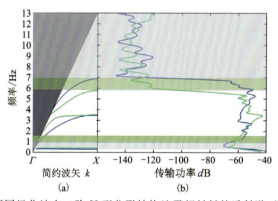

图4 两种不同极化波在二阶H型分形结构地震超材料的透射谱,蓝色曲线表示矢状极化瑞利波激励下的透射谱,绿色曲线表示水平极化拉夫波激励下的透射谱

相关研究论文如下:

[1] DU Q J, ZENG Y, XU Y, et al, 2018. H-fractal seismic metamaterial with broadband low-frequency bandgaps[J]. Journal of Physics D-Applied Physics, 51(10): 105104.

[2] ZENG Y, XU Y, YANG H W, DU Q J, et al, 2020. A Matryoshka-like seismic metamaterial with wide band-gap characteristics[J]. International Journal of Solids and Structures, 185: 334-341.

[3] 杜秋姣, 罗中杰, 2020. 基于地震前兆和地震超材料的防震研究[M]. 武汉: 中国地质大学出版社.

创新点

(1)在半空间情况下,表面波带隙受声锥的限制,对于地震超材料而言,声锥是固定的,所以我们定义了相对声锥高度的相对带隙宽度,即带隙宽度与声锥高度的比值。我们通过对比不同形状的共振钢柱,发现工型钢柱能够实现宽频带内地震表面波的有效衰减,而工型钢正是工程上广泛应用的建筑材料。

(2)首次把分形结构引入地震超材料设计中,利用分形结构的自相似特性实现多频段内地震表面波的衰减。在建筑领域,这种紧凑的小尺寸结构减震超材料尤其适合应用于密集型建筑物的保护。

铁对 D″层铁方镁石矿中弹性波影响机理的模拟研究及对该矿组分的约束意义

项目完成人:王清波

项目来源:国家自然科学基金青年科学基金项目

起止时间:2015 年 1 月 1 日至 2018 年 12 月 31 日

研究内容

本项目研究了铁在 MgO 中的分布,铁对 MgO 中弹性波的影响,MgO 在地球内部的电子态、光学性质等。

本人及项目组利用 Materials Studio 软件,结合局域密度近似(LDA)计算了不含 Fe 的方镁石(MgO)的焓,研究了 MgO 的 B1-B2 相的相变,与实验结果较为吻合,MgO 是强关联体系,不能利用不加修正的 LDA 计算其电子态、能带、光学性质等,否则会导致计算结果和实际结果不符合。利用混合密度泛函理论修正了 MgO 中的强关联,获得准确的电子态、能带和带隙,基于这些准确的前期计算,获得了 MgO 较为准确的光学性质。

研究 D″层状态下的 MgO 的性质是本项目研究的重点,研究发现温度对 D″层状态下 MgO 性质影响的相对压强较小,首先研究压强对这些性质的影响,以后随着研究的进展,再研究温度对这些性质的影响。首先研究了在压强作用下(最大压强达到 D″层压强 137 GPa),MgO 的电子态和能带,研究了这些光学性质随压强的变化。MgO 是直接带隙绝缘体,随着压强的增加,MgO 的能带随之增加,利用公式拟合了这一增加变化。随着压强的增加,MgO 的光学性质发生蓝移(如吸收光的能量增高),相应地,利用公式拟合了 MgO 的光学变化。我们的研究为 MgO 的高压研究提供了思路,为类似材料(如 ZnO 等)研究、MgO 的相关实验研究及 MgO 未来的应用提供了参考。

利用 Materials Studio 软件，结合局域密度近似（LDA）和广义梯度近似（GGA）计算了 MgO 的焓（图 1），研究了 MgO 的高压相变，计算了其弹性常数，研究了弹性性质随压强的变化情况，预测了相变压强，计算了 MgO 的弹性波随压强的变化情况，研究了 MgO 中弹性波的各向异性，论文已完成撰写并审稿中。利用 Materials Studio 软件，已完成 Fe 对 MgO 的掺杂，研究了 Fe 对 MgO 的电子态和光学性质、弹性常数及弹性波等性质的影响，已完成论文撰写并审稿中（图 2～图 4）。

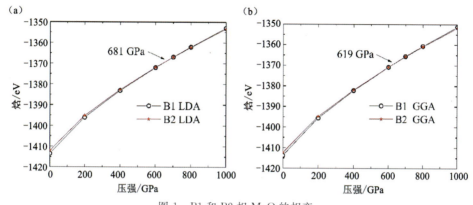

图 1　B1 和 B2 相 MgO 的相变

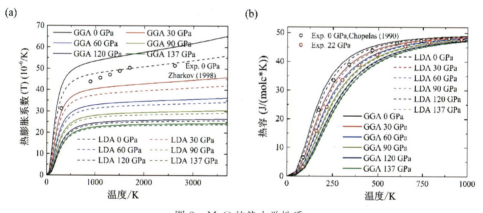

图 2　MgO 的热力学性质

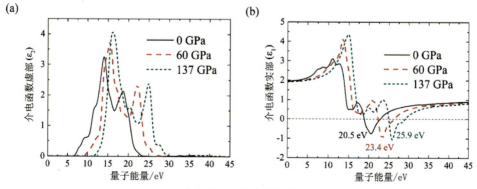

图 3　MgO 的光学性质

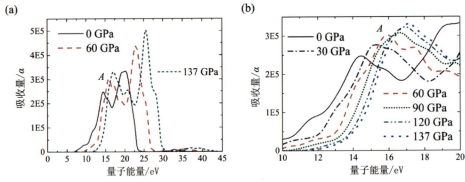

图 4 MgO 的吸收光谱

在进行这些研究的同时,为了检验混合密度泛函方法的普适性,项目组利用 MgO 中的类似方法,研究了类似化合物 ZnO 的 V 掺杂,ZnO 的高压相(BN 相)的电子态和光学性质等,BN 相 ZnO 的相关性质随压强的变化,利用相关公式进行拟合,发表了相关论文。这些论文的发表,充分证明我们研究方法的正确性,相关计算经验可以更好地应用到 MgO 的高压相,掺杂研究中来。

由于 Fe 在 MgO 中有多个掺杂位置,项目完成人利用 Alloy Theoretic Automated Toolkit(ATAT)软件中的 cluster expansion 程序和 The Vienna Ab Initio Simulation Package(Vasp)软件,研究了 MgO 中 Fe 的掺杂位置,利用 Helmholtz 自由能计算公式(式1),找出各种掺杂比例(以 25%、50%、75% 为主)中 Fe 的可能位置。

Helmholtz 自由能计算公式:

$$F(V,T) = E_0(V) + F_{ph}(V,T) + F_{el}(V,T) \quad (式1)$$

其中 $E_0(V)$ 是基态能量;F_{ph} 和 F_{el} 是晶格振动能电子,F_{el} 在绝缘体中可以忽略,F_{ph} 可以由德拜模型计算(式2):

$$F_{ph}(V,T) = n\left\{\frac{9}{8}k_B\Theta_D(V) + 3k_BT\ln\left[1 - e^{-\frac{\Theta_D(V)}{T}}\right] - k_BTD[\Theta_D(V)]/T\right\} \quad (式2)$$

以这些 MgO 的 Fe 掺杂的构型,是我们计算地震波的基础。

研究出了高温高压下铁方镁石中铁的分布,以及对其性质的影响。

相关研究论文如下:

MIAO, Y R, LI H Y, WANG Q B, et al, 2017. First principles and Debye model study of the thermodynamic, electronic and optical properties of MgO under high-temperature and pressure[J]. International Journal of Modern Physics B, 32 (5):1850047.

创新点

项目组编写并改进了德拜模型计算程序,模拟 D″层中的温压条件,研究了 MgO 在地幔温度、压力条件下的热性质、电子态和光学性质等,发表了 SCI 论文 1

篇。本研究可以用于高温高压实验相关研究,也可以对地幔 MgO 的性质做出一定约束。研究出了高温高压下铁方镁石中铁的分布。

二维地震波隐身衣在重要建筑物防震中应用的机理研究

项目完成人:杜秋姣

项目来源:中国博士后科学基金面上资助

起止时间:2014 年 9 月 1 日至 2016 年 8 月 31 日

研究内容

地震对人类社会的危害主要表现在地震引起建筑物的破坏和倒塌,所以建筑物的防震一直是人们研究的重要课题。针对目前防震遇到的困难,提出地震波隐身衣的方法。地震波隐身衣能够控制地震波绕过建筑物,使其几乎不会震动。项目研究隐身衣控制地震波的物理机制及隐身衣模型的参数设计。基于地震动力学理论基础,分析弹性波方程的坐标变换性质,发现在板结构和二维弹性系统中,可以实现弹性波的绕射隐身,三维系统中由于纵波和横波的耦合作用,弹性波方程失去坐标变换不变性。采用数值模拟方法,完成一种基于局域共振结构的地震超材料模型设计,该模型能够对地震兰姆波和表面波进行有效衰减,从而实现对建筑物的保护。

在项目经费的资助下,除了从工程领域研究防震,还从地震预测方面为抗震减灾做贡献,进行了一些地震前兆信号的监测和数据分析。分析了地电场地震前兆特征,研制了具有自主知识产权的地电监测仪 DD108。分析了震前重力异常特征,发现大震和巨震常发生在重力异常突变带和活动断裂带交会处。进行了沙基中应力-应变地震前兆研究,并通过对地层中应力-应变传播物理机制进行分析,解释沙基中应力-应变前兆的物理机制,为浅源地震前兆信息探测提供一定参考。

研究成果

(1)弹性波隐身超材料的理论研究。推导证明二维弹性动力学方程的坐标变换不变性。弹性波绕射隐身的理论基础是弹性波动力学。Navier 方程在坐标变换之后,由于平面应变问题和反平面应变的耦合问题并不总是保持原始形式的不变性。但是对于二维的柱状结构,反平面剪切波可以从平面应变问题中解耦出来。基于坐标变换理论,推导了二维弹性动力学方程和物质方程的坐标变换式,发现变换之后形式相同。模拟计算二维圆环形弹性波隐身衣。选择不同的波源,有平面波波源、点力形式的球面波波源和线状的柱面波波源,其中线波源是单纯的纵波或横波波源,然后用有限元算法计算圆对称隐身衣的波场。考虑圆形域压缩映射为圆环域的情况,数值算例验证了圆形隐身衣能够使波在障碍物周围发生绕行,隐身衣的作用消除了障碍物对波传播的影响。

(2) 基于正方形空心钢柱共振结构设计出一种地震超材料，实现一定频段内地震兰姆波和表面波的有效衰减。地震波是由体波和表面波组成，而对建筑物起破坏作用的主要是表面波，尤其是瑞利波，所以地震表面波是我们的主要研究对象。但是由于地下结构复杂，在近地表地震勘探中发现，在不同剪切波波速的分层地层中，存在兰姆波。一般情况下兰姆波被误解为瑞利波而被忽略。但是兰姆波携带地震能量并能够传播很远的距离，而且在各地事件的地震记录中占据主导地位。兰姆波可能对建筑物的倒塌起着关键作用，所以在地震波超材料的设计中，兰姆波应该被考虑在内。计算了兰姆波超材料的色散图，并展示其带隙特性，如图1所示。将正方形空心柱体与圆形和矩形柱体的能带结构图进行对比分析，结果表明正方形空心柱体带隙最大。

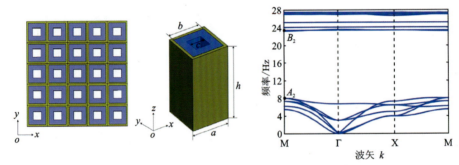

图1　方形钢柱的地震兰姆波超材料结构图和色散曲线

研究了三维超材料的地震兰姆波透射谱。透射谱的波谷位置与超材料的带隙图吻合得很好，如图2。另外，对比了带隙内外频率入射时位移场分布，进而证明了地震波超材料的对兰姆波的屏蔽效果，如图3所示。

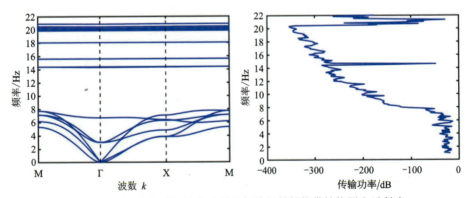

图2　填充土的方形钢柱的地震兰姆波超材料能带结构图和透射率

实现了对地震表面波的减弱。地震波携带能量从震源向周围传播，到达地球表面产生表面波，其波长范围从几米到几百米，这些长度和建筑物的大小相当，会和建筑产生共振现象，从而导致建筑物倒塌。所以减弱表面波是地震波超材料屏障模型设计要重点考虑的。用有限元方法详细分析、讨论了三维地震波超材料的

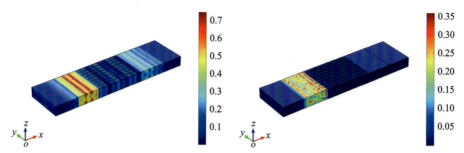

图 3 入射波频率分别在带隙内和带隙外时,地震兰姆波传播的位移场分布图

能带结构图以及全带隙特性的产生机理。在能带结构中引入体波的声锥,将表面波与体波分开,并且计算出对应的表面模态,如图 4 所示。

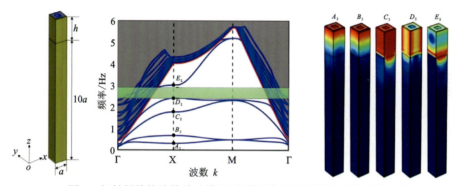

图 4 超材料结构计算单元模型、能带结构图和表面波的振动模态图

(3)分析地电场地震前兆信号的异常规律。利用 625 研究所地震监测站 30 年的观测数据,分析地电场信号中长期异常和短临异常,总结预测地震三要素的经验规律。

发现 625 研究所监测站发震时间的预测方法:因为折返天数与回跳天数大致相等,所以回跳日期加上折返天数即为发震日期。

研制了具有自主知识产权的地电仪 DD108,已授权实用新型专利(图 5),并且已在武汉、秭归、开封、北京设立了监测台站,分析监测数据,初步总结了该仪器的震前电信号异常幅度与震级、震中距之间可能存在的经验关系。

图 5 实用新型专利证书

相关研究论文如下:

[1] ZENG Y, XU Y, DU Q J, et al, 2018. Low-frequency broadband seismic metamaterial using I-shaped pillars in a half-space[J]. Journal of Applied Physics, 123(21):214901.

[2] DU Q J, ZENG Y, HUANG G L, et al, 2017. Elastic metamaterial-based

seismic shield for both Lamb and surface waves[J]. AIP Advances,7(7):075015.

[3] 杜秋姣,曾佐勋,董浩斌,等,2016. 一种地震前兆地电场监测系统[P]. 实用新型专利:ZL201620155711.0.

创新点

把共振型声学超材料拓展到地震超材料,利用其小尺寸控制大波长的特性实现低频地震兰姆波和表面波的有效衰减。

氧化锌矿物高压相变及性质的第一性原理及部分实验研究

项目完成人:王清波
项目来源:第六十批中国博士后科学基金面上一等资助
起止时间:2017 年 1 月至 2017 年 12 月

研究内容

利用更适合强关联材料 ZnO 的方法(GGA+U、HSE 以及 GW 方法)研究其相变机理,研究 GeP 相 ZnO 的电子态、光学性质等随压强的变化,总结其中的规律。利用已研究出的 ZnO 的相变机理,利用薄膜制备、掺杂稳定剂等方法尝试将其稳定到常温常压下。完成 B4、GeP 和 B1 相 ZnO 的建模,利用 GGA+U、HSE 和 GW 初步计算他们之间的相变、电子态、光学性质等随压强的变化,筛选出最佳研究方案。

利用筛选出来的最佳研究方案,详细计算 B4、GeP 和 B1 相 ZnO 的相变、电子态、光学性质等随压强的变化,总结相变规律(图 1)。基于总结的相变规律,尝试利用制备薄膜、添加稳定剂的方法将 GeP 相稳定到常温常压下。

相关研究论文如下:

WANG Q B,LI T P,WANG H J,et al,2018. The thermodynamic,electronic and optical properties of GeP type ZnO under pressure calculated by Debye model and hybrid function[J]. Materials Chemistry and Physics(211):206-213.

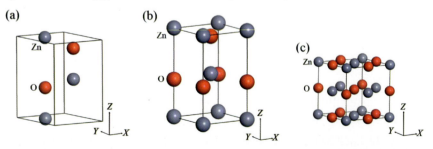

图 1　纤锌矿(B4)(a)、GeP(b)和 NaCl(B1)(c)结构 ZnO,灰色、红色代表锌,黑色代表氧原子

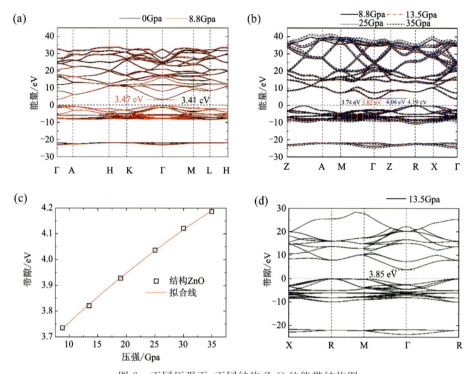

图 2 不同压强下,不同结构 ZnO 的能带结构图
(a)纤锌矿结构 ZnO 的能带;(b)磷化锗相 ZnO 的能带;
(c)磷化锗相 ZnO 的能隙随压强的变化曲线;(d)岩盐相 ZnO 的能带

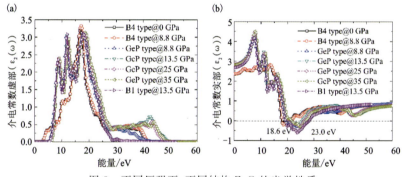

图 3 不同压强下,不同结构 ZnO 的光学性质

📖 创新点

本项目采用第一性原理并结合 GGA+U、HSE 和 GW 方法研究 ZnO 新发现的高压相(GeP 相),研究其相变机理、相变压强下相关相(B4、GeP 和 B1 相)性质的变化,新相的电子态、光学性质随压强的变化等。利用部分实验尝试将高压相稳定到常温常压下。

弹性波超材料在建筑物防震应用中的模型设计及模型试验

项目完成人：杜秋姣
项目来源：中国博士后科学基金特别资助
起止时间：2016 年 6 月 1 日至 2018 年 7 月 31 日

研究内容

本项目结合实际的建筑材料，建造简单易实现的宽频带地震超材料，建造在被保护建筑物的四周，通过控制地震波的传播来实现建筑物的防震。主要工作包括：①类比俄罗斯套娃，设计一种宽带隙地震超材料，该超材料是由多层钢管和橡胶管嵌套而成，结构简单、易实现。②基于波型变换设计了一种二维宽带隙地震超材料板，该超材料板是由包裹泡沫的长方体钢块周期排列而成的复合材料，入射到超材料板的地震表面波将转换成兰姆波，兰姆波在宽带隙内被衰减，进而实现了对地震表面波的宽频域衰减。

研究成果

（1）基于"套娃结构"设计了一种简单易造宽带隙地震超材料。类比俄罗斯套娃，用钢管和橡胶管嵌套而成超材料单元结构，如图 1 所示，按照正方晶格二维周期排列形成地震超材料。将具有不同层数的套娃地震超材料的能带结构进行了对比，发现当套娃的数量增加时将产生新共振模态和带隙，还能扩大总带隙宽度并将之前的带隙向更低的频率下移。还利用有限元方法计算了三层套娃地震超材料的透射谱，如图 2 所示，证明了这种地震超材料对地震表面波衰减的有效性。

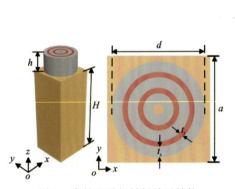

图 1　套娃地震超材料单元结构

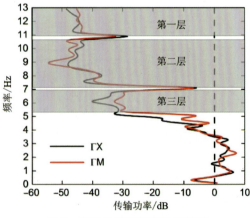

图 2　套娃地震超材料的透射谱

（2）基于波型变换设计了一种二维超宽带隙地震超材料板。提出了一种地震超材料板，在发泡板中嵌入柱形钢块，组成地震超材料板，其结构可以看作是由柔性发泡板包裹正方钢柱按照正方晶格周期性排列，如图3所示。在板的上下表面为自由边界情况下，这种地震超材料板对于地震兰姆波具有超宽带隙特性，同时在半空间环境中对于地震表面波，也可以保持其超宽带隙特性。这种地震超材料可以在超宽频带内衰减地震波，以保护敏感建筑物（即核电站或古建筑物）免受地震损害。

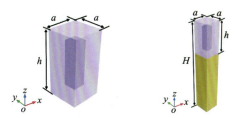

图3　地震超材料板的结构单元和有限元方法的计算单元图
注：黄色表示土壤，紫色表示柔性发泡板包裹钢块

我们用模型（1∶30缩放）实验来验证这种地震超材料对表面波的衰减效果，实验测试系统如图4所示，对应的装置实物图和实验结果如图5所示。通过减震测试获得一排、两排和四排单元结构透射谱，发现随着排数增大，衰减域宽度和幅度增大，而且当排列四排时可以实现很好的衰减效果。另外，为了消除沙土容器壁反射波的影响，我们设计环绕型排布单元结构，发现一排结构就可以实现很好的衰减效果，同时说明容器壁反射波的影响还是不能忽视的。

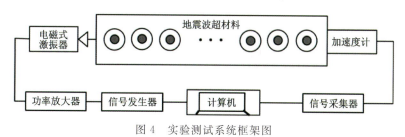

图4　实验测试系统框架图

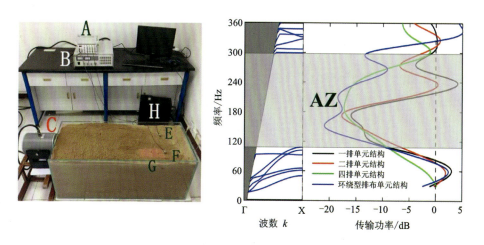

图5　实验装置实物图和实验结果

相关研究论文如下：

[1] Zeng Y, Xu Y, Du Q J, et al, 2019. A broadband seismic metamaterial plate with simple structure and easy realization[J]. Journal of Applied Physics, 125:224901.

创新点

在超材料板具有超宽带隙和结构简单优点的启发下，我们提出一种思路，在地表嵌入板结构地震超材料，把入射的地震表面波转换成板中的兰姆波，从而在兰姆波的宽带隙内实现对地震表面波的衰减。

Mn 对 B4、BN 相 ZnO 矿物相变、热力学及光学性质影响研究

项目完成人： 王清波
项目来源： 第十一批中国博士后科学基金特别资助
起止时间： 2018 年 6 月至 2020 年 6 月

研究内容

本项目以纤锌矿 B4 相和新发现的 BN 相 ZnO 为研究对象，以理论计算为主，辅以部分金刚石对顶砧（DAC）实验。理论方面利用自旋等修正后的 AT&T 软件中的 Cluster Expansion 模块以及加 U 等修正的第一性原理方法研究局域态 Mn 掺杂，研究 Mn（≤25%）对 B4、BN 相 ZnO 的高温高压相变（块材），热力学性质，高压、常压下光学性质（块材、薄膜）的影响，找出最佳掺杂量；利用金刚石对顶砧和荧光光谱对理论结果进行验证和修正。

（1）利用修正后的 AT&T 软件中的 Cluster Expansion 模块（考虑 Mn 的自旋，加 U 等）研究不同含量 Mn（≤25%）在 B4、BN 相 ZnO 中的掺杂、分布形态，找出最佳掺杂量；

（2）利用加 U 的方法（考虑 Mn 的价态等），研究 Mn 掺杂对 B4、BN 相 ZnO 高压下相变（块材）的影响，利用德拜模型、Phonopy、Lammps 及其修正和三阶 Birch-Murnaghan 物态方程研究相关热力学性质和温度对高压相变（相图）的影响，通过金刚石对顶砧实验予以验证和修正；

（3）利用修正后的理论和加 U 的方法（考虑 Mn 的价态等），研究 Mn 掺杂对 B4、BN 相 ZnO 高压下热力学、光学性质（块材、薄膜）的影响，利用荧光光谱等实验对理论进行验证和修正。

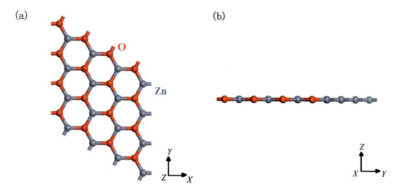

图 1 BN 相 ZnO 的结构图

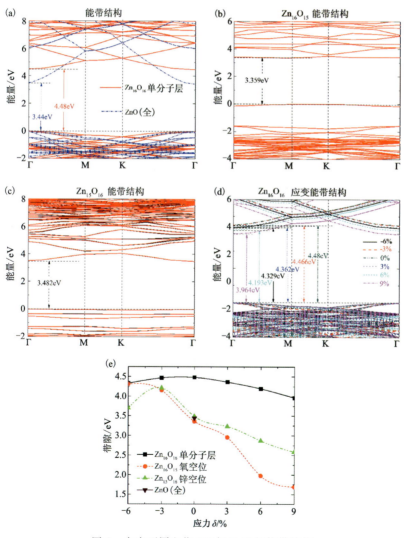

图 2 含有不同空位 BN 相 ZnO 的能带结构

相关研究论文如下:

[1] Miao Y R,Wang Z D,Wang Q B,et al,2020. First principles studied tunable electronic and optical properties of 2D honeycomb ZnO monolayer engineered by biaxial strain and intrinsic vacancy[J]. Materials Science and Engineering B-Advanced Functional Solid-State Materials(254):114517.

 创新点

本项目涉及地学、物理、材料等多学科的融合和协同创新,以理论研究为主,辅以部分实验,理论和实验相结合,实验对理论进行反馈、修正。以 B4 相和新发现的 BN 相 ZnO 为研究对象,从分子、原子、量子力学角度深入研究 3d 过渡金属 Mn(≤25%)在 B4、BN 相 ZnO 中的掺杂规律,找出最佳掺杂量;深入研究 Mn 掺杂对其高温高压相变、热力学及光学性质的影响规律。本方案切实可行,经济便捷。

采用修正后的 AT&T 软件中的 Cluster Expansion 模块(考虑 Mn 的自旋,加 U 等)研究 Mn 在 B4、BN 相中的掺杂、分布方式,利用加 U(考虑 Mn 的价态等)等改进后的第一性原理,得到更加准确的结果,利用部分实验来验证、修正理论结果。

砂泥岩异性结构面流变力学特性研究

项目完成人:马　冲
项目来源:湖北省科技厅基础处
起止时间:2018 年 1 月 1 日至 2019 年 12 月 31 日

 研究内容

软硬岩层的软弱结构面的强度特性往往决定着工程岩体的稳定性。众多研究资料表明:三峡库区的滑坡大多不是在蓄水之后瞬间发生的,而是在运行之后的十几年过程中不断的有边坡失稳破坏,表现出明显的时间效应。秭归地区仍有不少边坡正处于缓慢的蠕变过程中,且滑动面往往是软硬岩层相接触的异性结构面。因此,在项目研究过程中,我们选取灰岩泥岩异性结构面的二叠系茅口组软弱夹层作为主要研究对象,开展了一系列的实验研究和理论研究。

(1)对软弱夹层的基本物理特性研究。茅口组夹层的矿物鉴定及 X 衍射分析,可以看出该夹层物质基础主要以黏土矿物、方解石为主,黏土矿物的亲水性较强,因而含水率对夹层的工程特性影响较大;利用激光粒度分布仪获得了夹层的粒径级配曲线。此外,通过各种室内试验得到了茅口组夹层的含水率、液限塑限、压缩模量等一系列重要物性参数,为深入研究茅口组夹层工程特性和后续剪切、流变试验研究及数值模拟提供依据。

（2）常规环剪实验研究。通过不同含水率下的环剪试验,研究了相同干密度不同含水率重塑软弱夹层试样在不同法向应力作用下的剪切变形破坏特征;分析了含水率与法向应力对于软弱夹层强度性质和法向变形性质的影响规律;基于莫尔-库仑强度准则与损伤力学原理研究了含水率对于软弱夹层等效抗剪强度参数的损伤劣化规律;最后借助扫描电镜讨论了应变软化与应变硬化试样在微观结构上的差异性。

（3）环剪流变特性研究。开展了在不同法向压力、不同含水率下的环剪蠕变试验研究。基于蠕变试验结果,分析了夹层含水率对环剪蠕变时效变形特征、应变速率以及长期强度的影响。研究表明:随着环剪应力等级的增加,稳态蠕变的变形量与瞬态弹性应变的比值逐渐增加;应力等级越高,蠕变变形量在总变形中的比重越大,蠕变特性表现愈发明显,蠕变衰减持续时间的增长率越缓;长期强度与含水率呈线性负相关的关系,含水率越高,软弱夹层的长期强度越低。低法向应力下,不同含水率下试样的残余强度与长期强度非常接近,但是高法向应力时,长期强度要低于残余强度。

（4）流变本构方程研究。基于分数阶微积分理论,构建了基于分数阶微积分的非线性蠕变本构组合模型 NMAP,并将由软弱夹层的含水率引起的流变模型参数的变化作为损伤变量引入流变本构方程,建立了能够描述岩土体流变全过程的 DNMAP 模型。通过对蠕变试验曲线的拟合,证明 DNMAP 模型对不同含水率试样蠕变全过程曲线,特别是对加速蠕变阶段具有良好的拟合效果。

研究成果

对二叠系茅口组炭质页岩软弱夹层进行了不同含水率下的常规环剪试验、环剪蠕变试验,研究了含水率对软弱夹层常规及流变力学特性(变形性质、特征强度参数、流变本构模型参数等)的损伤弱化规律。

基于分数阶微积分构建了新的黏弹性元件,并将其与经典流变力学本构元器件组合成新型的 NMMP 流变本构模型。将由软弱夹层的含水率引起的流变模型参数变化作为损伤变量引入蠕变本构方程 NMAP 型中,建立了考虑含水率损伤的非线性黏弹塑性流变本构模型(DNMAP)。

相关学术论文及专利如下:

[1] MA C,YAO W M,YAO Y,et al,2018. Simulating strength parameters and size effect of stochasticjointed rock mass using dem method[J]. KSCE Journal of Civil Engineering,22(12):4872-4881.

[2] MA C,ZHAN H B,ZHANG T,et al,2019. Investigation on shear behavior of soft interlayers by ring shear tests[J]. Engineering Geology(254):34-42.

[3] 王才进,张涛,骆俊晖,等,2019.神经网络反馈分析方法预测土体热阻系

数研究[J].岩土工程学报(A02):109-112.

[4] MA C,ZHANG T,YAO W M,2019. Assessment of osmotic pressure effect on the creep properties of silty mudstone[J]. Soil Mechanics and Foundation Engineering,5(56):314-320.

[5] YAO W,HU B,ZHAN H,et al,2019. A novel unsteady fractal derivative creep model for soft interlayers with varying water contents[J]. KSCE Journal of Civil Engineering,23(12):5064-5075.

[6] 何怡,郭力,马冲,2020.考虑软弱夹层中岩土体应变软化特性的矿山边坡变形体渐进破坏分析[J].安全与环境工程,027(002):162-167,174。

[7] 马冲,胡斌,詹红兵,姚文敏,一种考虑干湿循环损失效应的岩土体剪切流变仪[P].中国专利,ZL201610279213.1。

[8] 姚文敏,胡斌,马冲等,一种应变软化边坡的稳定性动态评价方法[P].中国专利,ZL201710276929.0。

创新点

基于实验结果,研究得到了常规抗剪强度参数和长期抗剪强度参数,以及损伤率随含水率变化趋势及拟合函数解析式。这表明,在同等的实验条件下,只要测得样品的含水率,代入拟合公式,即可得到相应的强度参数。在地质工程现场,可以随时根据软弱夹层的含水率情况快速、方便、准确地判断其强度特性。这一研究成果大大方便了工程现场的工程设计和施工。

在工程实际中,岩土体的残余强度常常被当成长期强度来进行稳定性分析。本项目的研究进一步丰富了这一内容,并提出:低法向应力下,长期强度与残余强度接近,在没有条件开展流变实验的情况下,将残余强度用于工程长期稳定性的分析。但是,需要注意的是,在高法向应力条件下,残余强度是大于长期强度的,在进行长期稳定性分析的时候,需要将残余强度乘以一个小于1的折减系数作为长期强度使用,否则会给工程的长期安全性带来隐患。这一结论对指导岩土工程设计和施工,具有重要的指导意义。

基于分数阶微积分建立的新型的非线性本构模型,在后续研究中,将在FLAC3D中实现二次开发。这将大大方便新的非线性本构模型在工程实际中的应用。在工程实际中,研究剖面建模完成以后,在FLAC3D中调用语句及相应的参数,即可得到流变影响的模型分析结果。

第四章　教育教学成果

一、教学项目

(一) 省级及以上教学项目

大学数学教学规范的研究与实践

项目完成人：黄　刚　肖海军　罗文强　李志明　杨　飞

项目来源：湖北省教学研究项目

起止时间：2016年12月至2018年12月

研究内容

数学素质已成为人们的基本素质。数学已渗透到自然科学、工程技术、经济、社会等各个领域，影响着科学和社会的进步。事实上，数学作为培养学生理性思维品格和思辨能力的重要载体，是开发学生潜在能动性和创造力的重要基础。对培养学生的逻辑思维能力、分析问题解决问题的能力、实践创新能力；对开阔学生思路，提高学生综合素质等，都有很大帮助。随着知识经济时代和信息时代的到来，数学更是"无处不在，无所不用"。各个领域中许多研究对象的数量化趋势愈发加强，数学结构的联系愈发重要，再加上计算机的普及和应用，给我们一个现实的启示：每一个想成为有较高文化素质的现代人，都应当具备较高的数学素质，因此，数学教育对所有理工科专业的大学生来说，都必不可少。

大学数学课程在人才培养中的作用至少有以下3个方面。

(1) 它是学生掌握数学工具的主要课程。数学知识是许多大学后续课程的基础，是学生进一步学习和研究的必要工具。

(2) 它是学生培养理性思维的重要载体。数学研究的是各种抽象的"数"和"形"的模式结构，运用的主要是逻辑、思维和推演等理性思维方法。

(3) 它是学生接受美感熏陶的一条途径。数学是美学四大中心建构之一，数学美是多方面的，例如将杂乱整理为有序、寻求各种物质运动的简洁统一的数学表达等，都是人们对美的追求，这种追求对一个人精神世界的陶冶起着潜移默化的影响，而且往往是一种创新的动力。

如今，大学数学已成为全国理工科、经济管理专业学生都应该学习的课程，对学生的能力培养和素质教育起着重要作用。目前缺少关于"大学数学"教学规范化的系统研究和深入探索,希望通过本项目的研究,一方面充分学习国内同行的先进经验,另一方面契合我校实际,进一步规范教学过程,完善教学内容,升级教学方法,全面促进教学质量提高。

研究成果

(1)对大学数学教学现状进行调查。高等学校本科生的数学基础课程应包括"微积分""线性代数"与"空间解析几何""概率论"与"数理统计"等,它们都是必修的重要基础理论课,应强调数学知识、数学能力和数学素质的综合协调发展。

(2)对大学数学课程的先后逻辑关系进行理顺。学生通过数学系列课程的学习,学生应获得一元函数微积分及其应用、多元函数微积分及其应用、无穷级数与常微分方程、向量代数与空间解析几何、线性代数、概率论与数理统计等方面的基本概念、基本理论、基本方法和运算技能,为今后学习各类后续课程和进一步扩大数学知识面奠定必要的连续量、离散量和随机量方面的数学基础。

(3)对大学数学在培养学生素质方面的作用进行定位。通过"大学数学"系列课程教学,应注重培养学生以下素质:主动探寻并善于抓住数学问题中的背景和本质的素养;善于对现实世界中的现象和过程进行合理的简化和量化,建立数学模型的素养;能用准确、简明、规范的数学语言表达自己数学思想的素养;具有良好的科学态度和创新精神,合理地提出新思想、新概念、新方法的素养;对各种问题能以"数学方式"进行理性思维,从多角度探寻解决问题的方法的素养。

(4)大学数学系列课程设置分为以下 3 个层次:普通教育中的公共基础课程、普通教育中的选修课程和部分专业必修课程。课程的组织方案和实现可以采用多种方式和策略。

实践意义

在"大学数学"课程的教学过程中,应以培养学生的知识、能力、素质协调发展为目标,认真贯彻以学生为主体、教师为主导的教育理念;应遵循学生的认知规律,注重理论联系实际,激发学习兴趣,引导自主学习,鼓励个性发展;要加强教学方法和手段的研究与改革,努力营造一个有利于培养学生科学素养和创新意识的教学环境。

(1)优化教学内容,改进教学方法;减少理论性强的内容,精简证明过程及理论推导,减少高技巧的难题;多开展课堂讨论以调动学生的主动性和创造性。

(2)以学生为中心,着重创新能力培养;减少满堂灌、保姆式的课堂教学造成学生对老师的依赖,培养学生的创新意识和创新能力。

(3)注重数学思想和方法的传授;在培养学生的数学素质上下功夫,教学内容上注重基本概念、基本理论和基本技能。对于计算和推导问题,尽可能的用计算机软件计算解决。大学数学系列课程的教学中,多媒体的辅助手段要结合数学课程的特点,注意实效,恰当运用,不可过多,只能辅助教学,不能代替教学。特别对于以培养学生的抽象思维、逻辑思维为特点的课程,应以板书教学为主,多媒体辅助教学的作用是有限的。数学系列课程中可以采用多媒体辅助教学的,主要有:复杂三维图形的多角度展示,动态过程的演示,影像资料的放映,书写量过大难以板书的内容、大量表格、资料、数据、图形的展示,数学人物、数学史简介,集体答疑,序言课,复习课等。

(4)加强与专业知识的有机融合,加强应用实例的介绍;与专业课程密切结合,打破传统教学中的"定义—定理—证明—练习"的教学模式,精心设计教学案例,使案例具有趣味性、代表性和实用性。

随机数学教学团队建设

项目完成人:李宏伟　沈远彤　向东进　付丽华　李志明　边家文
　　　　　　陈兴荣
项目来源:湖北省教学研究项目
起止时间:2017 年 9 月至 2020 年 2 月

研究内容

(1)师德师风建设。对团队成员开展师德师风教育,进一步培养团队成员爱岗敬业、育人为本的精神。

(2)课程体系建设。结合大数据时代和信息技术的发展,优化课程内容,拓展课程结构,完善课程体系。

(3)教学方法研究。更新教学理念,丰富教学手段,探索适合新形势需要的多层次立体化教学方法。

(4)教材教辅建设。融入数学思想和数学文化,修编现有的教材教辅,新编2~3本教材教辅。

(5)教学与科研实践融合。以科研工作为契机,为教学开拓更广阔的视野,提炼科研中的适当问题和应用案例,为教学注入新的活力,加深教学内涵。

(6)青年教师培养。培养一批可胜任随机数学课程教学的青年教师,推动该课程教学的可持续发展。

研究成果

形成了一个年龄与职称结构合理、一师多课的随机数学高水平教学团队,团队主讲随机数学课程 20 门,其中本科生必修课程 6 门、公共选修课程 5 门、研究生课程9门。团队新增主持教学研究项目11项,其中省部级项目2项、校级项目9项;编写出版教材教辅8本;发表教学研究论文12篇;获得各种教学奖励12项。项目执行期内,团队成员指导学生获得各种奖励85项,其中优秀学士学位论文4项;全国大学生数学建模竞赛全国一等奖2项、二等奖4项,湖北省一等奖12项、二等奖11项、三等奖8项;美国大学生数学建模竞赛一等奖4项、二等奖8项;全国大学生数学竞赛全国一等奖2项、二等奖5项、三等奖9项,湖北省一等奖1项、二等奖7项、三等奖8项。

创新点

(1)将课程小组和教学讨论班等形式切实融入团队建设的全过程。

(2)既重视执教能力培养又重视教学研究能力的培养,实现教学水平和教研水平的同时提高。

基于地球科学应用为特色的地矿类概率统计课程教学改革研究与实践

项目完成人: 罗文强　刘安平　肖海军　刘鲁文　王军霞
项目来源: 湖北省
起止时间: 2016年1月至2018年1月

研究内容

(1)通过调研和查阅文献,了解我校地质、资源、水文工程等专业中概率统计的应用现状和发展趋势,把握各专业的主要数学应用方法及特点。融合专业应用思想,调整目前课程的教学内容、学时安排,优化教学结构。

(2)结合专业实际问题,选取应用实例,将其融入日常的课堂教学之中,包括基本概念的引入,实际问题的应用等。

(3)课程教学中,融入数学建模思想,要求学生结合概率统计与专业应用完成一篇读书报告,作为课程考核的平时成绩,注意培养学生的数学应用意识与应用能力。

(4)收集整理概率统计在地球科学应用中的经典案例及发展趋势,汇编成册,方便学生学习查阅。

研究成果

(1)完成了以地球科学应用为特色的地矿类概率统计课程A、B、C的教学大纲和教学方案,明确课程的教学内容、学时安排、教学结构与方法。

(2) 已收集整理完成概率统计在地球科学应用中的部分经典案例,方便学生学习了解概率统计的专业应用现状和发展趋势。

(3) 结合专业实际问题,选取应用实例,将其融入日常的课堂教学之中,包括基本概念的引入,实际问题的应用等,使地矿类专业的学生充分了解到概率统计在所学专业的应用现状和发展趋势,将学习与实际问题相结合,激发学生的学习兴趣,进一步推动学生创新能力的培养和教学质量的提高。

(4) 在课程考核中,要求学生结合概率统计与专业应用,融入数学建模思想,完成一篇读书报告,作为课程考核的平时成绩,加强了学生数学应用意识、应用能力与创新能力的培养。

创新点

(1) 以地球科学实际问题为驱动,将理论学习与实际应用相结合,激发学生的学习兴趣和创造热情,培养学生的创新能力。

(2) 建立一套融合地球科学专业应用的概率统计课程的教学体系、教学模式和教学案例。

"问题解决"教学模式在高等数学课堂教学中的运用研究

项目完成人:付丽华　沈远彤　李志明　边家文　刘智慧

项目来源:湖北省教学研究项目

起止时间:2012 年至 2014 年

研究内容

课题研究将运用"问题解决"教学模式,积极推进"高等数学"课程的教学与实践活动。在一定的问题情境背景下,让学生可以利用必要的学习材料,借助教师和同伴的帮助,通过意义建构主动获得知识,从而学习发现问题的方法,挖掘创造性思维潜力,培养主动参与、团结协作精神,增进与教师、同伴之间的情感交流,形成自觉运用数学基础知识、基本技能和数学思想方法分析问题、解决问题的能力和意识。①知识目标的确定应重视数学基础知识和基本技能;②能力目标的确定应强调数学思想方法的揭示和培养;③情感目标的确定应注意学习兴趣的激发、良好人际关系的建立、科学态度和创新精神的培养等。

研究成果

(1) 通过项目组成员全体的努力,经过调研和实践教学总结,完成了"高等数学"课程教案。

(2) 通过以下两种方式编写教学内容:选编相应的数学模型进行案例教学;将

已有的数学知识用数学建模的思想讲述。在教学的过程中加强数学建模的训练。

（3）制作出"高等数学""数学建模""数学实验"等课程的电子教案。

（4）项目组成员累积发表教学论文 20 篇。

（5）出版教材 1 部。

（6）项目组成员主持或作为主要成员承担校级以上教学研究项目 7 项。

（7）指导学生参加全国大学生数学建模竞赛、美国大学生数学建模竞赛、全国大学生数学竞赛获得多项奖励。

（8）课题组成员获得的各类表彰/奖励：湖北省大学生数学竞赛优秀指导教师 1 人，全国高校数学微课程教学设计竞赛华中赛区二等奖，校教学研究成果二等奖，校朱训青年教师教育奖励基金 2 人，校级"十大杰出青年"1 人，校级"优秀女教职工"1 人，校级"教师教学优秀奖"2 人，校青年教师讲课比赛一等奖 1 人，学院讲课比赛一等奖 1 人等奖项。

创新点

（1）扎实打好学生数学基础，努力提高学生的数学修养，加强数学应用教学，发挥素质教育功能，使高等数学教育在培养具有创新意识的复合型、适应型高级专门技术与管理人才中发挥培本固源的作用。

（2）教、学、做融为一体。

大数据背景下信息与计算科学专业"三融合"人才培养模式研究

项目完成人：付丽华　李宏伟　李　星　刘智慧　李志明　边家文
　　　　　　张世中　钟　苹　余绍权　杨迪威

项目来源：湖北省教学研究项目

起止时间：2018 年至 2021 年

研究内容

项目设计并提出大数据背景下我校信息与计算科学专业"三融合"人才培养建设总体方案和具体实施细节，探索并形成信息与计算科学专业"三融合"人才培养模式。该培养模式能够给学生提供完整良好的数学基本功训练以及计算技能训练，并能够根据学生的兴趣和需求，进行专业化培养，提高学生的实践和创新能力，完善多层次、多元化的理科人才培养特色，达到增强毕业生对社会需求的适应性和竞争力的要求。具体研究内容如下。①课程建设规划。优化课程结构，构建以专业核心课程和选修课程相结合、有利于学科交叉融合、与大数据时代发展相适应的课程体系规划与措施。②教学方法研究。加强教学实践，突出教学和科研的融合。

③创新创业建设。设计科学合理、符合培养目标要求的实践教学体系,创造条件让更多学生参加科研和创新活动。④师资队伍建设规划。鼓励教授、副教授参与教学改革,提出改进教学内容和教学方法的规划和措施,制定教学团队的组建规划。

研究成果

(1)项目实施过程中,多措并举进行师资队伍建设,形成了一个爱岗敬业、结构合理、高水平的专业教学团队。

(2)新增主持教学研究项目10项,其中省部级项目2项,校级项目8项。

(3)编写出版教材教辅5部。

(4)发表教学研究论文6篇。

(5)团队成员获得各种教学奖励6项。

(6)学生在全国大学生数学竞赛、全国大学生数学建模竞赛、美国大学生数学建模竞赛等获得多项奖励,并在大创项目的申报、论文发表和专利的授权、国家奖学金、优秀毕业论文等方面取得一系列优异的成绩。

创新点

(1)跨专业交叉融合。信息与计算科学一直是交叉学科融合、发展的推动剂。项目立足于数学与计算机学科交叉发展,同时发展数学在地球物理信息处理、金融方向的交叉应用,形成跨学科创新思维的多元知识体系结构,不仅提升了研究水平,还拓宽了学生的就业渠道并增强了就业竞争力。

(2)教学与科研融合。建立以科研促教学的教学团队,在应用型实践课程中激发学生对科研项目的积极探索;开设"科研训练"课程,在本科生阶段培养科研基本素养,促进"知识型"教育模式向"探索型"教育模式的改革。

(3)创新创业教育与专业教育融合。由教师提供科研选题,加大学生参与创新创业计划参与力度,以此提升学生学习专业课程的兴趣,达到事半功倍的效果;建立稳定的校外实训基地,为本专业学生提供广阔的实践舞台和成长空间。

基于学习共同体的我校高等"数学教学"模式研究与实践——以地球物理与空间信息学院为例

项目完成人:刘鲁文　刘安平　陈兴荣　黄　娟　李嘉超
项目来源:湖北省省级教学项目
起止时间:2014年7月至2016年7月

研究内容

"数学教学"内容多,课时相对内容偏少,作为学时最长的学科,教学效果对学生的学习状态和学习要求影响非常大。以"高等数学"课程为例,以中国地质大学(武汉)地球物理与空间信息学院为实验基地,对课堂学习共同体的建构,对学校整体的学习共同体的构建意义深远。研究主要内容为学习共同体理论的研究和学习共同体学习模式的实证研究。本项目的研究总体遵循从理论到实践,从实证研究到应然建构、再到实验研究的路径。基于"高等数学"教学实践,通过理论、实践等各种研究方法,探讨一种切实可行、行之有效、有实际应用价值的学习共同体视域下的教学模式。具体研究问题如下:

(1)我校当前"高等数学"教学现状分析;

(2)"高等数学"课堂学习共同体的内涵、特征及建构背景;

(3)我校"高等数学"课堂学习共同体教学模式的构建与实践。

研究成果

(1)研究报告一份,其中包括:授课内容与安排,授课实施方案及效果,考试形式与成绩评估方式(学习研究论文)以及教学效果评价分析等。

(2)创建在线学习共同体的新形式——网络交互协作学习模式,搭建教师学习共同体,通过微博、QQ群等在线学习共同体的形式,为我校师生的共同发展提供了很好的平台。

(3)公开发表相关教学研究论文2篇。

创新点

(1)教学模式:问题驱动,团队学习。该教学模式可随时根据实际教学需要,在学习共同体中构建"合作学习",充分激发学生自主学习动力和合作解决问题的意识。另外,在课程学习过程中,对于具有代表性、广泛性的问题,先由学习共同体提出问题,再由学生集体协商如何在学习中解决这些问题,如此的过程,就使得教学内容不断更新,教学过程不断优化;

(2)教学设计:环环相扣,逐层递进。该教学模式中,以学生为主体,在学习共同体的机制及运行模式下,发挥学习共同体活动的教学优势,形成操作性良好、目的性清晰、更易达成的基于学习共同体的高等数学教育教学实践过程。通过这样环环相扣的教学过程,使得学习共同体之间的社会性互动推进了知识的不断递进和衍生。

(3)教学目的:精心设计,务求实效。该模式运行中的每个环节都精心设计,为学习共同体设计恰当的合作任务。学习共同体成员参与合作任务的制定,可以使成员看到自己的责任和价值,使个人目标和组织目标保持一致性,增强成员对合作任务的认同感,从而对个体行为产生激励作用。另外合作任务的设计从教师学生的原有经验出发,这有利于教师学生更好地理解和完成任务。

地质类院校工科物理分层次教学的探索与实践

项目完成人：韩艳玲　王　宏　程永进　陈　刚　张光勇　杨　勇
　　　　　　　郭　龙　陈琦丽

项目来源：湖北省高等学校教学成果奖

起止时间：2018 年 2 月

研究内容

大学物理是理工类高校涉及学生人数最多、受益面最广的课程之一，是理工科学生的一门重要公共基础课。随着高等学校人才培养模式的不断调整与改进，工科院校不同专业对大学物理的知识和能力需求也有了进一步的分化。高等教育的多元化发展迫切要求改革传统的"一刀切"式教学模式，"分层次教学"这一新的教学理念便应运而生，成为了近年来工科物理教学改革的热点课题。"分层次教学"的理念与孔子提出的"因材施教"有类似之处，是在承认学生身心发展差异的前提下，确立以学生为主体的理念，有区别地制订教学目标，设计教学内容，控制教学进度，变换授课方式和学习方式，创立评估体系，促使每个学生在适合自己的学习环境中得到最优发展的一种教学策略，它能充分满足各层次学生的学习要求，促进学生各方面能力的提高：(1)有助于学生克服学习大学物理的畏难情绪；(2)有助于激发不同层次学生学习物理的热情；(3)有助于培养学生的自主学习能力和创新能力。该项研究主要探索地质类院校工科物理分层次教学中的主要问题并通过实践总结经验，以期提高教学效果。

我校于 2008 年开始实施工科物理分层次教学，把工科物理分成了 A、B、C、D 四个层次。主要解决的教学问题：(1)如何保持物理学自身体系完整的同时又兼顾专业特点和要求；(2)怎样改革教学内容、教学模式、教学手段等环节以实现分层次教学过程的整体优化；(3)分层次教学实施过程中，如何引导学生自主性学习，更好地为人才培养服务等等。

研究成果

我们以人才培养为核心，立足我校工科物理教学的现状，在现有的教学资源条件下，对大学物理分层次课程群的课程体系、教学内容、教学模式、教学评价等环节进行了优化。理论上，以分层次教学理论为指导，结合我校工科物理教学的实际情况，提出了"基础＋模块"的分层次体系。这一成果避免了"一刀切"的教学模式，满足了人才培养对工科物理的不同需求，激发了学生的学习兴趣，是分层次教学理论在工科物理领域具体化的一个范例，丰富和发展了分层次教学理论。教学实践中，采用调查研究、问卷调查分析和访谈等方法手段，发现并总结教学中存在的主要问题，及时反馈调整，集思广益，积极实践，探索适合我校的、最优化的、解决问题的办法。

创新点

本项研究的特色之处在于丰富和发展了分层次教学理论。本着"精选经典、加强近代、联系工程技术"的教改思路，针对我校工科物理的具体情况，通过调研、座谈等方式，在优化分层次教学的基础上构建了适合我校的"基础+模块"分层次课程体系。针对不同专业类别，实施分层教学，从而激发学生的学习兴趣，提升学生的学习能力及创新能力。

（1）采用了调研、问卷调查、访谈等方式揭示了工科物理分层次教学的规律。教学研究方法科学、细致、合理。

（2）以"说课"的方式进行教研活动，提高教师的综合素质，特别是大幅提高青年教师的执教能力。为提高我校工科物理教学效果和教学质量提供了强有力的保障。

获奖证书

2. 校级教学项目

> **高等数学 MOOC 课程建设**
>
> 项目完成人：肖海军
> 项目来源：中央高校教育教学改革专项资金
> 起止时间：2017 年 5 月至 2018 年 8 月

研究内容

项目在调研我校"高等数学"课程教学现状的前提下，设计了"高等数学"在线课程的建设方案，并严格按照建设方案实施课程建设，并于 2018 年 9 月正式上线。首先，"高等数学"MOOC 课程的建设可以让学生有灵活的时间和空间反复学习、复习课本上的基础知识，对我校提高现有考研率、就业率具有极大的帮助；其次，"高等数学"MOOC 课程部分例题直接使用了专业背景知识的内容，对主要专业课程的学习具有针对性,有利于学生后续课程的学习。具体研究内容如下。①高等数学教学现状研究。"高等数学"MOOC课程可以在内容上加宽、在难度上递进,是课堂教学的有效补充。②在线课程建设方案设计。首先,教学视频录像要求设计,内容包括技术要求、拍摄要求、字幕文件、课间提问等。其次,教学资料准备,教学课件、随堂测验、课堂讨论、单元测验及单元作业和考试。最后,课程结构设计,按周发布课程内容。③课程建设的步骤。"高等数学"MOOC课程教学团队由教学经验丰富的教师组成,根据我校高等数学的教学现状,通过集体备课、反复试讲、集体修改、确定内容、录课等环节,使课程内容得到完善。教师通过中国大学MOOC网进行课后辅导,并收集、整理教学信息后开展教学研讨,对前期课程的教学进行反馈,利于后续教学工作的改进。

研究成果

(1)以题为"以'高等数学'MOOC课程建设为契机,推进高等数学全方位的教学与辅导"的报告,在2018年全国大学数学课程论坛上做教学经验交流。

(2)以题为"以打造'金课'为契机,促进教育教学改革"的报告,在2019年湖北省公共数学年会上就我校高等数学的在线课程建设作经验交流,受到国内同行的好评。

(3)参加由爱课程网站举办的"名校名师开讲座——期末高数不挂科"活动,听课人数突破2万人次,受到广大师生的好评。

(4)2019年注册学习我们的"高等数学"在线课程人数超九万人次,因此,肖海军老师获得2019年度中国地质大学(武汉)突出贡献奖。

(5)建成了系统、精致、精彩的"高等数学"(上、下)线上课程。

(6)我校一年级的学生通过同步线上学习,有效补充了课堂学习内容,大大地提高了学生的学习效率和质量。

(7)高年级课程考试没通过的学生可以继续线上、线下学习,完成"高等数学"课程的学习,减轻学校常规考试的压力。

(8)我校考研学生通过在线课程的学习,可更好地复习"高等数学"课程,提高我校的考研率和就业率。

(9)通过整个项目的实施,加强了本系教师间的交流和教学研讨,提升了大学数学教学部全体教师的教学质量。

创新点

与中国大学MOOC已经上线的各高校的"高等数学"课程的详细内容进行比较,兄弟院校的优势在于:学校及基础课院系重视,投入早,严格按照教育部教学指导委员会的要求来制作MOOC,制作技能强。局限性在于:依据本科教育大众化的目的,过于强调知识的系统性及层次性以及由于制作时间所限,因此讲授的课程内容深度不够,线上讲授内容与课堂讲授内容雷同度过大。

我校"高等数学"在线课程的创新性在于:①基础模块扎实,严格执行教育部教学指导委员会的"高等数学"课程的教学要求,满足我校兄弟院系培养方案对高等数学内容的需求。②拓展模块全面,具有考研资料库、数学建模资料库、数学实验资料库、专业中的数学方法库等资料库。③资源模块丰富,具有课程教学大纲、课程学习方法、试题库以及模拟考试等资料。对"高等数学"课程内容进行全方位的整合,使课程内容更加系统化,使学习内容达到应有的深度。让学生根据自己的需求,灵活而又高效地完成"高等数学"课程的学习。

《大学物理》MOOC 建设

项目完成人:大学物理创新教学团队
项目来源:中央高校教育教学改革专项资金
起止时间:2018 年 5 月至 2020 年 12 月

 研究内容

物理学作为整个自然科学和现代工程技术的基础,是理工科学生在大学期间学习的一门重要基础性课程,是培养创新人才的核心要素,更是提升本科教学质量的重要组成部分。针对大学物理教学中存在的不足,例如教学理念落后、教学内容抽象、线上教学资源匮乏、教学模式单一、课堂师生互动不足以及评价方式重学习结果轻学习过程等现象,我们构建了大学物理三维度教学目标体系,并以它为引导,建设并优化了线上教学资源库,最后建成了大学物理(力学、电磁学)和大学物理(热学、振动与波、光学和量子力学基础)两门 MOOC 课程,分别于 2019 年和 2020 年在中国大学 MOOC 平台上线。该项目研究的主要内容有:①由传统的"教师为中心"理念转向以"学生发展为中心和能力培养为核心"的教学范式,强调训练学生发现问题、解决问题的能力,力求促进学生从被动学习逐步向主动学习的过渡并强化素质教育。②重新梳理大学物理教学内容,整理出核心知识单元,针对不同的知识单元进行教学设计,注重课程思政的有机融入,挖掘并丰富课件库、演示实验视频库,例题库等教学资源。③与科技公司合作进行微课录制。④按照教育部中国大学慕课平台要求搭建了的 MOOC 教学元素(图1),上线并面向社会学习者开放。

图 1 MOOC 教学元素的组成

研究成果

(1)将大学物理庞杂的知识体系梳理为若干知识单元;设计制作了300多个PPT动画,化抽象为形象,便于学生理解;录制教学短视频近1000分钟;建成了较完整的分级题库,教师可以自行组合成随堂练习、单元作业和单元测验、讨论题、期末复习和期末考试题等,为教师提供了个性化的教学素材,可以兼顾专业需求充实教学内容,也为学生提供了丰富的在线学习资源,满足学生个性化、多样化的学习方式。

(2)依托MOOC教学资源,重构了大学物理课程群的教学模式并进行了实践。在大学物理A和大学物理B两个层次的课程中,采用了"大学物理多维度个性化教学模式"并进行了实践;在大学物理C课程中,采用了"基于MOOC+SPOC+慕课堂的线上/线下混合式教学模式"并进行了实践,这两种教学模式都有助于激发学生的学习兴趣,效果良好。

(3)学生在MOOC学习的行为系统会自动记录,数据可回溯并转化成客观分数,可以客观公正地检验学生的学习效果,为教师提供了客观精准的平时成绩评价依据进而优化了教学评价体系。

(4)以MOOC建设为抓手,通过"说课"、"评课",团队老中青三代教师们互相取长补短,在转变教育教学理念、教学设计、PPT制作、录制教学视以及对教师在线教学平台及智慧工具使用的指导和培训等方面都加强了师资队伍的建设,激活了教研活动,提升了团队的教学能力。

创新点

(1)注重动态演示,有丰富的可视化资源,充分利用多媒体技术,设计制作了大量的动画及动态演示图,部分单元还制作了有趣的演示实验和物理知识应用等视频,具有一定的视觉冲击力,适合学生在线自主学习。目前,学习者已超过7万人,辐射到全国30多个大专院校,在一定范围内实现了资源共享。

(2)教学设计注重挖掘课程思政元素。每一知识单元除了必备的教学元素外,都配有相应的课外阅读素材,通过物理基础知识的传授以及物理前沿探索过程和物理学家寻求真理的故事等多种途径,在线实施课程思政教学。

(3)在线题库全面覆盖课程知识点、阶梯式难易程度,层次合理,适合学生个性化在线学习。

大学物理创新教学团队的教师还主持以下校级项目:

(1)2018—2021年中国地质大学(武汉)教学质量工程"《大学物理》MOOC课程建设",韩艳玲主持。

(2)2016—2018年中国地质大学(武汉)教学质量工程项目"工科物理课程群教学团队的建设与实践",韩艳玲主持.

（3）2020—2021年中国地质大学（武汉）教学项目"面向新方案和教学质量要求的大学物理资源库的建设"，陈琦丽主持。

（4）2020—2022年中国地质大学（武汉）教学质量工程项目"大学物理混合式金课建设与实践"，龙光芝主持。

（5）2018—2020年中国地质大学（武汉）教学项目"大学物理多维度个性化教学模式的研究与实践"，陈琦丽主持。

（6）2017—2019年中国地质大学（武汉）教学项目"大学物理电磁学多样性教学探讨"，郑安寿主持。

（7）2016—2018年中国地质大学（武汉）教学项目"大学物理合作互动高效学习课堂建设"，陈琦丽主持。

二、教　材

（一）教材一览表

学院近 10 年出版教材统计表

序号	教材名称	作者	出版社	出版时间
1	数学实验初步	肖海军、张玉洁、王元嫒、杨飞	科学出版社	2012
2	工科数学分析（第二版）（上、下）	李宏伟、肖海军等，刘安平、罗文强等	中国地质大学出版社	2018
3	数值分析	李星、李志明	科学出版社	2018
4	数据挖掘原理及 R 语言实现	肖海军、胡鹏	电子工业出版社	2018
5	概率论与数理统计	刘安平、肖海军、奚先、田木生	科学出版社	2019
6	大学物理学（上、下）	郭龙、汤型正、罗中杰、陈琦丽、张光勇等	华中科技大学出版社	2019
7	大学物理实验	何开华、澎湃、王清波、罗中杰等	中国地质大学出版社	2019
8	光电子专业实验	陈洪云、周俐娜、郑安寿	华中科技大学出版社	2019
9	数学物理方程	刘安平、陈荣三、刘婷、肖莉	科学出版社	2020
10	Some Classification Algorithms Based on SVM and Its Application	肖海军、黄刚	中国地质大学出版社	2020

续表

序号	教材名称	作者	出版社	出版时间
11	随机延迟动力学及其应用	曾春华、易鸣、梅冬成	科学出版社	2020
12	基于特权信息的灰支持向量机	肖海军、王毅、黄刚、章丽萍	科学出版社	2021
13	近代物理实验	万淼、陈欢、张保成	长江出版社	2021
14	高等应用数学	刘娟宁、王毅	西北工业大学出版社	2021
15	数学文化在高等数学教学方面的应用	齐莲敏、王毅	西北农林科技大学出版社	2021
16	新时期大数据挖掘的系统方法与实例分析	张淑娟、王毅	中国原子能出版社	2021
17	随机偏微分方程的渐近行为	郭春晓、郭艳凤、陈一菊	应急管理出版社	2021
18	线性代数	陈荣三、李卫峰	科学出版社	2022
19	复杂网络动力学分析与控制	刘峰、易鸣、姜晓伟	科学出版社	2022

(二)重点教材介绍

2.1 《数据挖掘原理及 R 语言实现》介绍

教材内容

本教材在介绍 R 语言基本功能的基础上,介绍了数据挖掘的 10 个经典算法的基本原理及相应的 R 语言的实现范例,旨在使读者能够仿照范例快速掌握大数据分析的方法,从高维海量数据中挖掘出有用的信息,借鉴合适的数据挖掘算法解决实际问题。全书共 12 章,分别介绍了 R 语言的使用方法、C4.5、k-means、CART、Apriori、EM、PageRank、AdaBoost、kNN、Naive Bayesian、SVM 以及案例分析。本书理论部分简单明了,所有软件程序均为 R 语言实际运算结果,因此,本书既可作为各专业高年级本科生、研究生的选修教材,也可以作为从事数据分析人员的辅助工具,还可以作为零基础读者的自学教材。各章自成体系,读者可以从头逐章学习,也可随意挑选自己所需要的章节学习。

教材特色

本书介绍的 10 大经典算法:C4.5、k-means、CART、Apriori、EM、PageRank、

AdaBoost、kNN、Naive Bayesian、SVM 是在香港举办的 2006 年度 IEEE 数据挖掘国际会议(ICDM,http://www.cs.uvm.edu/~icdm/)上,与会学者遴选出来的 10 大经典数据挖掘算法。在介绍算法的基础上,利用自由、免费、源代码开放、制图优秀的计算和统计 R 语言完成算法的实现。本书的特色是:适应学科发展,推出时间恰当。2016 年 2 月,北京大学、对外经济贸易大学、中南大学首次成功申请设立"数据科学与大数据技术"本科新专业。2017 年 3 月,第二批 32 所高校获批。2018 年 3 月,第三批 248 所高校获批,至此,共有 283 所高校开设"数据科学与大数据技术"专业,该专业学制为四年,授予工学学位或理学学位。

(1)汇集经典算法,具有较高的权威性。该书的内容覆盖了分类、聚类、统计学习、关联分析和链接分析等数据挖掘算法,涉及数据挖掘、机器学习和人工智能等研究领域,这不仅对数据挖掘的研究和发展起到重要作用,也必将会使数据挖掘理论应用于更大范围的实际应用之中,激励更多数据挖掘领域的科研工作者探索、研究、发展这些算法的新内容。

(2)算法原理简洁,R 语言实现完整。通过算法简介、算法原理、R 语言实现及评注等内容,简单明了地讲解数据挖掘的 10 个算法,将算法利用 R 语言实现的具体过程完整地呈现给读者,让读者在熟练掌握理论知识的同时,快速获得解决实际问题的技能,提升其职业能力。

本书的定位是既可作为高年级本科生、研究生的选修课程教材,也可作为不同领域数据分析人员的工具书。希望利用这 10 个经典算法及其 R 语言的实现,推动数据挖掘的研究与发展。

1. 出版社评价

由中国地质大学(武汉)肖海军编著的《数据挖掘算法及 R 语言实现》于 2018 年 11 月出版,截至 2020 年 11 月,共印刷 3000 册。基于此成绩,肖海军获得 2019 年度中国地质大学(武汉)突出贡献奖。

2. 学生和社会评价:

学生使用评价(一)

余家鹏

1202021201

肖海军老师编著的《数据挖掘原理及 R 语言实现》在介绍 R 语言基本功能的基础上,介绍了数据挖掘的十大经典算法的基本原理和相应的 R 语言的复现源码。

本书各章撰写的算法原理简洁、语言流畅,我作为一个学习数据挖掘的"新人",在阅读本书中的理论知识时,理解掌握起来也并没有压力。书中介绍的算法属于数据挖掘领域内的经典算法,适应学科发展,让我能在学习理论的同时对数据挖掘领域有更深刻的认识和理解。当初我就是在阅读完这本书所介绍的十大经典算法后,才认识并了解了数据挖掘,对其产生了浓厚的兴趣,为后来的学习奠定了基础。

本书不仅理论知识丰富,而且各个算法配有完整的R语言开源代码。因此,每次完成理论学习后就能对针对本书中提供的案例进行实际操作,不仅更加深刻地理解算法原理,也极大地提升了编程能力。

　　本书理论和实践相结合,让我能快速地从一个数据挖掘领域的新人到对数据挖掘各方面都有一定的了解并对其产生浓厚兴趣,还一定程度上提升了我的动手能力,确实是一本数据挖掘领域的经典书籍。

　　本书自出版以后,两年之内就印刷了3000余册,被上海交通大学、武汉科技大学、中国科学技术大学、苏州科技大学、西安电子科技大学、四川大学等院校作为教材课件,说明其内容已被众多高校认可。

　　最后,鉴于本人的学习体会及国内各大高校的选择,我极力推荐大家阅读这本书籍。

学生使用评价(二)

　　我叫陈星,现就读于中国地质大学(武汉)数学与物理学院应用统计专业,研究方向为数据挖掘,学号为1201920708。在2019年入学初就接触到肖海军老师编著的《数据挖掘算法与R语言实现》这本书,它讲述的数据挖掘十大算法与R语言的具体实现使我受益匪浅,具体体现在以下几个方面。

　　1.该书汇集经典算法,理论部分简单易懂。2019年刚入学的我还比较迷茫,打算从经典的数据挖掘算法学起。本书讲述了十大经典数据挖掘算法,让我这个初学者不必费力搜寻英文原著,就可对知识体系有个大概的了解。该书介绍的概念准确且没有复杂繁琐的证明与推导,内容覆盖了分类、聚类、统计学习、关联分析和链接分析等数据挖掘算法,涉及数据挖掘、机器学习和人工智能等研究领域,便于寻找我喜欢的研究方向。

　　2.该书注重培养动手能力,有简洁清晰的实验过程。要对知识完全掌握,除了熟悉理论,自己动手尝试也必不可少。该书在介绍算法的基础上,利用自由、免费、源代码开放、制图优秀的计算和统计R软件完成算法的实现,将算法利用R语言实现的具体过程完整地呈现给我,让我可以快速理清思路,复现算法。

　　3.该书的图像与表格清晰简洁,易于理解,符号标识清楚,印刷美观。书中图像表格格式规范,语言简洁明了,公式的排版也让人赏心悦目。

社会使用评价

　　本书出版发行之后,得到了许多科研工作者的关注。一年之内,就有包括中国科技大学、同济大学等60余所高校使用。其中,湖南省常德市人民医院将此书作为医务工作者的培训材料,上海财经大学也将此书作为教学资料。他们还向作者及电子工业出版社索取了本书配套的课件及算法配套的实现代码。

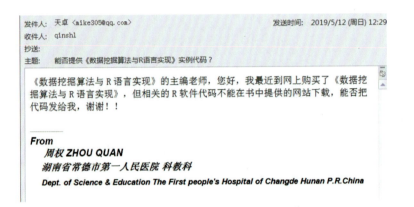

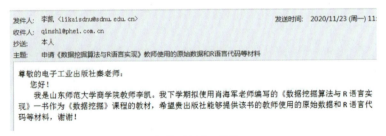

社会使用评价（部分）

2.2 《数学物理方程》介绍

教材内容

随着科学技术的飞速发展，各种数学方法的应用越来越广泛。在许多领域，数学物理方程理论已经成为必须掌握的基础知识。

数学物理方程的研究对象为具有应用背景的偏微分方程，是一门综合性、应用性非常强的基础课程，该书的特点是有机地结合了数学理论、方法及实际应用。

数学物理方程是大家公认的一门难教难学的数学基础课程。为使学生在有限的时间内掌握数学物理方程理论的基础知识，在长期的教学实践中，通过调查发现，目前还缺少适合我国本科生、研究生实际需要的具有一定特色的通用教材。国内外有许多数学物理方程方面的优秀教材,但在多数情况下,或侧重于自身系统的理论完善,或侧重于某个领域的应用,兼顾两方面的较少。本书在吸收许多已有优秀教材的优点后,根据作者的长期教学实践经验,全面系统地介绍了"数学物理方程"课程中适合本科生及研究生需要的各种实用的方法,力求有利于教与学。

教材特色

(1)全面系统地介绍了数学物理方程课程中适合本科生、研究生需要的各种实用的方法;

(2)针对本科生、研究生的实际需要及教学现状,加强实际应用中用得较多的方法,如积分变换法的应用性举例;

(3)增加针对本科生、研究生实际需要的综合性问题的例题、讨论;

(4)系统完整地介绍本科生、研究生非常容易误解的数学物理方程的分类问题,及各类方程在实际应用方面的特性,从而对其解决实际问题提供具体的参考;

(5)数学推导浅显易懂,适宜作为工程技术人员的自学教材及科研参考书。

本教材根据编者多年讲授"数学物理方程"的教学实践经验编写而成,获得了学生的一致好评。本教材现作为全校硕士研究生教材使用,已累计印数1000册,使用人数773人。

2.3 《大学物理学》介绍

教材内容

本教材根据教育部高等学校物理学与天文学教学指导委员会本书依据《普通高等学校本科专业类教学质量国家标准》对各专业大学物理课程的要求和教育部教指委《理工科类大学物理课程教学基本要求》,对经典物理学和近现代物理学基础知识进行模块化编著,期望能帮助学生通过大学物理课程的学习能有效地理解和掌握物理学中的基本理论以及思想和方法,并为我所用。充分发挥以物理学基础的大学物理课程学习的基础性、必要性和重要性地位,提高自身的自主学习能力和创新能力,提升自身的科学素养。

教材特色

(1)贯彻基本要求,力求简洁、经典。本书抓主要问题,有详有略,突出物理学中的重要物理概念、物理定理定律的理解、应用以及所蕴含的物理思想和方法。在例题和习题的精选中注重科学性和规范性。

(2)以史为鉴,追求"真、善、美"。在每一篇的开篇,我们充分研读讨论编写了相关知识模块的发展简史,介绍了相关知识发展中的物理事件及相关物理学家的成长经历,期望引导学生树立科学的世界观,激发学生的求知热情、探索精神、创新欲望以及敢于向旧观念挑战的精神。

(3)大中衔接,顺承自然。在每一篇的开篇,紧随发展简史,我们简要梳理了高中阶段对物理学习的内容及要求,引导学生对高中所学知识的回顾,帮助他们在大学物理学习过程中有意识地进行知识体系的比较和再认识。

(4)兼顾知识传授与能力培养。本书在编写过程中充分应用了以物理知识为载体培养学生独立获取知识的能力,发现问题、分析问题和解决问题的能力;也充分考虑培养学生的的探索精神和创新意识。

2.4 《大学物理实验》

教材内容

本教材是在原有教材(《大学物理实验》,清华大学出版社)的基础上,对照《普通高等学校本科专业类教学质量国家标准》对各专业物理实验课程的要求,并结合我校仪器设备的实际情况而重新编写的。本教材对原有的内容做了调整和修改,增加部分综合性和创新性实验,内容更丰富。全书包含了绪论以及实验项目45个,分为力学热学实验,电磁学实验,光学实验及近代物理实验四个部分;每部分实验又可分为验证性实验、综合性实验与设计性实验三个层次,能够满足物理专业普通物理实验和非物理专业大学物理实验课等相关课程的需求。

教材特色

本教材以物理测量量为主线,突出实验设计思想,强调实验物理学科的系统性和完整性,借鉴和采用相应的国内国际标准与规范,在数据处理方面体现严谨性与科学性。新修订的教材实验内容丰富,为不同层次的教学需要提供了一个灵活的平台。

本教材编写时,加强了对经典实验的科学思想、科学方法的提炼;考虑了典型实验与我国古代科学史相结合;引入时代背景的相关课题以及校友的科研成果等,方便读者理解和掌握相关物理知识,同时也可以借助这些内容开展爱国主义教育,提高学生的荣誉感,提升学习动力。

本教材的内容有一部分是课程学时外的内容,在编写时同步编写了PPT课件和录制了视频,可供同学自主学习,以此提升学生的自主学习获取知识的能力。

三、省级及以上奖励

（一）教学成果奖

"数学实验"课程的教学研究与实践

奖励完成人：肖海军　王元媛　杨　飞　张玉洁

获奖时间：2018年2月

教学研究成果

"数学实验"课程教学研究的一项主要工作是在我校坚持开设"数学实验"课程，现已坚持18年，并还在持续的进行之中。主要教学研究成果包括以下内容。

（1）编制并完成"数学实验"课程的5年课程建设；

（2）在湖北省公共数学年会介绍我校开设"数学实验"课程的经验；

（3）出版"数学实验"配套教材1部，并第二次印刷。本教材在北京地区有一定的影响；

（4）2010年5月—2012年6月，在中国地质大学（武汉）实验设备处的资助下，研制"数学实验"课程教学软件一套；

（5）对科研工作者有较大的帮助作用；

（6）为兄弟院校数学建模培训提供培训资料。

研究成果解决的教学问题如下。

1. 在教材建设、教学内容研究层面解决的主要教学问题

（1）进行了"数学实验"课程的教学内容研究；

（2）从自编教材到正式出版教材，补充完善了数学类课程的教材建设；

（3）进行了"数学实验"课程的教学方法、手段的研究与创新；

（4）制定了"数学实验"课程的教学相关文件以及考试方法。

2. 从学生学习数学实验课程的角度而言，解决的主要教学问题

（1）让学生学会使用数学软件（例如MATLAB等）进行"大学数学"课程相关内容的数值计算（数学专业的数学实验还包括数值分析大部分内容的实验）以及绘制各种二维和三维函数的图形；

(2)撰写了与我校专业特色结合紧密的《数学实验》教材,并可供相关院校师生以及科研工作者使用,现已正式出版、再版;

(3)"数学实验"课程教学内容的安排,可对学生进行数学建模能力的训练,培养学生将所学的专业实际问题建立数学模型的能力。

3. 就"数学实验"课程的教学方法而言,本研究解决的主要教学问题

(1)总结了"数学实验"课程的教学方法与教学经验;

(2)完成了"数学实验"课程的各类教学文件;

(3)研制了一套使用性强的教学软件,本教学软件与同类研究的教学课件不同,它除了具有一般教学课件的功能外,还具有"所教即所得"的功能,也就是说,本教学软件将计算软件嵌套在教学软件之中,现场的教学演示过程就是软件的实际计算过程,使教学内容简便易懂,有利于学生学习;

(4)在线课程的研制使学生随时随地可以学习"数学实验"课程,并可以实现作业提交以及线上、线下的答疑。

4. 成果解决教学问题的方法

(1)向学生提供丰富的电子教学资源。①课程简介,详细介绍"数学实验"课程的开设基础和现状以及教学内容的计划、安排与建议;②课程规划,介绍了数学实验教材申报科学出版社"十二五"规划教材的内容;③数学实验教材,介绍了《数学实验》初步教材的内容;④数学实验教学文件,对开设"数学实验"课程的相关教学文件进行汇编,文件包括教学计划、教学大纲、不同学时的教学日历、实习安排、我校"数学实验"课程建设 5 年规划以及"数学实验"课程的测试说明等内容;⑤参考文件,该文件包括兄弟院校开设"数学实验"课程的电子资料。

(2)研制具有"所见即所得"的教学软件,研制与《数学实验》初步教材配套的全部实时运算课件,可供教师使用。

(3)建立教学团队,培养青年教师。教学团队除经常性的进行教学交流外,其成员还经常参加国内的教学研讨会议,向兄弟院校取经、学习。2019 年设定了"数学实验"课程负责人,并以课程组为单位进行教学与研讨。

创新点

(1)完善了大学数学类课程的教学体系,并原创性地完成了"数学实验"课程建设的一系列教学文件。

(2)撰写了与我校专业特色结合紧密的《数学试验初步》教材,该教材不仅有利于大学数学类课程的学习,而且对学生后续的学习与科研都能有一定的帮助,现已正式出版教材,且再版、再次印刷多次;

(3)总结出了符合我校办学特色的"数学实验"教学的教学方法;

(4)与国内其他高校研制同类课程的课件不同,我们研制的教学软件与课程的教学课件相融合,教学课件的讲解过程就包含着软件计算过程,使用方便,易于理解。

获奖证书

大学数学教学内容研究与创新性教学实践

奖励完成人：李志明　李宏伟　肖海军　李　星　付丽华　边家文
　　　　　　　刘智慧

获奖时间：2018 年 2 月

教学成果

本成果主要包含三方面的内容：大学数学教学内容研究、大学数学信息化建设及开展、大学生数学建模竞赛和数学竞赛工作。

深入研究大学数学课程的知识内容和结构体系，以经典教材为本源，广泛参阅创新性教学案例，深思熟虑，揣摩实践，注重归纳方法，总结原理，提炼思想，阐释精神。发表教学研究论文 22 篇，其中 13 篇发表在《高等数学研究》期刊上，3 篇发表在《大学数学》期刊上；编写教材教辅 13 本，其中 4 本由科学出版社出版；主持教研项目 11 项，其中高等学校大学数学教学研究与发展中心项目 1 项、省级教研项目 2 项。

积极开展大学数学教学信息化建设，引进大学数学网络教学平台，应用于我校"高等数学"课程的教学，进行单元练习和期中考试。结合学校实际情况对平台进行二次开发和建设，设计一整套大学数学网络教学方案，供学生在线学习。重点建设：教学资源模块、教学视频模块、电子书模块、试题库模块和课程拓展模块 5 个模块。

广泛开展大学生数学建模竞赛和数学竞赛活动,每年组织全校多名学生参与全国数学建模竞赛和数学竞赛,获奖多项。每学期面向全校开设数学建模公选课,介绍数学知识在实践中的重要应用,增强学生学习数学的兴趣。

主要解决的教学问题

挖掘数学的内涵,还原数学发现的自然过程,揭示数学思想的根源和本质;培养直觉思维,提高学生对数学的感悟和理解;以实例作引导,化解数学的抽象性,使得内容具体可感;注重知识体系的联系,加强对比,融会贯通,深化认识,突出思想。

运用信息技术和网络平台深度整合数学课程的教学资源;通过网络平台更加多样化更加有效地开展大学数学课程的教学活动;在新时期新形势下契合大学生的学习特点,借助网络教学平台培养大学生的自主学习能力。

发现一批对数学有兴趣的优秀学生,锻炼其运用数学知识解决问题的能力,提高其对数学的领悟;带动全校更多学生喜欢数学,提高他们的学习兴趣,培养大学生的钻研精神;促进大学数学课程的教学改革和实践探索,不断提高数学课程教学质量。

成果解决教学问题的方法

(1)通过互联网、学术会议、实地调研等多种方式了解国内多所高校大学数学课程的教学情况,包括教学大纲、分层方案、精品课程建设等。

(2)广泛查阅国内外经典和富有创新性的大学数学教材,深度研究大学数学的教学内容,反复思考比较多种教材在教学内容设置、课程结构安排、概念分析阐释、定理推导证明、例题习题设计等诸多方面的特色和优点,借鉴吸收优秀的教学资源。

(3)深入钻研思考,细致归纳总结,从大学数学的内容、方法、原理、思想等多个方面开展探索研究。

(4)通过开设课程 QQ 群、微信群等方式增进师生沟通交流,教学相长。

(5)开设全校公选课"大学数学思想选讲""简明统计学"和"数学建模",系统讲解数学的思想、方法和应用。

(6)参加全国及省市大学数学教学研讨会,汲取教改信息,学习借鉴优秀的教学研究成果,了解教学研究的动态和趋势,与同行广泛交流。

(7)撰写、发表教学研究论文,从理论上增进认识、增强理解,并在更广的范围开展教学研究的交流和探讨。

(8)编写教材教辅,构建有特色的课程内容体系。

(9)对大学数学网络教学平台的使用效果进行系统分析,深入调查研究大学生在使用该平台的过程中遇到的各种问题,整理分析师生反馈的意见和建议,对平台各项运行数据进行汇总分析,进而结合实际情况设计出合理的网络教学应用方案。

对教学平台进行整体性二次开发,完善各个模块的内容和运行方式,充分发挥该教学平台的作用和价值,为大学生打造良好的自主学习平台,助推教学质量的提高。

(10)加大宣传力度,使更多学生了解数学建模竞赛和数学竞赛并参与进来,扩大竞赛队伍;增加培训强度,将竞赛的组织培训工作常态化,贯穿于大学数学教学的整个过程;提升竞赛效度,发挥竞赛的辐射效应,激发参赛者周围的同学对数学学习产生兴趣,促进大学数学课程教学质量的提高。

创新点

深度研究大学数学的教学内容,建立知识的内在联系、逻辑关系和结构体系,归纳方法,总结原理,提炼思想,阐释精神。在教学中渗透数学思想和文化,讲解数学知识的来龙去脉,使学生理解数学理论的自然性与合理性,使教学过程充满探究性和启发性,引导学生重视原创性思维活动。

运用信息化技术拓展教学空间,有利于广大学生选择多样化个性化的学习方式,从而提高自主学习意识。网络教学切合信息时代学习方式的转换和特点,有利于加强教学的过程管理,为教学质量评价提供参考依据。

将数学建模竞赛和数学竞赛作为大学数学常规教学活动的有益补充,发现和培养了一批优秀学子,进一步提高了他们的思维能力和创新能力。同时带动了全校更多学生喜欢数学,热爱学习。从多方面促进了大学数学课程的教学改革,为提高数学课程教学质量探索出了新的思路和途径。

获奖证书

(二)教学竞赛奖

教学竞赛奖情况一览表

获奖时间	奖项名称	等级	获奖者
2014 年	湖北省第四届高校青年教师教学竞赛	二等奖	杨飞
2016 年	湖北省第五届高校青年教师教学竞赛	三等奖	郭龙
2018 年	湖北省第六届高校青年教师教学竞赛	二等奖	吴妍
2019 年	第五届全国高等学校物理基础课程青年教师讲课比赛湖北省预赛暨首届湖北省高等学校大学物理实验课程青年教师讲课比赛	一等奖	陈玲

吴妍的荣誉证书

陈玲的荣誉证书

四、教学和竞赛团队

（一）全国大学生数学竞赛（数学类）

团队成员

李志明　李　星　罗文强　杨瑞琰　刘安平　黄精华　黄　刚

团队介绍

本团队成员长期主讲"数学分析""高等代数""空间解析几何"等数学主干课程，教学经验丰富，积极开展教学研究，对数学专业竞赛试题进行深入透彻的分析和归纳总结。本团队广泛开展竞赛培训活动，利用假期、周末等时间进行专题授课和答疑解惑。坚持每年举办校数学竞赛，动员鼓励广大学生积极参加。数学竞赛对培养创新型人才和推动数学课程的教学改革起到了有益的促进作用，历届竞赛中涌现出一大批热爱数学、勤奋钻研的优秀学子，数学竞赛增强了他们矢志向学的决心和拼搏进取的意志，不少学生以优异成绩和良好素质保送至北京大学、清华大学、中国科学技术大学、中国科学院大学、西安交通大学、山东大学等攻读研究生。

团队成果

2014 年第六届全国大学生数学竞赛获得一等奖 1 项，二等奖 1 项，三等奖 3 项。

2015 年第六届全国大学生数学竞赛决赛（数学类）获得三等奖 1 项。

2015 年第七届全国大学生数学竞赛获得一等奖 2 项，二等奖 1 项，三等奖 6 项。

2016 年第八届全国大学生数学竞赛获得一等奖 1 项，二等奖 3 项，三等奖 7 项。

2017 年第九届全国大学生数学竞赛获得一等奖 1 项，二等奖 7 项，三等奖 8 项。

2018 年第十届全国大学生数学竞赛获得一等奖 2 项，二等奖 5 项，三等奖 9 项。

2019 年第十一届全国大学生数学竞赛获得一等奖 7 项，二等奖 9 项，三等奖 21 项。

2020年第十二届全国大学生数学竞赛获得一等奖5项，二等奖12项，三等奖14项。

2021年第十一届全国大学生数学竞赛决赛（数学类）获得三等奖2项。

杜宏伟、宋腾、文力汉的获奖证书

(二)全国大学生数学竞赛非数学类

团队成员

陈荣三　肖海军　邹　敏　王元媛　郭万里　李慧娟

团队介绍

非数学专业组参赛队伍由地质学、地球物理、地质工程、土木工程、地理信息科学、海洋科学、计算机科学与技术、自动化、物理学、材料化学、国际经济与贸易等专业的本科生组成。本团队对竞赛活动高度重视,组织多名教学经验丰富的骨干教师,成立了专门的竞赛指导小组,利用暑假和周末等时间,广泛开展形式多样的培训辅导工作。

全国大学生数学竞赛由中国数学会主办,是一项面向在校本科生的全国性高水平学科竞赛,参赛对象为大学本科二年级或二年级以上的在校大学生。竞赛分为非数学专业组和数学专业组(含数学与应用数学、信息与计算科学专业的学生)。初赛于每年10月份举行,决赛于第二年3月份举行。由于疫情影响,第十二届竞赛延至11月举行。

全国大学生数学竞赛旨在培养人才、服务教学、促进高等学校数学课程的改革和建设,增加大学生学习数学的兴趣,培养分析和解决问题的能力,发现和选拔数学创新人才,为青年学子提供一个展示基础知识和思维能力的舞台。该赛事自2009年起,每年一届,已成为影响力巨大、参加人数众多的重要学科竞赛,第十二届全国大学生数学竞赛全国共有897所高校、20余万学生参赛。

我校多年来坚持举办数学竞赛活动,教务处、学工处、团委、学生会等部门都给予大力支持和积极帮助。

团队成果

2014年第六届全国大学生数学竞赛(数学类)获得一等奖2项,二等奖6项,三等奖16项。

2015年第六届全国大学生数学竞赛(数学类)决赛获得二等奖1项。

2015年第七届全国大学生数学竞赛(数学类)获得一等奖1项,二等奖4项,三等奖21项。

2016年第八届全国大学生数学竞赛(数学类)获得一等奖6项,二等奖11项,三等奖27项。

2017年第九届全国大学生数学竞赛(数学类)获得一等奖2项,二等奖6项,三等奖13项。

2018年第十届全国大学生数学竞赛(数学类)获得一等奖2项,二等奖5项,三等奖 18 项。

2019 年第十一届全国大学生数学竞赛（数学类）获得一等奖 6 项，二等奖 12 项，三等奖 19 项。

2020 年第十二届全国大学生数学竞赛（数学类）获得一等奖 9 项，二等奖 29 项，三等奖 58 项。

谭伟伟的获奖证书

（三）全国大学生数学建模竞赛

团队成员

向东进　付丽华　刘智慧　张玉洁　李超群　王元媛　余绍权　边家文
胡　鹏　黄昌盛　陈荣三　魏周超　黄　娟　杨瑞琰　张　玲　李志明
易　鸣

团队介绍

团队成员基本固定，所有成员都具有博士学位，且均是数学学科的教学科研骨干和学术带头人。

团队成果

中国地质大学（武汉）自 1996 年以来积极参加全国大学生数学建模竞赛活动。最近十年（2010—2020 年）参加数学建模竞赛的学生人数有了飞跃的发展，从 2010 年的 10 支队伍，发展到 2020 年的 60 支队伍，涵盖专业数也增加到 29 个，并且非数学专业学生占比逐年增加。

为持续开展好数学建模活动，学校制定规章制度，规范指导教师的行为，做到责任和利益的公开、公正、透明。目前已经制定了指导教师的管理规范章程、指导教师日常管理条例、大学生数学建模竞赛前期培训和对指导老师的奖励条例、学生选指导老师条例与指导老师遴选学生队条例等。

为提高学生的数学建模活动兴趣,我们将各种数学建模方法分门别类,利用3年的时间对指导教师进行培训,要求指导教师基本上熟练掌握各种方法,并且完成必要的软件操作和处理问题的代码。另外还需要指导教师与兄弟院校开展交流活动,关注全国组委会的网站,积极参加数学建模活动,紧跟当前的形势,了解数学建模活动的动态。

为提高我校学生的成绩,学校每年利用暑期对我校参加全国大学生数学建模竞赛的学生开展培训活动,培训分专题讲座和强化训练两部分。强化训练的目的在于提高学生数学建模必备的基本能力,熟悉数学建模基本过程,了解数学建模基本方法以及掌握撰写数学建模论文的要领。强化训练还可以增进队伍成员之间的相互磨合,发现问题及时整改。

具体的训练题目依据全国大学生数学建模竞赛题目特征具有一定的针对性,有大量数据处理问题(比如学校课程安排问题),有科研项目中采集的问题(比如淡水养殖池塘水华发生及池水净化处理),也有社会公共问题(比如共享单车的调度问题)。特别是近几年的训练中有多个问题均涉及到新型冠状病毒肺炎的蔓延扩散趋势分析和疫情常态化防控管理等问题。

为提高训练的效果,我们在训练过程中不断完善指导教师点评制度,对学生完成的论文均有指导教师进行面对面的点评。点评从整个建模思路、模型描述、论文写作各方面进行。最终由指导教师共同推荐2篇较优秀论文或者有代表性问题的论文再作集体点评,让学生及时发现存在的问题,及时改进。在经历多轮模拟训练过程后,学生们能够基本掌握建模基本思路、建模技巧、模型的求解及模型的结果分析,论文撰写基本格式等各方面也有明显的提升。

学校 2010—2021 年全国大学生数学建模竞赛(国家级和省级)获奖情况一览表

年度	参赛总数/个	国赛一奖数[①]/个	国赛二奖数/个	省赛一奖数[②]/个	省赛二奖数/个	省赛三奖数/个	总获奖数/个
2012	15	1	1	0	3	2	7
2013	15	0	0	0	0	5	5
2014	20	0	2	0	0	6	8
2015	16	1	3	2	3	5	14
2016	28	4	1	0	6	7	18
2017	42	0	4	6	4	16	30
2018	55	2	0	13	16	5	36

续表

年度	参赛总数/个	国赛一奖数①/个	国赛二奖数/个	省赛一奖数②/个	省赛二奖数/个	省赛三奖数/个	总获奖数/个
2019	62	2	3	12	11	18	46
2020	59	2	2	11	11	17	43
2021	66	3	5	8	14	22	52
合计	378	15	21	52	68	103	259

①注:指全国大学生数学建模竞赛一等奖数、二奖数,类推。
②注:指全国大学生数学建模竞赛湖北省一等奖数、二奖数、三奖数,类推。

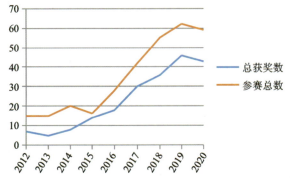

我校2010—2021年全国大学生数学建模竞赛获奖图

2019年8月李宏伟教授在给暑期数学建模培训的学生作报告

2019年8月暑期数学建模培训活动现场

2018年9月全国大学生数学建模竞赛动员大会现场

2018年9月全国大学生数学建模竞赛动员大会现场

2017 年 9 月全国大学生数学建模竞赛动员大会现场

2015 年 9 月全国大学生数学建模竞赛动员大会现场

（四）全国研究生数学建模竞赛

团队成员

罗文强　刘安平　李宏伟　肖海军　李　星　奚　先　彭　放　韩世勤　黄　刚　郭万里

团队介绍

全国研究生数学建模竞赛指导组成员有教授 9 人，副教授 1 人，其中省、校教学名师 3 人，博士生导师 2 人。是一支爱岗敬业，学术造诣深厚，经验丰富的指导团队。

团队成果

培训、指导研究生参加全国研究生数学建模竞赛,获得全国研究生数学建模竞赛一等奖 11 项,全国研究生数学建模竞赛二等奖 48 项,全国研究生数学建模竞赛三等奖 70 项。中国地质大学(武汉)获"第十八届中国研究生数学建模竞赛优秀组织奖"(全国 55 个单位获奖,参评单位 535 个)、罗文强教授获"第十八届中国研究生数学建模竞赛先进个人"。

2019 年 9 月,校领导、研究生院和数理学院领导看望参加
全国研究生数学建模竞赛的部分师生

(五)大学物理创新教学团队

团队成员

韩艳玲　陈琦丽　龙光芝　郑安寿　张光勇

团队介绍

物理学作为整个自然科学和现代工程技术的基础,是理工科学生在大学期间学习的一门重要基础性课程。它覆盖人数多、授课范围广,是培养创新人才的核心要素,更是提升本科教学质量的重要组成部分。2017 年 2 月教育部提出了"新工科"的建设规划,对已有工科物理提出了更高的要求,物理教学的各个环节面临深刻变革。针对大学物理教学中存在的不足,结合学校新一轮教学大纲的修订工作,团队开展了一系列提升课程质量的探索工作。

首先,转变教学理念。通过学习研讨,团队明确了新时期大学物理三维度教学目标:①知识目标,夯实大学物理基本知识以及物理模型的基本分析方法;②能力目标,提升将理论应用于本专业的能力,为后续专业课程提供重要支撑;③素质目标,融入思政元素,进行三观引领和价值塑造,帮助学生建立良好的科学思维习惯,培养团队合作精神和创新精神,提升终身学习能力。

其次,开展教学实践。在大学物理三维度教学目标的引导下,该教学团队完成两门大学物理在线开放课程以及立体化教学资源库的建设工作,并以此为基础,构建了以"MOOC+SPOC+慕课堂"为主,兼容其他智慧课堂的大学物理线上与线下混合教学模式。该教学模式使得学生通过线上 MOOC 课程,实现了真正意义上的自主学习,可以提高线下课堂的教学效率;教师通过智慧课堂管理,实现了对学生学习过程的全程监管和多元化客观评价;并通过智慧课堂组织小组合作,充分发挥学生的主观能动性,培养学生的团队合作精神。通过线上与线下混合学习,还可以对基础各异、能力不一的学生实现个性化教学,如提供各类教学资料以及不同难度的教学活动,帮助基础薄弱的学生在课后反复学习,加深理解。线上与线下教学优势互补,激发了课堂活力,实现多维度个性化教学,提高了教学效果。

团队成果

(1)2018 年湖北省高等教学成果三等奖"地质类院校工科物理分层次教学的探索与实践"(2018423)。

本项研究从 2010 年开始,在我校教学研究项目和湖北省高等学校教学研究项目"优化工科物理分层次教学的探索与实践"(项目编号:2010105)的支持下,以人才培养为核心,立足我校工科物理教学的现状,对大学物理分层次课程群的课程体系、教学内容、教学模式、教学评价等环节进行了优化,2013 年底圆满完成了该教改项目。并经过近 3 年的教学实践,进一步完善了分层次教学方案,完善了"基础+模块"的大学物理课程体系,教学效果良好。

本项研究的特色在于丰富和发展了分层次教学理论。本着"精选经典、加强近代、联系工程技术"的教改思路,针对我校工科物理的具体情况,通过调研、座谈等方式,在优化分层次教学的基础上构建了适合我校的"基础+模块"分层次课程体系。针对不同专业类别,实施分层教学,从而激发学生的学习兴趣,提升学生的学习能力及创新能力。

(2)主编出版"十三五"规划教材《大学物理教程》(上、下册)(科学出版社,2017年),《大学物理学》(下册)(华中科技大学出版社,2020 年)。

《大学物理教程》(上、下册)根据教育部《理工科类大学物理课程教学基本要求(2010 年版)》,为适应物理学和现代工程技术发展,以及培养高素质、创新性人才需要,结合多年教学实践编写而成。该书力求理论体系完备、教学内容精炼、理论与实际结合。便于学生自主学习和知识拓展,对物理学的基本概念和规律进行了明晰、正确的描述,按照科学思维的方法和循序渐进的逻辑方式进行讲授,注重培养学生科学思维、辩证分析和深入探究的习惯和能力。

《大学物理学》（下册）根据教育部《理工科类大学物理课程教学基本要求（2010年版）》以及教育部《普通高等学校本科专业类教学质量国家标准》，兼顾大学、中学物理衔接，结合多年教学教改经验编写而成。

（3）建成了大学物理（力学、电磁学）和大学物理（热学、振动与波、光学和量子力学基础）两门 MOOC 课程。

大学物理（力学、电磁学）主要内容包括力学、狭义相对论和电磁学。大学物理（热学、振动与波、光学和量子力学基础）主要内容包括热学、振动和波动学基础、物理光学和量子物理基础。该 MOOC 课程的建设与我校大学物理课程分层次教学方案相契合，主要特点是剥离烦琐、枯燥的数学推导，运用多媒体技术，化抽象为形象，从而激发学习者的兴趣；同时注重强化重点，突破难点，以基本概念和基本规律为教学重点，破冰点睛，引领学习者理解物理科学的真谛。

目前，大学物理（力学、电磁学）MOOC 课程已经开设 4 期，在线学习人数超过 6 万人，被 30 所院校选为线上源课程。该课程被认定为 2021 年湖北省线上一流本科课程。大学物理（热学、振动与波、光学和量子力学基础）MOOC 课程开设 2 期。

大学物理 MOOC 课程播放页面

(六)大学物理云教学团队

团队成员

罗中杰　郭　龙　吴　妍　汤型正　马　科　张自强　马　冲　景锐平
熊中龙　杜秋娇　卢　成　魏有峰

团队介绍

大学物理云教学团队始建于2014年,隶属于中国地质大学(武汉)数学与物理学院,是数学与物理学院教学团队之一,在学院领导下开展大学物理教育教学改革工作。大学物理云教学团队专注于大学物理课程建设,始终以生为本,做到育才和育人融合,服务于全校理工科专业。在团队建设过程中,注重青年教师执教能力的提升,关注学生理论与实践能力的培养,在夯实学生数理基础和厚实学生品德方面担起大学物理教学的责任和使命。

大学物理云教学团队是一支年轻有活力的教学团队,他们怀揣着对大学物理教育教学的初心和使命,多年来凝心聚力,将"夯实基础、立德树人"作为"大学物理"基础课教育教学教研和建设的目标,提出"厚基厚德"课程教学理念,打造从"夯实基础"到"能力提升"到"拓展发展"进阶式的大学物理教学模式,探究思政教育与知识传授的有机融合,实现育人和育才的同向而行。2020年荣获学校本科教学"卓越团队奖"。

大学物理云教学团队的荣誉证书

大学物理云教学团队切实贯彻课程建设的"高阶性、创新性和挑战度"要求,按照成员优势组成教学教研子团队、物理前沿子团队和演示实验与拓展子团队。3个子团队相互融合、相互促进。教学教研团队负责课程的授课和教研教改工作;物理前沿子团队负责物理学前沿的科普和与相应专业的交叉结合工作；演示实验与拓展子团队负责实验演示录制和学生开放课题（创新实验）研讨工作。

大学物理云教学团队部分成员

郭龙老师在团队教研活动中指出"有了明确的目标，就要团结协作为之去努力，做有温度的大学物理教育教学。"大学物理云教学团队运作采取"提前做、用心做和扎实做"的方式，注重顶层设计，团队全员参与"大学物理"教研教改重点方向（目前重点研究方向：大学物理课程思政的深度挖掘和实施、线上线下混合式进阶教学模式研究、实践和物理开放设计实验与创新人才培养模式的探究）。在课程思政建设过程中，通过挖掘与教学内容相关的思政元素，将思政教学融入教学大纲并在团队内先试先改。

结合物理学科特点，教学团队创新教学模式，将"大学物理"教学从课堂延伸到实验室，从理论拓展到实践，培养学生的实际动手能力和创新能力。团队以大学物理为基础，开展开放性、设计性实验，在"厚基础"的前提下，注重"强能力、重探究"，引导学生参与到开放设计实验中来。学生集思广益、讨论研究、自主设计，教师加以适当的引导，结合学科专业特点，开展设计性、创新性实践活动。团队坚持"授人予鱼不如授人以渔"的教学理念，培养学生自主学习能力和自我管理能力，培养学生发散性思维和勇于质疑的科学精神。团队坚持"个性化和精准化"辅导模式，组织学生参与小组讨论，并在讨论中引导学生自主规划整个课题的实施步骤。团队通过搭建系统、完善的创新开放培养模式，通过培训、创作、交流相结合的模式，融入创新教育理念，对学生进行系统、规范、创新的培养，给学生一个发挥潜能和创造力的空间。

大学物理云教学团队注重"共商、共建、共享"原则，注重团队发展建设和个人个性发展相融合的激励制度，积极鼓励团队成员申报校级及以上教学项目，尊重团队教师教学改革的自主权、经费使用权，营造相对自主的氛围。鼓励团队成员参与校级及以上青年教师讲课比赛，形成完善的青年教师执教能力培养和合作制度，成效显著。

团队已经形成了定期教学研讨、示范课等"传帮带"的运作模式。通过研讨形成团队内统一、规范化的教学资料和线上资源,出版《大学物理学习指导与题解》(清华大学出版社)和《大学物理学》(华中科技大学出版社)两套教辅教材。

教学研讨

团队成果

通过近 4 年的建设,在学校 3 个"本科教学工程"教学项目["大学物理"云班课辅助教学模式研究与实践,2018G28;"大学物理"课程思政挖掘、分析与实践,ZL201923;物理开放设计实验与创新人才培养模式的探究,2019G57]的资助下,取得了显著的成果。在教学方面,形成集体备课制度,完成包含课程思政的云班课辅助教学日历,教学 PPT 和教案;构建完成基于学习通平台的线上辅助教学平台、习题库和资料库;在教学和教辅建设中,完成教辅《大学物理解题指导》(清华大学出版社)和教材《大学物理学》(华中科技大学出版社)的出版;在团队建设中,完成大学物理云教学团队运作和实施办法,团队建设荣获首届本科教学"卓越团队奖";在青年教师培养方面,青年教师郭龙和吴妍获校青年教师教学竞赛一等奖,吴妍和郭龙分别获校朱训奖教金,吴妍荣获湖北省第六届青年教师教学竞赛二等奖,郭龙荣获湖北省第五届青年教师教学竞赛三等奖,熊中龙获 2020 年国家级创新创业计划优秀指导老师;在学生培养方面,指导学生荣获湖北省第十二届"挑战杯"竞赛二等奖,学校第十二届"挑战杯"竞赛一等奖;指导学生荣获 2018 年湖北省第五届"源鑫圆杯"大学生物理实验创新设计竞赛一等奖;指导学生荣获 2016 年湖北省第四届"光驰杯"大学生物理实验创新设计竞赛一等奖两项、三等奖两项,指导学生完成实验技术研究项目两项和开放基金四项。

第五章　工作展望

一、指导思想与发展思路

随着科技的进步和社会的发展,高等教育愈发注重内涵式发展:一方面,国际和国内知名的高校都毫不例外加大了基础学科建设工作;另一方面,高层次人才的争夺和竞争愈发激烈。因此,必须充分认识到基础学科在学科建设发展(特别是"双一流"建设)中不可或缺的重要性,必须密切配合学校开展"双一流"建设,主动适应学校"建设地球科学领域世界一流大学"的长远办学目标,谋求多学科协调发展,构建良好的学科生态体系,以此促进我院自身发展也具有十分重要的作用和意义。

(一)指导思想

学院的指导思想是:以习近平总书记关于教育的重要论述为统领,深入贯彻落实党的十九大、十九届三中、四中、五中全会精神和党的教育方针,全面落实全国教育大会及学校党代会、教代会会议精神,坚持社会主义办学方向,全面贯彻党的教育方针,落实《深化新时代教育评价改革总体方案》,落实立德树人的根本任务,全面深化教育改革,系统推进教育评价改革,坚持追求学术卓越,遵循"强基础、重教学、谋学科、促发展"的基本思路。实施和落实好学科培育计划和数学学科特区建设,大力提升学院办学实力,不断提高学院整体教学水平与人才培养质量,着力加强教师和人才队伍建设,持续提升数学与物理学科的专业水平及办学核心竞争力,破难题,补短板,强特色,聚动能,有计划、有步骤地坚定实施学院规划。

(二)基本原则

(1)坚持内涵建设。内涵建设是事业发展的时代主题。要围绕立德树人根本任务,坚持以人才培养为中心,优化师资队伍,强化学科专业,提升办学质量。

(2)坚持改革创新。改革创新是事业发展的根本动力。要以问题为导向,改革创新工作体制机制,完善学院治理体系,提升治理能力,优化资源配置,发挥各类办学要素的最大效益。

(3)坚持全面协调。全面协调是事业发展的内在要求。要落实"全面、协调、可持续"的科学发展观,妥善处理改革、发展和稳定的关系,根据现实条件描绘发展愿景,发挥优势,补足短板,推动学院协调发展。

(4)坚持特色发展。特色发展是事业发展的必由路径。要注重差异化发展,进一步在人才培养、学科专业、科学研究、校园文化等方面凝练和培育特色,发挥比较优势,提升综合竞争力。

(5)坚持开放办学。开放办学是事业发展的必然选择。要有宽广的胸怀和开阔的视野,以灵活务实的方式,推进国际交流与合作;推进科教协同、校企合作,提升教学科研能力和人才培养水平。

(三)发展目标

学院以建设"国家级一流本科专业"为契机,抢抓机遇,内涵发展,进一步提高专业办学水平和人才培养质量;加大高层次人才引进力度,形成人才队伍梯次;进一步凝练有影响力的学科方向,大幅度提升学科影响力;加强学科前沿研究,学术氛围日益浓厚、科研创新能力明显增强、服务社会水平显著提升;大幅提升我院两个学科在国家学科评估中的排名。同时从课程教学、人才培养和应用研究3个方面为学校整体发展提供良好的基础学科平台和支持保障。

1. 人才培养质量显著提升

依托学院教学科研资源,全面推进质量工程建设,力争获得2项以上省级本科质量工程建设项目;进一步发挥学科建设与科学研究在人才培养中的重要作用,强化综合素质和创新能力培养,优化人才培养模式;锤炼课程教学体系和教学内容,设计特色专业课程体系,加快课程、教材建设步伐,推进课程思政工作,在高水平出版社出版10~12本高质量特色教材;重视教学改革和研究工作,新增"数理学院公共课教学改革基金"和"数理学院专业与课程建设基金",支持教师教学研究工作,争取获得3~4项省部级以上教学成果奖。学院制定激励政策,加大奖励力度,鼓励教师指导学生积极参加各类各级竞赛活动;加强实验、实践及毕业论文指导工作;加大创新创业工作力度,探索"专业"+"创业"的发展模式,鼓励学以致用,鼓励学生创新;加强学院文化建设,继续办好"数理文化季"与"学风月"活动;加强招生就业工作,不断提高生源质量和就业率;进一步加大力度支持硕士研究生到国外攻读博士学位、访学与交流。力争招收双一流高校或本科生培养质量较高的师范类院校的硕士生比例达到50%以上;确保在学科竞赛中的优势地位,力争在全国大学生数学建模竞赛、全国大学生数学竞赛等重要学科赛事中获得一等奖5~10项;通过提高本科毕业生的升学率来改善就业质量,力争本科毕业生升学率达到50%左右。

2. 学科专业建设成效显著

预计到2025年,学院学科专业治理体系更趋完善,学科专业影响力显著提升。加强数学一级学科博士学位点建设,增设物理学相关的专业硕士学位授权点和自设二级博士点,提高学科内生动力,增强学科对专业的支撑作用。数学与应用数学专业通过国家级一流专业建设点项目验收,信息与计算科学专业和物理学专业力争建设成为省级或者国家级一流专业。力争2门以上专业课被评为省级以上一流课程。创新教育教学模式,改革优化培养机制,选拔优秀学生组成"菁英班";入学前三学期着重学好基础课（数学、物理、物理实验、英语等），第三学期末择优选择组成"菁英班"。"菁英班"旨在体现"基础厚实、兴趣驱动、目标明确、后劲充足"的教育理念，有利于学校拔尖人才培养目标的实现，为学校拔尖人才的培养提供强有力的支撑和保障。通过规划建设，在教育部第六轮学科评估中学科排名大幅度上升，数学学科力争达到 B，物理学科力争达到 B—；力争获批数学一级学科博士学位授权点；数学学科力争进入 ESI 全球排名前 1‰。努力提高发展速度和发展质量，5~10 年的时间，使 3~5 个主流研究方向拥有国际知名学术带头人和一批重要的学术骨干，将数学学科和物理学科建设成为国内外具有重要学术影响的数学与物理研究基地和优秀人才的培养基地。

3. 师资队伍水平明显提高

预计到 2025 年，学院师资队伍的结构和规模更加优化，水平明显提高。继续积极引进海内外的优秀博士、博士后，继续实施"地大学者"（特别是学科骨干等）人才引进计划。预计到 2025 年，教职工人数达 140 余人，教师中具有博士研究生学历的比例从当前的 88% 提高到 95%。力争在杰出人才引进数量方面有所增加；落实学科培育计划，进一步凝练学科方向，推进学科团队建设，加强基地和平台建设，出高水平科研成果。加强数学科学中心建设，汇聚高层次研究型人才，面向科学研究前沿，融入数学学科主流，培育优秀数学人才，产出原创性研究成果。中心初步计划聘用专职研究人员 15~20 人。大力发展兼职教授队伍，争取新聘 5~10 位国内外著名数学家和物理学家作为学科兼职教授，大力发展博士后队伍，力争新招博士后 5~10 人。

4. 科学研究能力显著提升

学院力争获得省部级科研奖 1~2 项，力争成功获批 38 项以上国家级科研项目，在国内外重要学术刊物上发表 SCI 论文 300~350 篇，出版专著 8~10 部。进一步改善科研条件，完善科研激励机制，凝聚力量，实施学院科研创新团队建设工程，以优秀中青年学术带头人为骨干，汇聚一批团结协作的科研人才，围绕若干重要研究方向开展基础研究和应用研究。有计划安排青年教师到国内外知名大学进修、访问，加大教师和研究生参加国际学术会议的支持力度，通过各种渠道大力加强与国内外同行的联系，继续办好"数理论坛"，积极邀请国内外知名学者来我校访问讲学（名家讲坛等），举办高水平学术会议，增强学科核心竞争力。

5. 基地建设与社会服务取得突破

学院重点建设大学物理省级实验教学示范中心、数学科学中心和材料模拟与计算物理研究所，力争新增 1 个省部级科研平台，提升学科影响力。加强与校内各院系的联系，借鉴兄弟高校实验室建设的先进经验，重视科研型研究（实验）室建设，依托优势方向建设一流水平的专业（应用研究）实验室。到 2025 年末，学院服务地方事业发展的水平显著提升。推动学院科研由基础研究向基础与应用并重适度转型，力争应用型科研成果转化取得突破。

6. 文化育人效果进一步加强

学院坚持以文化人、以文育人,坚持以文化促教、促研、促创新,充分结合现阶段青年学生的思想特点和思维方式,以育人为核心思想,以数理文化为依托,将"数理文化节"打造成校园文化建设的特色品牌,开展丰富多彩的活动,增强师生文化自信,为落实立德树人根本任务、培养高素质人才提供文化支撑。

7. 治理体系进一步完善

到 2025 年末,学院治理体系基本完善,治理能力显著提升。学术委员会等学术组织在学术治理中的作用进一步发挥;学科建设、专业建设、课程建设的体制机制更加规范、顺畅,各项建设的内生动力持续激发。突出科研质量导向,重点评价学术贡献、社会贡献以及支撑人才培养情况,形成长效保障机制。教师教学、科研绩效、薪酬分配制度有效衔接,导向明确、激励明显。内部控制体系基本健全,学院对办学资源的配置能力显著增强。

二、任务与建设重点

（一）人才培养

学院全面落实"立德树人"根本任务，牢固树立人才培养的中心地位，强化课程思政，深化教学改革，优化教学管理和评价，激励学生刻苦学习，引导教师潜心育人，构建德智体美劳"五育"并举的人才培养体系，全面提升人才培养质量。

（1）加强课程建设，努力打造"金课"。学院进一步完善、落实课程负责人制度，加强课程团队建设；按照专业需求和学生认知规律，优化课程体系；根据专业培养目标，科学优化课程内容。积极引进一批 MOOCs 开放课程，立项建设一批 MOOCs 和微课等在线开放课程。深入开展课程研究和教学改革，推进实验教学内容和方法改革，深度推进实验室建设与开放共享。要注重教改理论研究和教学实践相结合，及时总结教改成果并做好推广应用。

（2）加强实践教学管理，深化人才培养模式改革。学院以优选实习基地、推进实习基地建设、规范实习带教老师职责、严格实习过程为重点加强实习管理，提升实习效果；加强毕业论文全过程管理，提升毕业论文质量，切实发挥毕业论文对学生创新精神、科研能力等综合训练的作用；深化科教协同、产教融合、校企合作，推动人才培养模式改革。

（3）加强创新创业教育。学院加强学生第二课堂建设，全面提升学生综合素质能力，积极探索建立发展型学生工作体系。加强创新创业教育平台和载体建设，建立完善本科生科研导师制度，推动科研反哺教学，引导学生申报创新训练项目，积极参加各级各类学科竞赛、科技创新竞赛活动，增强学生创业能力，落实好《数学与物理学院学生第二课堂活动奖励办法（试行）》，提升学术科研、就业创业、社会实践、文体活动等第二课堂活动质量、水平。

（4）优化教师教学评价制度。全面贯彻党的教育方针，落实立德树人根本任务。加强学院教学督导小组队伍建设，切实发挥教学督导和质量提升的作用。完善《中国地质大学（武汉）数学与物理学院本科教学评价细则（暂行）》，将学生成长成才作为出发点和落脚点，确立正确的教育评价导向，建立科学有效的教师评价体系，强化评价结果的合理使用。

（二）教师队伍建设

在结构合理，有计划，高质量的前提下，学院加大高层次人才与青年教师的引进力度。坚持人才强院的理念，以师德建设为基础，以提升师资队伍能力水平为核心,以引进和培育高层次拔尖人才和提升中青年教师能力为重点,以营造人才成长的良好环境为保障,建设一支师德高尚、业务精湛、结构合理、充满活力的高素质教师队伍。

(1)加强师德师风建设。坚持价值引领、榜样示范、监督有效、奖惩结合的原则,健全师德师风长效机制并抓好落实,引导教师争做"四有好老师",更好地担当起学生健康成长指导者和引路人的责任。

(2)加大"内培外引"力度,集聚高层次人才。加强人才引进,要利用现有教师和校友等各种关系以及学术交流与学术会议等场合,强化国际青年学者地大论坛宣传力度,广招英才,落实好《数学学科特区建设实施方案(2020—2023)》,鼓励、支持青年教师出国访问与交流,改善教师队伍结构,逐步建立高层次人才梯队。进一步加大海外高层次人才的引进力度,采取有力举措,汇聚一批在国内外同领域有较大影响的知名教授和教学名师。

(3)完善教师评价、激励机制,提升教学科研能力。针对不同岗位职责特点,探索教师分类评价办法,加强对教师教学能力、实践能力和科研能力的考核,强化考核结果使用,将考核结果作为职务评聘和津贴分配的重要依据,激励教师提升教学科研能力。

(三)科学研究

完善科研机制,营造浓厚的学术氛围,激发科研内生动力,加强科研平台建设,支持培育一批青年科研骨干,整合、加强科研团队,凝练研究方向,申报一批高级别项目,力争产生标志性成果。加强科技成果的转化和应用,不断提高服务社会的水平。

(1)完善科研管理机制。促进凝练研究方向,形成科研合力,营造良好的学术氛围。以规范项目管理、优化经费使用、改进科研评价、加大激励政策,加强科研管理体制机制建设。

(2)加强科研平台建设。以项目为纽带、以团队为依托,打破教研室和学科界限,推动相关学科的交叉融合。重点建设大学物理省级实验教学示范中心、数学科学中心和材料模拟与计算物理研究所,力争新增1个省部级科研平台,提升学科影响力,为科研创新提供支撑。

(3)深化学术交流,加强科研合作。加大与校外单位和专家的合作力度,利用好现有高层次人才和校友等一切资源,尽可能在课题申报、科研指导等方面得到支持和帮助。继续办好"数理论坛",主办学术会议,加大学术交流力度和频次,选派科研能力强的青年教师外出访学和进修,引进技术和项目,深化科研合作。

(4)坚持产学研用结合,推动科技成果转化。结合学院学科专业实际,围绕大数据、人工智能、信息处理、光电材料等热点领域,推动科研由基础研究向基础和应用并重转型,力争应用型研究取得突破;加强科技成果转化,提升科研直接服务经济社会发展能力。

(四)学科建设

进一步凝练学科方向,推动学科交叉融合,以学科梯队建设为依托、以完善学科建设制度为保障,进一步提升学科建设水平。

(1)建设好"现代数学与控制理论"自设二级博士点,对照数学和物理学一级学科申博标准,全面审视学院学科基础,找准差距、整合资源、明确路径、全力推进,力争数学一级学科博士点成功获批、物理学一级学科博士点成功申报,积极自设物理学相关的二级博士点和建设物理学相关专硕学位点。

(2)结合学院学科实际,发挥现有优势、瞄准学术前沿、呼应社会需求,利用好校内外各种资源,坚持走出去和请进来相结合,推进学科交叉融合,进一步凝练学科方向,扩大学科影响力,培育新的学科增长点。

(3)进一步完善学科建设体制机制,实现学科梯队建设制度化;健全学科团队建设评估体系与支持办法,实行动态管理,强化学科评价,建立以评价结果作为主要依据的学科建设资源配置机制。修订完善《数学学科特区建设实施方案(2020—2023年)》实施细则、《数理学院教师发展与奖励基金管理办法》等相关文件。

(五)专业建设

学院要以建设一流专业为目标,不断完善专业建设体制机制,激发专业建设活力,充分发挥数学与应用数学专业国家级一流专业建设点的示范作用,统筹3个专业协调发展。

(1)以专业评估体系为遵循,优化课程体系,制定各专业发展规划,发掘学科优势,将学科优势转化为专业特色,提升专业建设质量,明确专业发展目标和路径,制定《数理学院专业与课程建设基金》等制度和办法,推动专业建设持续、协调发展。

(2)推进一流专业建设。按照教育部《高等学校基础研究珠峰计划》要求,对数学与应用数学国家一流专业加大支持力度,加强资源配置,要学习、借鉴其他高校同类专业建设的先进经验,明确一流专业的着力点,全力建设,确保数学与应用数学国家级一流专业通过验收,同时积极带动其他专业进入省级或者国家级一流专业行列。

(3)改进专业建设的管理体制和机制,由专业负责人牵头加强课程团队建设。要充分发挥学院教学指导委员会在专业建设中设计师和协调者的作用,形成专业建设持续改进的动态管理模式。

(六)学位与研究生教育

以提高研究生培养质量为主线,优化研究生招生结构,持续优化本硕博贯通培养,适度扩大招生规模,加强导师队伍建设,规范培养环节,推动研究生教育健康发展。

(1)加大数学和物理一级学科申博工作力度。认真分析数学和物理一级学科申博指标体系,有机整合相关二级学科的建设成果,进一步明确任务要求和工作重点,全力攻关,力争申博成功,扩大学科影响。

(2)做好应用统计专业硕士学位授权点评估工作和材料与化工专业硕士学位授权点招生资格工作。以国家重大战略、关键领域和社会重大需求为重点,坚持"四个面向"的战略方向,高质量完成应用统计专业硕士学位授权点专项评估工作,加快推荐学院材料与化工专业硕士学位授权点招生推进工作,认真做好高层次专业技术专业人才培养工作。

(3)加强导师队伍建设和规范研究生培养过程。以规范硕士生和博士生导师的遴选、考核、保障为重点,完善导师队伍建设机制,提升带教能力。强化研究生培养环节的管理,积极创造条件鼓励、支持研究生参加国内外学术交流并作学术报告,激励研究生开展原创性的研究工作,确保研究生培养质量。

(4)狠抓学位论文管理工作。重点抓学位论文开题、中期考核、评阅、答辩、学位评定等关键环节,严格执行学位授予全方位、全流程管理,进一步强化研究生导师、学位论文答辩委员会和学位评定委员会责任。

(七)国际交流与合作

以提升教师教学科研能力、引进国外优质教育资源、扩大学生视野、提高学生培养质量为重点,着力推动国际交流与合作,提高学院国际化办学水平。

(1)推进学生国际交流。落实好《数学与物理学院学生国际交流合作奖励与资助办法(试行)》(数理院字〔2020〕20号)文件,探索"2+2""3+1"等人才培养模式,对接国际优质教育资源,支持学生出国交流,提高人才培养质量。提升学生学术研究和国际交流综合能力,学院将进一步加大对学生参加国际合作与交流项目的奖励资助力度,提高人才培养质量。

(2)加大与海外高校和科研机构的合作力度。加大青年骨干教师出国研修选派工作力度,并以此为桥梁争取与海外高校和科研机构开展科研和教学合作;引进世界知名大学人才或国内高层次人才承担数学"菁英班"或研究生的部分教学工作,拓展师生视野。

(八)文化建设

文化建设是高校落实立德树人根本任务的重要途径。坚持"艰苦朴素、求真务实"校训,努力将具有鲜明特色的学院文化融入人才培养、学术研究、教学管理中,为学院发展提供更持久、更有力的支撑。

(1)加强文化建设的基础地位。深度发掘学院发展历程中积淀的文化底蕴,总结学院办学经验,开展专业生存和发展大讨论,明确学院发展定位,深入将社会主义核心价值观引导师生价值认同与行为取向,发挥文化育人功能。

(2)加强发挥新媒体优势,拓宽文化建设阵地。强化文化建设的顶层设计,加强对师生微信群、QQ群的管理和引导,发挥好"CUGi数理"微信公众平台的文化阵地作用,传播正能量,讲好数理故事,营造学院文化建设的良好氛围,扩大学院影响力。

(3)加强文化建设的学院特色。注重文化建设与专业、学科建设有机融合,注重以基础学科特有的思维方式、研究方法,因人制宜、因时制宜、因地制宜探索各种文体活动、学术活动、实践活动等横向互补的文化活动,有力打造"数理文化活动季""高数大物志愿服务队""与理数说""基石学生骨干培训""理韵人文素质提升系列讲座"及"数理先锋十大人物评选"等学院文化活动品牌。

(九)党建和思想政治工作

在学校党委的正确领导下,不断加强学院党的建设,充分发挥学院党委的政治核心作用、党支部的战斗堡垒作用和党员的先锋模范作用。不断改进和加强思想政治工作,以习近平新时代中国特色社会主义思想为指导,不断增强"四个意识",坚定"四个自信",做到"两个维护",坚持社会主义办学方向。

(1)切实加强学院党政班子建设,把党组织领导和运行机制落实到位。班子成员严格遵守政治纪律和政治规矩,不断增强班子的凝聚力和战斗力,认真履行"一岗双责",齐抓共管,形成合力,坚持党建工作与学院中心工作协同推进学院事业发展。坚持民主集中制,严格按照《数学与物理学院贯彻落实"三重一大"决策制度实施细则》,落实院党委会议事规则和党政联席会议事规则,积极推进院务公开,增强学院班子的凝聚力和战斗力。加强院党委委员联系支部制度,参加支部党员党性分析和民主生活会,指导支部开展各项建设工作。

(2)以政治建设为统领,落实党风廉政建设责任制,充分发挥政治把关作用。坚持和完善学院党委理论中心组学习制度和党支部"三会一课"制度,强化理论武装,坚定理想信念,提升能力素养;加强党风廉政建设,用好执纪监督功能。积极抓好意识形态工作,牢牢把握意识形态工作领导权和主动权,坚决反对"四风"。注重对师生员工的政治引领,不断增强政治意识、大局意识、核心意识和看齐意识,坚定道路自信、理论自信、制度自信和文化自信,坚决维护习近平同志党中央的核心、全党的核心地位,坚决维护党中央权威和集中统一领导,自觉在政治立场、政治方向、政治原则、政治道路上同党中央保持高度一致。

(3)加强思想政治工作,全力营造"三全育人"的工作格局。加强党对思政工作的领导。学院党委要高度重视思政工作,按照把思想政治教育贯穿人才培养全过程的要求,强化顶层设计,加快构建思政工作体系,推动形成"三全育人"的工作格局;加强思政工作的队伍建设。强化师德师风建设,细化师德考核标准,引导教师以德立身、以德立学、以德施教、以德育德,提升教师思政工作能力;加强思政工作的资源建设。充分发挥把方向、管大局、作决策、保落实的作用,审议决定学生工作重要事项和重大改革方案,为学生工作掌舵把向,推动学生工作高质量发展。大力推动学生党建工作创新发展。全面贯彻落实《中国共产党普通高等学校基层组织工作条例》,在抓好党员日常教育管理的同时,更加重视外延作用的发挥,强化学生党支部对学生团支部、班级的领导和指导,深入实施党团班一体化建设,打通党建引领最后一公里,实现党的组织和影响对学生的全覆盖。完善党员管理与评价制度,发挥党员先锋模范作用。大力推行"多课堂"思政协同育人模式。科学规划建设第一课堂、第二课堂等,积极推动优质课外资源向教学资源转化,形成与思政教育紧密结合、同向同行的良好育人格局。加强特色数理文化建设,注重传统文化教育、人文教育和科学精神教育。致力于培养精通学理,明辨事理,追求真理,具备优秀道德品质和浓郁家国情怀的社会主义合格建设者和接班人。

三、支撑与保障体系

（一）完善治理体系，提升治理能力

加强学院党的领导，引领学院上下全身心投入学院规划建设工作，大力推动学院各项事业快速发展。健全学术委员会等学术组织，发挥其在学术治理中的关键作用；健全学院教学管理制度、科研管理制度、学生管理制度、行政管理制度、津贴分配制度及经费使用制度。

（二）细化任务分解，强化任务落实

学院成立由院长和党委书记为组长，分管副院长和党委副书记为副组长，班子其他成员和各系、部（中心）主任和党支部书记、院办主任、工会主席、分团委书记为成员的领导小组。筹备设立"人才与队伍建设""学科建设与科学研究""教学与人才培养"3个工作小组，按照规划设定的目标和路径，将规划任务落实到年度工作任务中，细化任务分解，明确责任到系、部、中心和责任人。全方位推进规划建设工作。

（三）实施问责制度，加大督促力度

学院按年度规划建设落实情况监督检查，完善过程管理，加强过程监督，采取分条块自查自评和互查互评的方式进行。对于执行落实情况好的要给予表扬和奖励，对于执行落实不力的要给予批评和处罚。

（四）加强宣传工作，营造良好氛围

加强对学院年度规划的学习，广泛开展规划宣传工作，全面调动师生力量、凝聚师生智慧，形成全员落实规划的强大合力。切实提高组织策划能力，深入挖掘、大力宣传规划实施中涌现出的好做法、好经验、好成果，营造良好的干事创业环境。